常微分算子

曹之江 著

科学出版社
北京

内 容 简 介

常微分算子是在 Fourier 方法、Sturm-Liouville 理论与 Hilbert 空间无界算子理论的基础上发展起来的一门数学分支，是近代量子力学、数学物理及工程技术的重要数学工具之一.

本书系统地讲述了：Hilbert 空间线性算子的一般知识和由微分算式生成的算子的基本概念；常型自伴微分算子的谱分解，即经典的 Sturm-Liouville 理论；对称算子的亏指数与自伴扩张问题；奇型微分算子的谱分解，即 Weyl-Titchmarsh 理论；微分算子亏指数理论的若干发展概况等.

本书自成系统，叙述简明，可作为数学专业大学生和研究生以及从事应用数学、物理科学与有关工程技术工作的人员的学习入门书和参考书.

图书在版编目(CIP)数据

常微分算子/曹之江著. —北京：科学出版社，2016.8
ISBN 978-7-03-049591-4
Ⅰ. ①常…　Ⅱ. ①曹 …　Ⅲ. ①微分算子　Ⅳ. ①O175.3
中国版本图书馆 CIP 数据核字(2016) 第 194987 号

责任编辑：王丽平／责任校对：邹慧卿
责任印制：张　伟／封面设计：陈　敬

科学出版社 出版
北京东黄城根北街 16 号
邮政编码：100717
http://www.sciencep.com
北京凌奇印刷有限责任公司 印刷
科学出版社发行　各地新华书店经销
*
2016 年 8 月第　一　版　开本：720 × 1000　B5
2016 年 8 月第一次印刷　印张：15 1/4
字数：300 000

POD定价：　88.00元
(如有印装质量问题，我社负责调换)

再版前言

《常微分算子》已经出版了近三十年, 三十年来微分算子理论的研究无论从深度还是广度上都有了很大的发展、变化.《常微分算子》出版以来, 一直在内蒙古大学等高等学校作为研究生教材或科学研究的重要参考书, 培养了一大批从事微分算子理论研究的中青年学者, 微分算子理论研究的队伍日益壮大. 第一版出版三十年后的今天, 很高兴本书有机会再版, 本书除了对第一版的文字叙述和排版中的小错误做了仔细的修订和完善外, 在第 1 章对部分内容做了一些增补.

微分算子理论的研究从 20 世纪 80 年代开始, 一直得到国家自然科学基金委员会长期的支持和帮助, 本书的出版也得到国家自然科学基金 (No.11161030, 11561050) 的资助, 我们在这里表示由衷的谢意! 内蒙古大学的一些教师和研究生也对本书的修订、再版做了很多具体的工作. 在本书的再版过程中, 我们得到了科学出版社王丽平编辑的大力支持, 在此谨表示衷心的感谢!

曹之江

2015 年 10 月于呼和浩特

序

本书是作者在为数学专业大学生与研究生讲授"常微分算子"选修课所写的讲义基础上经过重新整理与补充而成的. 其目的是为已学完基础课程的数学专业大学生或研究生学习微分算子理论提供一本简明的选修教材或入门书. 鉴于微分算子的谱分解和亏指数理论具有深远的实际背景, 以及在量子力学、数学物理及工程技术中有着广泛的应用, 本书也可以作为物理专业的大学生以及从事应用数学工作的读者的参考书.

本书共 6 章: 第 1 章讲述 Hilbert 空间线性算子的若干基本知识, 以作为本书统一叙述的准备, 但限于篇幅, 本章仅论述与本书论题直接有关的部分. 第 2 章讲述常型对称微分算式生成的算子的若干基本概念与一般问题. 第 3 章讲述常型的 Sturm-Liouville 算子的谱分解, 介绍两种方法: 在二阶算子的情况下, 讲述函数论中围道积分的方法; 在高阶算子的情况下, 讲述通过构造 Green 函数将算子转化成全连续积分算子的方法. 第 4 章讲述对称算子的扩张与亏指数的一般概念, 并且应用自伴扩张域的构造定理, 给出常型对称微分算子自伴扩张域的完全描述. 第 5 章系统讲述二阶奇型对称微分算子的 Weyl-Titchmarsh 理论. 奇型对称微分算子的谱分解是数学物理中常用的函数正交分解与积分变换方法的基础, 是近代量子力学的主要工具, 因此在本书中占较大的篇幅. 第 6 章主要介绍近二十多年来得到迅速发展的微分算子亏指数理论的若干一般问题及主要结果, 其中包括二阶微分算子极限点型与极限圆型的判别, W. N. Everitt 关于高阶复对称奇型微分算子亏指数的开创性工作, 高阶亏指数的值域问题以及高阶微分算子自伴域的解析描述等, 同时也包括作者本人近期所得的一些研究结果.

本书的编写力求层次清晰、叙述简明, 避免引述偏专、偏深的材料, 以使得相当于大学数学专业三年级以上水平的读者都能够顺利阅读. 鉴于目前国内微分算子分支基础薄弱以及有关论著缺乏的情况, 本书的问世, 若能对读者有所参考裨益, 对于微分算子这一具有丰富内容和广阔前景的数学分支在我国日臻繁荣尽一点微力, 也就遂了作者的夙愿. 限于作者的水平, 书中不当之处在所难免, 恳请广大读者不吝指正.

北京大学 丁同仁 教授审阅了本书, 提出了宝贵的意见, 谨表示衷心感谢. 孙炯、郭占宽、朱瑞英等认真校阅了本书的原稿, 使作者得以改正多处笔误, 在这里也向他们表示深切的感谢.

作　者

1986 年于内蒙古大学

目　　录

再版前言

序

第 1 章　Hilbert 空间的线性算子 …… 1

1.1　$L^2(a,b)$ 空间 …… 1

1.2　正交系 …… 4

1.3　Parseval 等式 …… 10

1.4　有界线性算子 …… 15

1.5　闭的线性算子 …… 20

1.6　无界线性算子的共轭算子 …… 23

1.7　对称算子和自伴算子 …… 26

1.8　线性算子的谱 …… 29

1.9　自伴算子的谱分解 …… 31

练习题 …… 39

第 2 章　常型的对称微分算子 …… 41

2.1　二阶对称微分算式 …… 41

2.2　最小与最大算子 …… 42

2.3　n 阶对称微分算式及契合函数 …… 46

2.4　边界型定理 …… 49

2.5　n 阶对称微分算式所生成的算子 …… 53

第 3 章　常型 Sturm-Liouville 算子的谱分解 …… 60

3.1　经典 Sturm-Liouville 问题 …… 60

3.2　本征值的存在与分布 …… 63

3.3　本征函数的振动特征 …… 70

3.4　预解式和 Green 函数 …… 74

3.5　按本征函数展开 …… 76

3.6　高阶自伴微分算子的预解式 …… 86

3.7　对称全连续算子的谱分解 …… 90

3.8　常型自伴微分算子的本征展开式 …… 94

第 4 章　对称算子的扩张和亏指数 …… 100

4.1　Cayley 变换与亏指数 …… 100

4.2 共轭算子与自伴扩张算子的构造 ······ 104
4.3 Neumann 公式 ······ 108
4.4 常型微分算子的亏指数与自伴扩张 ······ 111
第 5 章 奇型对称微分算子的谱分解 ······ 118
5.1 奇型微分算式所生成的算子 ······ 118
5.2 二阶对称微分算式的点型与圆型 ······ 121
5.3 Weyl 函数与 Weyl 解 ······ 126
5.4 Weyl-Titchmarsh 自伴域 ······ 132
5.5 谱函数与广义 Fourier 变换 (一) ······ 140
5.6 谱函数与广义 Fourier 变换 (二) ······ 143
5.7 Titchmarsh 公式 ······ 152
5.8 谱函数与谱 ······ 156
5.9 谱族的构造 ······ 164
5.10 $(-\infty,\infty)$ 上的二阶对称微分算子 ······ 168
5.11 例 ······ 178
第 6 章 奇型对称微分算子的亏指数 ······ 186
6.1 极限点型的微分算式 ······ 186
6.2 极限圆型的微分算式 ······ 193
6.3 亏指数的值域问题 ······ 196
6.4 Everitt 定理及 Kodaira 公式的证明 ······ 201
6.5 Everitt 自伴域 ······ 211
6.6 圆型微分算子自伴扩张的完全描述 ······ 218
参考文献 ······ 232

第 1 章　Hilbert 空间的线性算子

1.1　$L^2(a,b)$ 空 间

本章介绍 Hilbert 空间线性算子的若干基本知识, 以作为全书叙述的准备. 下面主要论述一些与本书论题相关的部分. 关于 Hilbert 空间理论的进一步深入研讨, 读者可参阅有关的专著 [1,8].

定义 1.1.1　设 H 是复数域上 C 上的线性空间, 若存在 $H\times H\longmapsto C$ 的函数 (x,y), 则称为元素 x,y 的**内积**, 满足以下性质:

(1) $(x,y)=\overline{(y,x)}$;

(2) 对任何 $\alpha,\beta\in C$ 及 $x,y,z\in H$, 恒有

$$(\alpha x+\beta y,z)=\alpha(x,z)+\beta(y,z);$$

(3) $(x,x)\geqslant 0$, 并且当且仅当 $x=0$ 时,

$$(x,x)=0,$$

则 H 称为**内积空间**.

显然, 由 (1), (2) 可以推出:

(2)′ $(z,\alpha x+\beta y)=\bar{\alpha}(z,x)+\bar{\beta}(z,y)$.

内积空间必可赋范. 事实上, 对于任一 $x\in H$, 令它的范数为

$$\| x \|\equiv (x,x)^{\frac{1}{2}}.$$

我们证明, 它满足范数的三个性质:

(A) $\|x\|\geqslant 0$, 并当且仅当 $x=0$ 时, $\|x\|=0$;

(B) 对任何 $\alpha\in C$, $\|\alpha x\|=|\alpha|\|x\|$;

(C) $\|x+y\|\leqslant\|x\|+\|y\|$.

性质 (A) 等同于内积的性质 (3), 性质 (B) 由内积的性质 (2) 和 (2)′ 即可推得. 性质 (C) 常称为 Minkowski 不等式, 要证明它, 需用到下面的引理.

引理 1.1.1 (Schwarz 不等式)　对于内积空间的任意两元素 x, y, 恒有

$$|(x,y)|\leqslant\|x\|\cdot\|y\|.$$

证明　若 $y=0$, 则命题已真. 下面设 $y\neq 0$. 由内积的性质可知, 对于任一 $\lambda\in C$, 可有

$$(x+\lambda y,x+\lambda y)=(x,x)+\lambda(y,x)+\bar{\lambda}(x,y)+|\lambda|^2(y,y)\geqslant 0.$$

令 $\lambda=-(x,y)/(y,y)$, 代入上式得

$$(x,x)-|(x,y)|^2/(y,y)\geqslant 0.$$

由此即得到所求的不等式. 证毕.

根据上述引理, 即可有

$$\begin{aligned}\|x+y\|^2&=(x+y,x+y)\\&=\|x\|^2+(y,x)+(x,y)+\|y\|^2\\&\leqslant\|x\|^2+2\|x\|\|y\|+\|y\|^2=(\|x\|+\|y\|)^2.\end{aligned}$$

这就得到了性质 (C).

对于赋范的空间 H, 恒可定义它的任意两个元素 x,y 间的距离为

$$\rho(x,y)\equiv\|x-y\|.$$

根据范数的性质, 可以证明 $\rho(x,y)$ 满足性质:

(1) $\rho(x,y)\geqslant 0$, 并当且仅当 $x=y$ 时, $\rho(x,y)=0$;

(2) $\rho(x,y)=\rho(y,x)$;

(3) $\rho(x,y)\leqslant\rho(x,z)+\rho(y,z)$,

此式常称为三角不等式.

在空间 H 上定义了距离之后, 便可引进极限概念, 并讨论空间的完备性质.

设 $\{x_n\}(n=1,2,\cdots)$ 是空间 H 内的元素列, 若对于任给的实数 $\varepsilon>0$, 都存在自然数 N, 使不等式

$$\rho(x_n,x_m)<\varepsilon$$

对一切大于N的n, m都成立, 则$\{x_n\}$称为H **内的 Cauchy 列 (或基本列)**. 若存在 $x\in H$, 使

$$\lim_{n\to\infty}\rho(x,x_n)=0,$$

则称 $\{x_n\}$ 是**收敛列**, 并称 x 为**序列$\{x_n\}$的极限**. 应用三角不等式, 容易证明收敛列必为 Cauchy 列, 但反过来, 并不一定成立.

若空间内任何 Cauchy 列必有极限, 则空间就称为是**完备的**.

定义 1.1.2　完备的内积空间, 称为 **Hilbert 空间**.

Hilbert 空间是有限维欧几里得空间概念的拓广, 它秉承了欧几里得空间的诸如线性、赋范性、距离性、正交性、完备性等几何构造特征. 以下的论述, 主要涉及具体的 Hilbert 空间, 即以函数为元素并具备 Hilbert 空间几何构造特征的空间.

令 $L^2(a,b)$ 表示 (a,b) 上所有满足条件

$$\int_a^b |f(x)|^2 \, \mathrm{d}x < \infty$$

的复值可测函数集合, 这里 (a,b) 可以是无穷区间.

由以上定义可知, 若 $f \in L^2(a,b)$, 则 $\bar{f}$ 亦然. 此外, 由下列不等式及等式

$$|fg| \leqslant \frac{1}{2}\left(|f|^2 + |g|^2\right),$$

$$|\alpha f|^2 = |\alpha|^2 |f|^2 \quad (\alpha\text{为常数}),$$

$$|f+g|^2 = (f+g)(\bar{f}+\bar{g}) = |f|^2 + |g|^2 + f\bar{g} + \bar{f}g,$$

即可推知若 $f,\ g \in L^2(a,b)$, 则它的任何线性组合 $\alpha f + \beta g \in L^2(a,b)$, 因此 $L^2(a,b)$ 是一个复数域上的线性空间.

在 $L^2(a,b)$ 上定义内积如下: 设 $f,\ g$ 为 $L^2(a,b)$ 内的任意两个函数, 则它们的内积为

$$(f,g) \equiv \int_a^b f \cdot \bar{g} \mathrm{d}x.$$

显然, 如上定义的内积是有意义的. 根据积分的性质, 容易验证它满足内积的性质 (1)~(3). 需要注意的是: 为使 (3) 成立, 在空间 $L^2(a,b)$ 内, 一个函数 $f=0$ 其含义应是几乎处处为 0. 因此, 一切仅在零测度集上取值不等的函数在 $L^2(a,b)$ 内均视为同一元素.

根据前面的一般讨论, 知 $L^2(a,b)$ 内的范数 $\|f\|$ 与距离 $\|f-g\|$ 应为

$$\|f\| \equiv \left(\int_a^b |f|^2 \mathrm{d}x\right)^{\frac{1}{2}},$$

$$\|f-g\| \equiv \left(\int_a^b |f-g|^2 \mathrm{d}x\right)^{\frac{1}{2}},$$

对于如上的范数与距离, 可有相应的 Minkowski 不等式和三角不等式.

若 $\{f_n\}(n=1,2,\cdots)$ 是 $L^2(a,b)$ 内的收敛列, f 为其极限函数, 则有

$$\lim_{n\to\infty} \|f_n - f\| = \lim_{n\to\infty} \left(\int_a^b |f_n - f|^2 \mathrm{d}x\right)^{\frac{1}{2}} = 0.$$

注意到在 L^2 范数下的收敛, 不同于寻常所见的逐点收敛, 为区别起见, 常称在 L^2 范数下的收敛为**平均收敛**, 并记为

$$\lim_{n\to\infty} f_n(x) = f(x) \quad \text{或} \quad f_n \to f\ (n\to\infty).$$

因此自然要问, 赋予了范数与距离的空间 $L^2(a,b)$ 是不是完备的? 下面的定理回答了这一问题.

定理 1.1.1 (Riesz-Fisher)　$L^2(a,b)$ 内的任一 Cauchy 列平均收敛到 $L^2(a,b)$ 内的一个极限函数.

关于本定理的证明, 读者可参阅文献 [1] 第二章 §3. 上述定理说明了 $L^2(a,b)$ 是一个完备空间, 因而它是一个 Hilbert 空间. 为简便计, 在下面讨论中恒以 H 表示 $L^2(a,b)$.

1.2 正 交 系

Hilbert 空间区别于一般完备赋范空间 (Banach 空间) 的主要特征, 是前者具有内积, 从而可定义元素间的正交性, 以及对空间进行正交分解.

定义 1.2.1　空间 H 内任意两个函数 f, g, 若满足 $(f,g)=0$, 则称它们是**正交的**; H 内的函数系 $\{u_n\}(n=1,2,\cdots)$ 若元素两两正交, 则称为**正交函数系**; 若它进一步满足 $\|u_n\|=1(n=1,2,\cdots)$, 则称为**规一的正交函数系**.

显然, 若 $\{u_n\}$ 是由非零函数组成的正交系, 则 $\{u_n/\|u_n\|\}$ 便是规一的正交系. 下面列举若干正交系的例子.

例 1.2.1　$u_n(x)=\sin nx(n=1,2,\cdots)$ 是 $L^2[0,\pi]$ 内的一族正交系;

$$v_n(x)=\sqrt{\frac{2}{\pi}}\sin nx$$

是 $L^2[0,\pi]$ 内规一的正交系.

例 1.2.2　$u_n(x)=\mathrm{e}^{\mathrm{i}nx}(n=0,\ \pm1,\ \pm2,\ \cdots)$ 是 $L^2[-\pi,\pi]$ 内的一族正交系. 若进行适当的线性组合 (取实部或虚部), 即得 $L^2[-\pi,\pi]$ 内一族等价的实的正交系

$$1, \cos x, \sin x, \cos 2x, \sin 2x, \cdots.$$

上述两例所示的正交系, 在 Fourier 分析中是为人熟知的. 容易验证, 例 1.2.1 中正交系的函数 $u_n(x)$, 是微分方程边值问题

$$\begin{cases} -y''=\lambda y, \\ y(0)=y(\pi)=0 \end{cases}$$

当 $\lambda = n^2$ 时的解. 而例 1.2.2 中正交系的函数 $u_n(x)$, 是微分方程边值问题

$$\begin{cases} -\mathrm{i}y' = \lambda y, \\ y(-\pi) - y(\pi) = 0 \end{cases}$$

当 $\lambda = n$ 时的解.

例 1.2.3 令 $\lambda_1 < \lambda_2 < \cdots < \lambda_n < \cdots$ 是方程 $\lambda = \cot \lambda$ 的正根. 如下图所示, 它的任一根 λ_n 在 $(n-1)\pi$ 和 $n\pi$ 之间. 利用数列 $\{\lambda_n\}$ 构成的三角函数系

$$u_n(x) = \cos \lambda_n x \quad (n = 1, 2, \cdots)$$

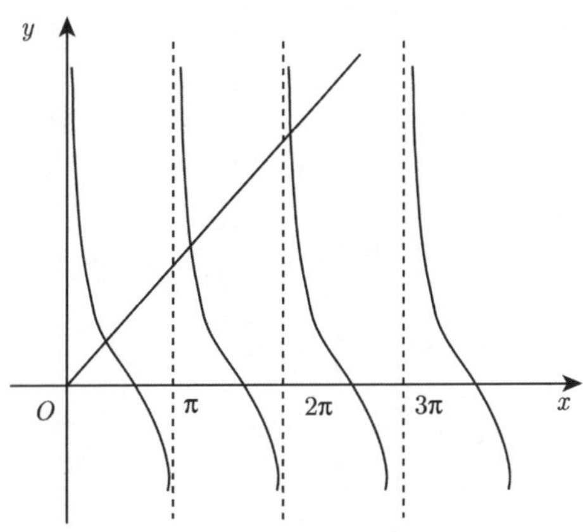

是 $L^2[0,1]$ 内的正交系, 其正交性通过下面计算求得 (注意 $\lambda_n \sin \lambda_n = \cos \lambda_n$):

$$\begin{aligned} \int_0^1 \cos \lambda_n x \cos \lambda_m x \mathrm{d}x &= \frac{1}{2}\int_0^1 [\cos(\lambda_n + \lambda_m)x + \cos(\lambda_n - \lambda_m)x]\mathrm{d}x \\ &= \begin{cases} \dfrac{\lambda_n \sin \lambda_n \cos \lambda_m - \lambda_m \sin \lambda_m \cos \lambda_n}{\lambda_n^2 - \lambda_m^2}, & m \neq n \\ \dfrac{1}{2} + \dfrac{1}{4\lambda_n}\sin(2\lambda_n), & m = n \end{cases} \\ &= \begin{cases} 0, & m \neq n, \\ \dfrac{1}{2} + \dfrac{1}{2}(\sin \lambda_n)^2, & m = n. \end{cases} \end{aligned}$$

易于验证, 上述正交系的函数是微分方程边值问题

$$\begin{cases} -y'' = \lambda y, \\ y'(0) = 0, \\ y(1) + y'(1) = 0 \end{cases}$$

当 $\lambda=\lambda_n^2$ 时的解.

例 1.2.4　Legendre 多项式系.

Legendre 多项式 $P_n(x)$ 是按照下述条件确定的 n 次多项式 $(n=0,1,2,\cdots)$:

(1) $P_n(1)=1$;

(2) $\int_{-1}^{1}P_n(x)P_k(x)\mathrm{d}x=0\ (k=0,1,\cdots,n-1)$.

根据上述的条件 (1), (2), 可以递推地确定出 $P_n(x)$, 并且这样确定的 $P_n(x)$ 是唯一的. 下面仅计算其前三个:

$P_0(x)=1$, 显然.

令 $P_1(x)=C_0x+C_1$, 根据条件 (1), 可得 $C_0+C_1=1$. 再根据条件 (2),

$$(P_1,P_0)=\int_{-1}^{1}(C_0x+C_1)\mathrm{d}x=0,$$

即得 $C_1=0$, $C_0=1$, 从而求得 $P_1(x)=x$.

令 $P_2(x)=b_0x^2+b_1x+b_2$, 根据条件 (1), (2), 可得

$$P_2(1)=b_0+b_1+b_2=1,$$

$$(P_2,P_0)=\frac{2}{3}b_0+2b_2=0,$$

$$(P_2,P_1)=\frac{2}{3}b_1=0,$$

从而确定出 $P_2(x)=\frac{3}{2}x^2-\frac{1}{2}$. 类似地, 可以确定出 $P_3(x)=\frac{5}{2}x^3-\frac{3}{2}x$ 等.

因对任何的自然数 n, 由性质 (1), (2) 共可给出 $P_n(x)$ 满足的 $n+1$ 个条件, 其个数正好与 $P_n(x)$ 待定系数的个数相等, 因此, 如上步骤不断进行, 即可对一切自然数 n 确定出多项式 $P_n(x)$. 证明如上确定的多项式是唯一的. 注意到 $P_0(x)$, $P_1(x)$, $P_2(x)$ 都是唯一确定的. 假设存在不唯一确定的 $P_n(x)$, 并设 N 是这类多项式的最低阶数, 由上面的例子知 $N>2$. 假设 $P_N(x)$, $P_N^*(x)$ 是 P_0, P_1, $\cdots$,P_{N-1}(它们都是唯一确定的) 通过条件 (1), (2) 确定出来的两个不相等的 N 阶多项式, 无妨令

$$P_N(x)=C_0x^N+C_1x^{N-1}+\cdots+C_N,\quad P_N^*(x)=C_0^*x^N+C_1^*x^{N-1}+\cdots+C_N^*,$$

其中 $C_0\neq0$, $C_0^*\neq0$. 作多项式

$$Q(x)=C_0^*P_N-C_0P_N^*,$$

则它是一个次数不超过 $N-1$ 的多项式. 注意到 P_0, P_1, $\cdots$,P_{N-1} 是线性无关的, 因此一切次数不超过 $N-1$ 的多项式均可由它们线性表出, 再根据性质 (2), 即知

P_N, P_N^* 必与一切次数低于 N 的多项式正交, 特别地, 它应与 $Q(x)$ 正交, 从而得

$$\int_{-1}^{1}(C_0^*P_N - C_0P_N^*)\overline{Q(x)}\mathrm{d}x = \int_{-1}^{1}|Q(x)|^2\mathrm{d}x = 0.$$

这就推出 $C_0P_N^* - C_0^*P_N = 0$, 根据条件 (1), 即得 $C_0 = C_0^*$, 从而推出 $P_N^* = P_N$, 与假设矛盾, 这就证明了所有的 $P_n(x)$ 都由性质 (1), (2) 唯一确定.

这样, 就通过如上步骤, 确定了一个 $L^2[-1,1]$ 内的正交多项式系 $\{P_n(x)\}$. 下面证明, Legendre 多项式可有如下的表达式

$$P_n(x) = \frac{1}{2^n n!}\frac{\mathrm{d}^n}{\mathrm{d}x^n}(x^2-1)^n.$$

若令上式右端部分为 $Q_n(x)$, 则显然它是一个 n 次多项式. 现仅需证明它满足性质 (1), (2), 由唯一性即可推知 $Q_n(x) = P_n(x)$.

由

$$Q_0(x) = 1,$$

$$\begin{aligned}
Q_n(1) &= \frac{1}{2^n n!}\left[\frac{\mathrm{d}^n}{\mathrm{d}x^n}(x-1)^n(x+1)^n\right]_{x=1} \\
&= \frac{1}{2^n n!}\left[(x+1)^n\frac{\mathrm{d}^n}{\mathrm{d}x^n}(x-1)^n\right]_{x=1} = 1,
\end{aligned}$$

满足性质 (1). 再用分部积分法, 当 $m \leqslant n$ 时, 可得

$$\begin{aligned}
(Q_n, Q_m) &= \frac{1}{2^n n!}\int_{-1}^{1}Q_m(x)\frac{\mathrm{d}^n}{\mathrm{d}x^n}(x^2-1)^n\mathrm{d}x \\
&= \frac{(-1)^n}{2^n n!}\int_{-1}^{1}(x^2-1)^n\frac{\mathrm{d}^n}{\mathrm{d}x^n}Q_m(x)\mathrm{d}x \\
&= \begin{cases} 0, & m < n, \\ \dfrac{(2n)!}{2^{2n}(n!)^2}\displaystyle\int_{-1}^{1}(1-x^2)^n\mathrm{d}x, & m = n. \end{cases}
\end{aligned}$$

这就证明了满足性质 (2), 从而证明了 $Q_n = P_n$. 根据

$$\int_{-1}^{1}(1-x^2)^n\mathrm{d}x = \frac{2(2n)!!}{(2n+1)!!},$$

不难求得

$$\|P_n(x)\|^2 = (P_n, P_n) = \frac{1}{n+\dfrac{1}{2}}.$$

还易证明, Legendre 多项式 $P_n(x)$ 是微分方程定解问题

$$\begin{cases} -[(1-x^2)y']' = \lambda y, \\ y \text{ 在}(-1,1)\text{有界} \end{cases}$$

当 $\lambda = n(n+1)$ 时的解.

例 1.2.5　Hermite 正交函数系.

Hermite 函数

$$\phi_n(x) = H_n(x)\mathrm{e}^{-\frac{x^2}{4}} \quad (n = 0, 1, 2, \cdots)$$

是按下述条件确定的函数系:

(1) $H_n(x)$ 为 n 次多项式, 首项系数等于 1;

(2) $\phi_n(x)$ 与所有 $\phi_m(x)(0 \leqslant m < n)$ 在 $L^2(-\infty, \infty)$ 内正交, 亦即

$$(\phi_n, \phi_m) = \int_{-\infty}^{\infty} H_n(x)\overline{H_m(x)}\mathrm{e}^{-\frac{x^2}{2}}\mathrm{d}x = 0.$$

多项式 $H_n(x)$ 称为 **Hermite 多项式**. 与上例的论述类同, 不难证明条件 (1), (2) 可以唯一地确定 Hermite 多项式系 $\{H_n(x)\}(n = 0, 1, 2, \cdots)$. 类似于 Legendre 多项式, 可以证明 Hermite 多项式有如下一般的表达式

$$H_n(x) = (-1)^n \mathrm{e}^{\frac{x^2}{2}} \frac{\mathrm{d}^n}{\mathrm{d}x^n} \mathrm{e}^{-\frac{x^2}{2}}.$$

上式右端显然是一个 n 次多项式, 与上例类似, 只需验证它满足条件 (1), (2) 即可.

条件 (1) 是显然的.

现证条件 (2): 令 $m \leqslant n$, 于是可得

$$\begin{aligned}(\phi_n, \phi_m) &= (-1)^n \int_{-\infty}^{\infty} H_m(x) \frac{\mathrm{d}^n}{\mathrm{d}x^n}\left(\mathrm{e}^{-\frac{x^2}{2}}\right)\mathrm{d}x = \int_{-\infty}^{\infty} \mathrm{e}^{-\frac{x^2}{2}} \frac{\mathrm{d}^n}{\mathrm{d}x^n} H_m(x)\mathrm{d}x \\ &= \begin{cases} 0, & m < n, \\ n!\displaystyle\int_{-\infty}^{\infty} \mathrm{e}^{-\frac{x^2}{2}}\mathrm{d}x = \sqrt{2\pi}n!, & m = n. \end{cases}\end{aligned}$$

综合上述即得 $(\phi_n, \phi_m) = \sqrt{2\pi}n!\delta_{nm}$, 于是 (2) 得证.

还不难验证 Hermite 函数系的函数是微分方程定解问题

$$\begin{cases} -y'' + \dfrac{x^2}{4}y = \lambda y, \\ \displaystyle\int_{-\infty}^{\infty} |y|^2 \mathrm{d}x < \infty \end{cases}$$

当 $\lambda = n + \dfrac{1}{2}(n = 0, 1, 2, \cdots)$ 时的解.

如上列举了由微分方程定解问题所引出的若干正交函数系的例子, 在数学物理方程的经典理论中还可以见到更多的正交函数系 [2], 这些正交函数系作为函数 Hilbert 空间正交分解的一种解析形式, 在解决数学物理的各类定解问题中, 起着十分重要的作用. 下面对 Hilbert 空间内的正交系及按正交系展开等若干一般的问题, 进行一些讨论.

设 $\mathscr{U}=\{u_i\}(i=1,2,\cdots)$ 是空间 H 内的一族规一的正交系, f 是 H 内的任一函数. 令 $c_i=(f,u_i)(i=1,2,\cdots)$, 称为 f **对于正交系** $\mathscr{U}$ **的 Fourier 系数.**

引理 1.2.1 (Bessel 不等式)

$$\sum_{i=1}^{\infty}|c_i|^2 \leqslant \|f\|^2.$$

证明 对任何自然数 n, 可有

$$\begin{aligned}\left\|f-\sum_{i=1}^{n}c_iu_i\right\|^2 &= \left(f-\sum_{i=1}^{n}c_iu_i, f-\sum_{i=1}^{n}c_iu_i\right)\\ &= (f,f)-\sum_{i=1}^{n}c_i(u_i,f)-\sum_{i=1}^{n}\bar{c}_i(f,u_i)+\left(\sum_{i=1}^{n}c_iu_i,\sum_{i=1}^{n}c_iu_i\right)\\ &= \|f\|^2-\sum_{i=1}^{n}|c_i|^2.\end{aligned}$$

由于等式左端非负, 故得 $\sum\limits_{i=1}^{n}|c_i|^2 \leqslant \|f\|^2$, 令 $n\to\infty$, 即得引理的结论. 证毕.

定理 1.2.1 令 $f_n=\sum\limits_{i=1}^{n}c_iu_i\ (n=1,2,\cdots)$, 则 $\{f_n\}$ 是 H 内的 Cauchy 列.

证明 对任何自然数 $m,n\ (m<n)$, 可有

$$\begin{aligned}\|f_n-f_m\|^2 = \left\|\sum_{i=m+1}^{n}c_iu_i\right\|^2 &= \left(\sum_{i=m+1}^{n}c_iu_i,\sum_{j=m+1}^{n}c_ju_j\right)\\ &= \sum_{i,j=m+1}^{n}c_i\bar{c}_j(u_i,u_j)=\sum_{i=m+1}^{n}|c_i|^2,\end{aligned}$$

根据引理 1.2.1, 知 $\left\{\sum\limits_{i=1}^{n}|c_i|^2\right\}$ 是实数 Cauchy 列, 因此从上面的等式即推知$\{f_n\}$ 是 H 内的 Cauchy 列. 证毕.

根据空间 H 的完备性知序列 $\{f_n\}$ 必有极限, 为简便计, 仍以 $\sum\limits_{i=1}^{\infty}c_iu_i$ 表示极

限函数, 即

$$\lim f_n = \lim \sum_{i=1}^{n} c_i u_i = \sum_{i=1}^{\infty} c_i u_i.$$

这时无穷级数是在 L^2 度量意义下的求和 (即平均收敛), 希望读者不要与逐点收敛混淆. 函数 $\sum_{i=1}^{\infty} c_i u_i$ 称为 f **在正交系 $\mathscr{U}$ 下的 Fourier 展开式**.

注意, 在定理的证明中, 若取 $m = 0$ $(f_0 = 0)$, 则得

$$\left\| \sum_{i=1}^{n} c_i u_i \right\|^2 = \sum_{i=1}^{n} |c_i|^2,$$

令 $n \to \infty$, 由内积的连续性 (参考本章练习第 1 题), 即得

$$\left\| \sum_{i=1}^{\infty} c_i u_i \right\|^2 = \sum_{i=1}^{\infty} |c_i|^2.$$

于是引理 1.2.1 中所表述的 Bessel 不等式实际上即为

$$\left\| \sum_{i=1}^{\infty} c_i u_i \right\|^2 \leqslant \|f\|^2.$$

它说明了 f 的 Fourier 展开式的范数不超过 f 本身的范数.

自然产生了这样的问题: Bessel 不等式中的等号 (或不等号) 在什么情况下成立? 为了使读者更好地了解事情的实质, 现以三维欧氏空间为例来说明. 在三维欧氏空间内, 若取 $\mathscr{U}$ 为由两个单位正交矢量组成的正交系, 则空间任一矢量 f 对 $\mathscr{U}$ 的 Fourier 展开式, 即为 f 在某个平面 (由 $\mathscr{U}$ 的两个正交矢量张成) 上的投影, 在此情况下, f 的 Fourier 展开式的长度 (范数) 一般小于 f 本身的长度, 除非 f 即在该平面上. 但另一方面, 若所取的正交系由空间的三个单位正交矢量所组成, 则此时 f 的 Fourier 展开式即为 f 本身, 于是 Bessel 不等式对任何 f 均取等号. 由此可见, 对于空间的任何矢量, 它在正交系下的 Fourier 展开式能否与矢量本身保持等同, 取决于正交系是 "缺维" 的还是 "完全" 的. 这个想法, 将自然地推广到无穷维的 Hilbert 空间上.

1.3 Parseval 等式

令 $\mathfrak{M}$ 为空间 H 内的一个集合, 若对于任意 $f, g \in \mathfrak{M}$ 及任意的复数 α, β, 有 $\alpha f + \beta g \in \mathfrak{M}$, 则 $\mathfrak{M}$ 称为 H 内的一个**线性流形 (或线性集)**. 例如, $[a, b]$ 上的一切几乎处处连续的函数组成的集是 $L^2[a, b]$ 内的线性流形; 一切 n 次连续可微且满足

某些齐次边界条件的函数全体组成一个线性流形. 若 $\mathfrak{N}$ 是空间 H 内的一个集合, 则 $\mathfrak{N}$ 内任意有限个元素的任何线性组合所构成的函数集是 H 内的线性流形, 称为**由 $\mathfrak{N}$ 张成的线性流形.**

空间 H 内的线性流形 $\mathfrak{M}$ 若是 H 内的闭集, 则它本身就是一个 Hilbert 空间, 称为 H 的**子空间**. 当 $\mathfrak{M}$ 为有限维 (即 $\mathfrak{M}$ 内线性独立函数的最大个数为有限数) 时, 它必然是闭集, 这时它与有限维的欧氏空间同构. 但当 $\mathfrak{M}$ 不是有限维时, 它就可能不是闭的. 例如, $\mathfrak{M}$ 为 $[a,b]$ 上一切连续函数所组成的集, 显然连续函数平均收敛的极限并不必为连续函数, 故 $\mathfrak{M}$ 不是闭集. 但在任何情况下, 一个线性流形的闭包 $\overline{\mathfrak{M}}$ (它仍为线性流形) 必为 H 的子空间.

一个函数 $f \in H$ 若与集合 $S \subset H$ 中的任一函数正交, 则称 f **与** S **正交**, 记为 $f \perp S$. 一切与 S 正交的函数所组成的集合, 称为 S 的**正交补集**, 记为 $S^{\perp}$. 显然, 对任何 S, $S^{\perp}$ 为一线性流形, 根据内积的连续性 (参考本章练习第 1 题), 易于证明 $\bar{S}^{\perp} = S^{\perp} = \overline{S^{\perp}}$, 故任何集的正交补集是闭集, 它必为子空间.

定理 1.3.1 (正交分解定理) 设 H_1 是 H 的子空间, 则对任何 $f \in H$, 有唯一的分解式

$$f = f_1 + f_2,$$

其中 $f_1 \in H_1, f_2 \in H_1^{\perp}$.

证明 令 $\inf\limits_{h \in H_1} \|f - h\| = \rho$, 则知存在序列 $\{h_n\} \subset H$, 使 $\lim\limits_{n \to \infty} \|f - h_n\| = \rho$. 利用平行四边形公式 (参考本章练习第 2 题), 令公式中 $u = f - h_n, v = f - h_m$, 则可得

$$\|h_n - h_m\|^2 = 2\|f - h_n\|^2 + 2\|f - h_m\|^2 - 4\left\|f - \frac{h_n + h_m}{2}\right\|^2.$$

因为 $\dfrac{h_n + h_m}{2} \in H_1$, 故知 $\left\|f - \dfrac{h_n + h_m}{2}\right\| \geqslant \rho$, 于是得到

$$\|h_n - h_m\|^2 \leqslant 2\|f - h_n\|^2 + 2\|f - h_m\|^2 - 4\rho.$$

当 $n, m \to \infty$ 时, 不等式右端 $\to 0$, 从而得到 $\|h_n - h_m\| \to 0$, 这说明了 $\{h_n\}$ 为一 Cauchy 列. 现令 $\lim h_n = f_1 \in H_1$, 并令 $f_2 = f - f_1$. 下面证明 $f_2 \in H_1^{\perp}$. 任取 $h \in H_1$, 若 h 恒为 0, 则 $H_1 = \{0\}$, 此时命题已真. 故不妨设 $h \neq 0$. 令 λ 为任一复数, 则可有

$$\begin{aligned}\|f - f_1\|^2 &\leqslant \|f - f_1 - \lambda h\|^2 \\ &= \|f - f_1\|^2 - \lambda(h, f - f_1) - \bar{\lambda}(f - f_1, h) + |\lambda|^2(h, h).\end{aligned}$$

若令 $\lambda = (f - f_1, h)/(h, h)$, 代入上式, 即得

$$|(f - f_1, h)|^2 / (h, h) \leqslant 0,$$

这就推出

$$(f - f_1, h) = (f_2, h) = 0.$$

由于 $h \in H_1$ 是任取的, 这就证明了 $f_2 \in H_1^{\perp}$.

现证明分解式 $f = f_1 + f_2$ 是唯一的. 若不然, 则可有 $f = g_1 + g_2$, 其中 $g_1 \in H_1, g_2 \in H_1^{\perp}$, 从而可得 $f_1 - g_1 = f_2 - g_2$, 由此即知 $f_1 - g_1$ 既属于 H_1 又同时属于 $H_1^{\perp}$, 从而它与自身正交, 即

$$(f_1 - g_1, f_1 - g_1) = \|f_1 - g_1\|^2 = 0,$$

这就导出了 $f_1 = g_1$, 同时可得 $f_2 = g_2$. 从而说明分解式是唯一的. 证毕.

在实际应用中, 分解定理常可叙述为如下形式.

定理 1.3.1′ 若 $\mathfrak{M}$ 为空间 H 内的线性流形, 则对于任一 $f \in H$, 可有唯一的分解式

$$f = f_1 + f_2,$$

其中 $f_1 \in \overline{\mathfrak{M}}$, $f_2 \in \mathfrak{M}^{\perp}$.

一个 H 内的集合 S, 若其闭包 $\bar{S} = H$, 则称 S 在 H **内是稠密的**. 按定义, S 在 H 内是稠密的意味着: 对任一 $f \in H$ 及任意的 $\varepsilon > 0$, 一定有 $\phi \in S$, 使 $\|\phi - f\| < \varepsilon$.

利用分解定理, 可以对稠密的线性流形给出一种新的描述.

命题 1.3.1 线性流形 $S \subset H$ 在 H 内是稠密的充要条件为 $S^{\perp} = \{0\}$.

证明 因为与全空间正交的函数必为 0 (读者试自行证明), 所以, 若 S 在 H 内稠密, 即得到 $S^{\perp} = \bar{S}^{\perp} = H^{\perp} = \{0\}$. 反过来, 若线性流形 S 满足 $S^{\perp} = \{0\}$, 则必然是 $\bar{S} = H$. 若不然, 则存在 $f \in H, f \overline{\in} \overline{S}$. 由定理 1.3.1′ 知有分解式 $f = f_1 + f_2$, 其中 $f_1 \in \bar{S}, f_2 \in \bar{S}^{\perp}$. 由于 $f \overline{\in} \overline{S}$, 所以 $f_2 \neq 0$, 这与 $S^{\perp} = \{0\}$ 的假设矛盾. 证毕.

定义 1.3.1 假设函数列 $\{u_n\}(n = 1, 2, \cdots)$ 所张成的线性流形在 H 内稠密, 则称 $\{u_n\}$ 是**完备的**. 若 $\{u_n\}^{\perp} = \{0\}$, 则称 $\{u_n\}$ 是**完全的**.

命题 1.3.2 函数列 $\mathscr{U} = \{u_n\}$ 是完备的充要条件为它是完全的, 即

$$\mathscr{U}^{\perp} = \{0\}.$$

证明 令 $\mathfrak{M}$ 为 $\mathscr{U}$ 所张成的线性流形, 则显然 $g \in \mathscr{U}^{\perp}$ 的充要条件为 $f \in \mathfrak{M}^{\perp} = \{0\}$. 于是根据命题 1.3.1 即得本命题所求的结论. 证毕.

定理 1.3.2 若 $\{u_i\}\,(i = 1, 2, \cdots)$ 是空间 H 内的一组完备的规一正交系, 则对于任何 $f \in H$, 可有

(1) $f = \sum\limits_{i=1}^{\infty} (f, u_i)\, u_i$;

(2) $\|f\|^2 = \sum_{i=1}^{\infty} |(f, u_i)|^2$.

反之, 若 (1)(或 (2)) 对任何 $f \in H$ 成立, 则 $\{u_i\}$ 必为 H 内的一组完备规一正交系.

证明 根据 1.2 节的讨论知 (1), (2) 中的无穷和均存在, 而且 (1), (2) 是等价的. 下面仅对 (1) 进行证明.

先设规一正交系 $\{u_i\}$ 是完备的. 对于任取的 $f \in H$, 命

$$f_1 = \sum_{i=1}^{\infty} (f, u_i)\, u_i\,, \quad f_2 = f - f_1,$$

则

$$(f_2, u_i) = (f, u_i) - (f_1, u_i) = 0$$

对一切自然数 i 成立, 由命题 1.3.2 推知 $f_2 = 0$, 因此 $f_1 = f$, 这证明了 (1) 成立.

反过来, 若 (1) 对一切 $f \in H$ 成立, 则可推知若 $(f, u_i) = 0$ 对一切自然数 i 成立, 必须 $f = 0$, 这说明 $\{u_i\}^{\perp} = \{0\}$, 同样根据命题 1.3.2 知 $\{u_i\}$ 是完备的. 证毕.

定理 1.3.2 中的等式 (2) 常称为 Parseval 等式.

自然会产生这样的问题: 在 $L^2(a, b)$ 内是否存在完备的正交系? 从下面的定理可以看出, 这取决于空间 $L^2(a, b)$ 是否存在完备的序列.

定理 1.3.3 (Gram-Schmidt) 对于空间 H 内的任一函数列 $\{u_i\}\,(i = 1, 2, \cdots)$, 存在对应的规一正交系 $\{v_i\}\,(i = 1, 2, \cdots)$, 它们所张成的线性流形是相同的.

证明 不妨设 $\{u_i\}$ 是线性独立系, 即它们中的任意有限个均是线性无关的. 因若不然, 可以依次将与前面的线性相关的函数剔去. 令

$$\begin{aligned}
&y_1 = u_1, && v_1 = y_1/\|y_1\|;\\
&y_2 = u_2 - (u_2, v_1)\, v_1, && v_2 = y_2/\|y_2\|;\\
&\cdots\cdots\\
&y_n = u_n - \sum_{i=1}^{n-1} (u_n, v_i)\, v_i\,, && v_n = y_n/\|y_n\|;\\
&\cdots\cdots
\end{aligned}$$

根据 $\{u_i\}$ 线性无关的假设知, 对一切 n, 如上作出的 $y_n \neq 0$, 因此 $\{v_i\}$ 有意义. 应用归纳法易证, 对任一 n, $(v_n, v_i) = 0\ (i = 1, 2, \cdots, n-1)$, 这说明 $\{v_i\}$ 是规一的正交系. 由上面的表达式可见, 对任一 n, v_n 是 $u_1, \cdots, u_n$ 的线性组合, 反之, u_n 是 $v_1, \cdots, v_n$ 的线性组合, 这就说明了一切 $\{u_i\}$ 的函数的线性组合必同时可表为 $\{v_i\}$ 中函数的线性组合, 反之亦然, 因此它们所张成的线性流形必然是相同的. 证毕.

定理 1.3.3 提示了一个将 H 内的任一线性无关列实行正交化的步骤. 显然, 若所给的函数列为一完备列, 则经正交化之后, 所得到的正交系也必为完备的. 这就说明了空间 H 是否存在完备正交系的问题等同于 H 内可否找到完备序列的问题.

一个赋范空间, 若存在完备的可数列, 则称为**是可分的**. 因此, 空间 H 存在完备正交系的充要条件为 H 是可分空间. 这样, 问题就转化为: $L^2(a,b)$ 是否为可分空间呢? 为了回答此问题, 就需在 $L^2(a,b)$ 内具体找出一个完备序列.

设 c 为 (a,b) 内的任一点, 令 $\sigma_{[\alpha,\beta]}(x)$ 表示 $[\alpha,\beta]$ 的特征函数. 对于任何点 $t\in(a,b)$, 令

$$\eta_t(x)=\begin{cases}\sigma_{[c,t]}(x), & c\leqslant t<b,\\ -\sigma_{[t,c]}(x), & a<t<c,\end{cases}$$

记 $\{t_i\}\,(i=1,2,\cdots)$ 为 (a,b) 内的有理点集. 因为

$$\int_a^b|\eta_t(x)|^2\mathrm{d}t=|c-t|,$$

故 $\eta_t(x)\in L^2(a,b)$, 因此 $\{\eta_{t_i}(x)\}$ 是 $L^2(a,b)$ 内的一个序列.

定理 1.3.4　$\{\eta_{t_i}(x)\}\,(i=1,2,\cdots)$ 为 $L^2(a,b)$ 内的完备序列.

证明　任取 $f(x)\in\{\eta_{t_i}(x)\}^{\perp}$, 并令

$$F(t)=(f,\eta_t)=\int_c^t f(s)\,\mathrm{d}s,$$

则 $F(t)$ 是 (a,b) 上的连续函数. 根据假设, 在 (a,b) 的稠密集 $\{t_i\}$ 上, $F(t_i)=0$, 因此 $F(t)$ 恒等于 0, 从而推出 $f=0$. 这说明了 $\{\eta_{t_i}(x)\}^{\perp}=\{0\}$. 根据命题 1.3.2, 即知 $\{\eta_{t_i}(x)\}$ 为完备序列. 证毕.

定理 1.3.4 证明了 $L^2(a,b)$ 为一可分空间.

现在回过来考察一下在 1.2 节中讨论过的正交系.

定理 1.3.5　若 (a,b) 为有穷区间, 则函数系 $\{x^n\}\,(n=0,1,2,\cdots)$ 在 $L^2(a,b)$ 内是完备的.

证明　因为 $\{x^n\}$ 所张成的线性流形为复系数多项式全体, 所以只需证明多项式在 $L^2(a,b)$ 内是稠密的. 由于连续函数类 $C[a,b]$ 在 $L^2(a,b)$ 内稠密 (参看文献 [3]), 所以对于任给的 $f\in L^2(a,b)$ 及 $\varepsilon>0$, 可有 $g\in C[a,b]$, 满足 $\|f-g\|<\dfrac{\varepsilon}{2}$. 再根据熟知的 Weierstrass 逼近定理, 对于连续函数 g, 可有多项式 $P(x)$, 使得

$$|P(x)-g(x)|<\frac{\varepsilon}{2\sqrt{b-a}}$$

在 $[a,b]$ 上一致成立. 于是可有

$$\|P-g\|=\left(\int_a^b|P(x)-g(x)|^2\,\mathrm{d}x\right)^{\frac{1}{2}}<\frac{\varepsilon}{2},$$

再由三角不等式, 便得

$$\|f-P\|\leqslant\|f-g\|+\|g-P\|<\varepsilon.$$

这就证明了多项式类在 $L^2(a,b)$ 内稠密. 证毕.

因为 Legendre 多项式系 $\{P_n(x)\}$ 是在 $[-1,1]$ 上由 $\{x^n\}$ 经过正交化 (注意不是规一的正交化) 而得到的, 因此即得如下结论.

推论 1.3.1 Legendre 多项式系 $\{P_n(x)\}\,(n=0,1,2,\cdots)$ 是 $L^2(-1,1)$ 内的完备正交系.

与定理 1.3.5 的论述类似, 假如应用 Weierstrass 的三角函数逼近定理, 即 $[-\pi,\pi]$ 上满足条件 $f(-\pi)=f(\pi)$ 的连续函数 $f(x)$, 可以用三角多项式

$$\frac{\alpha_0}{2}+\sum_{k=1}^{n}(\alpha_k\cos kx+\beta_k\sin kx)$$

一致逼近, 就可证明下述定理.

定理 1.3.6 函数系 $\{\mathrm{e}^{inx}\}\,(n=0,\pm1,\pm2,\cdots)$ 是 $L^2[-\pi,\pi]$ 内的完备正交系.

对于 1.2 节中列举的其他正交系以及在数理方法和工程技术中见到的由微分方程定解问题而导出的种类繁多的正交函数系, 其完备性及 Fourier 展开式的收敛性质, 将在以后章节中加以一般的讨论和解决.

1.4 有界线性算子

定义 1.4.1 若存在一种规则 T, 使对于线性流形 $\mathfrak{M}\subset H$ 上的任一函数 f, 必有 $g\in H$ 与之对应, 记为 $g=Tf$, 并且满足条件: 对任何 $f_1, f_2\in\mathfrak{M}$ 及任何复数 α, β, 都有

$$T(\alpha f_1+\beta f_2)=\alpha Tf_1+\beta Tf_2,$$

则 T 称为空间 H **内的线性算子**. 线性流形 $\mathfrak{M}$ 称为 T 的定义域, 常记为 $\mathscr{D}(T)$, 同时集合

$$\mathscr{R}(T)=\{Tf\mid f\in\mathscr{D}(T)\}$$

称为 T 的值域. 通常总要求 $\mathscr{D}(T)$ 在 H 内是稠密的.

例如, ① 微分运算 $Tf=\dfrac{\mathrm{d}f}{\mathrm{d}x}$ 和 ② 积分运算 $Tf=\displaystyle\int_a^x f\mathrm{d}s$ 都是 $L^2(a,b)$ 内的线性算子. 在①的情形下, 算子的定义域 $\mathscr{D}(T)$ 为 $L^2(a,b)$ 中所有绝对连续且导函数仍在 $L^2(a,b)$ 内的函数所组成的集合; 在②的情形下, 算子的定义域为 $L^2(a,b)$ 的全空间.

将定义域上的任何函数都对应到自身的算子, 称为**恒等算子**, 常记为 I.

设对任何 $f,g\in\mathscr{D}(T)$, $f\neq g$, 有 $Tf\neq Tg$, 则存在以 $\mathscr{R}(T)$ 为定义域、以 $\mathscr{D}(T)$ 为值域的线性算子 $Tf\mapsto f$, 称为 T 的**逆算子**, 记为 T^{-1}. 对于逆算子, 有

$T^{-1}T = I_1, TT^{-1} = I_2$. 注意, 上式中的 I_1 是 $\mathscr{D}(T)$ 上的恒等算子; I_2 是 $\mathscr{R}(T)$ 上的恒等算子.

容易证明: 线性算子 T 存在逆算子的充要条件为方程 $Tf = 0$ 仅有零解.

线性算子 T, 若其定义域 $\mathscr{D}(T) = H$, 且存在常数 $c \geqslant 0$, 使对一切 $f \in H$, 有 $\|Tf\| \leqslant c\|f\|$, 则称为 H 内的**有界算子**. 否则, 就称为**无界算子**. 在前面列举的两种运算中, 微分运算是 $L^2[a,b]$ 内的无界算子. 而关于积分运算, 根据 Schwarz 不等式, 可有

$$\|Tf\| = \left|\int_a^x f\mathrm{d}t\right| \leqslant \int_a^b |f|\mathrm{d}t \leqslant \left(\int_a^b \mathrm{d}t\right)^{\frac{1}{2}} \left(\int_a^b |f|^2 \mathrm{d}t\right)^{\frac{1}{2}} = \sqrt{b-a}\,\|f\|,$$

从而

$$\|Tf\| = \left(\int_a^b |Tf|^2 \mathrm{d}t\right)^{\frac{1}{2}} \leqslant (b-a)\,\|f\|,$$

因此知为一有界算子.

对于 H 内的任何有界算子 T, 可以赋予它一个范数 $\|T\|$ 如下

$$\|T\| \equiv \sup_{\|f\|=1} \|Tf\|.$$

于是对一切 $f \in H$, 可有

$$\|Tf\| \leqslant \|T\|\,\|f\|.$$

线性算子 T 称为**是连续的**, 假如对任何 H 内的收敛列 $\{f_n\}$, $f_n \to f\,(n \to \infty)$, 有 $Tf_n \to Tf\,(n \to \infty)$. 基于算子的线性性质, 它的连续性也可以等价地叙述成: 对任何 H 内的序列 $f_n \to 0$, 有 $Tf_n \to 0\,(n \to \infty)$.

命题 1.4.1 定义在 H 上的线性算子 T 为连续的充要条件是: 它为有界的.

证明 若 T 为有界算子, 则对任何 $g_n \to 0\,(n \to \infty)$, 有 $\|Tg_n\| \leqslant \|T\|\,\|g_n\| \to 0\,(n \to \infty)$, 因此 T 连续. 反过来, 若 T 连续, 则必有界. 若不然, 则对于任一自然数 n, 可有 $f_n \in H$, 使得 $\|Tf_n\| \geqslant n\,\|f_n\|$, 令 $g_n = f_n/n\,\|f_n\|$, 则 $g_n \to 0\,(n \to \infty)$, 但 $\|Tg_n\| \geqslant 1$, 这与连续性假设矛盾. 证毕.

定义 1.4.2 若存在 H 到复数域 C 的一个映射 A, 满足条件:

(1) 对任何 $f, g \in H$ 及 $\alpha, \beta \in C$, 有

$$A(\alpha f + \beta g) = \alpha Af + \beta Ag,$$

则 A 称为 H**上的一个线性泛函**; 若 A 进一步满足条件:

(2) 存在常数 $c \geqslant 0$, 使对一切 $f \in H$, 有 $\|Af\| \leqslant c\,\|f\|$, 则 A 称为 H 上的有界线性泛函.

例如, 对于固定的 $g \in H$, (f,g) 就是 H 上的一个线性泛函, 应用 Schwarz 不等式, 即可证明它是有界泛函.

若对于任何 H 内的收敛列 $f_n \to f\,(n \to \infty)$, 有 $Af_n \to Af$, 则称 A **是连续的**. 与命题 1.4.1 的证明类同, 可有:

H 上线性泛函是连续的充要条件为: 它是有界的.

定理 1.4.1 (Riesz-Frechét) 对于 H 上的任一有界线性泛函 A, 存在唯一的 $g^* \in H$, 使得 $Af = (f, g^*)$.

证明 考虑集合 $\mathscr{R} = \{f \in H \,|\, Af = 0\}$, 显然 $0 \in \mathscr{R}$, 故 $\mathscr{R}$ 非空. 再由 A 的线性及连续性, 即知 $\mathscr{R}$ 是 H 的子空间, 于是有两种情况:

(1) $\mathscr{R} = H$, 此时即取 $g^* = 0$, 命题已真;

(2) $\mathscr{R} \neq H$, 此时根据定理 1.3.1 知, 存在 $g \in \mathscr{R}^{\perp}$, $g \neq 0$. 不妨令 $\|g\| = 1$. 任取 $f \in H$, 令 $f_1 = f - \alpha g$, 其中 $\alpha = Af/Ag$, 则 $Af_1 = 0$, 故 $f_1 \in \mathscr{R}$, 于是得到 f 的正交分解式 $f = f_1 + \alpha g$, 从而 $Af = Af_1 + \alpha Ag$. 令 $g^* = \overline{A(g)}g$, 由于 $Af_1 = 0 = (f_1, g^*)$,

$$\alpha Ag = \alpha Ag\,(g,g) = \left(\alpha g, \overline{A(g)}g\right) = (\alpha g, g^*)\,,$$

从而得

$$Af = (f_1, g^*) + (\alpha g, g^*) = (f_1 + \alpha g, g^*) = (f, g^*)\,.$$

下面证明如上的 g^* 是唯一的. 假若不然, 则可有 g^*, g_1^*, 使 $Af = (f,g^*) = (f, g_1^*)$, 从而得 $(f, g^* - g_1^*) = 0$, 由于 f 是 H 中的任意函数, 故 $g^* - g_1^* = 0$, 这就证明了必须 $g^* = g_1^*$, 证毕.

根据上述的表示定理, 即可定义有界线性算子的共轭算子及自伴 (自共轭) 算子.

定理 1.4.2 对于 H 上的任何有界线性算子 T, 必对应地有唯一的有界线性算子 T^*, 称为 T 的**共轭算子**, 使对于任何 f, $g \in H$, 有 $(Tf, g) = (f, T^*g)$, 并且 $\|T^*\| = \|T\|$.

证明 对固定的 g 而言, 显然, (Tf,g) 为变元 f 的线性泛函. 应用 Schwarz 不等式, 得到

$$|(Tf,g)| \leqslant \|Tf\|\,\|g\| \leqslant \|T\|\,\|g\|\,\|f\|\,,$$

故知泛函 (Tf,g) 是有界的. 由 Riesz–Frechét 表示定理知, 存在唯一的 $g^* \in H$, 使

$$(Tf, g) = (f, g^*)\,.$$

如上由 $g \to g^*$ 的对应规则记为 T^*, 即 $g^* = T^*g$, 显然可以验证 T^* 是 H 上的线性算子.

下面证明 T^* 是有界的. 在等式 $(Tf,g)=(f,g^*)$ 中, 令 $f=g^*$, 则得

$$\begin{aligned}\|g^*\|^2=\|T^*g\|^2=(Tg^*,g)&\leqslant\|Tg^*\|\,\|g\|\\&\leqslant\|T\|\,\|g^*\|\,\|g\|=\|T\|\,\|T^*g\|\,\|g\|\,.\end{aligned}$$

由此导出 $\|T^*g\|\leqslant\|T\|\,\|g\|$, 因此 $\|T^*\|\leqslant\|T\|$. 另一方面, 由对称性知 $(T^*)^*=T$, 从而同理可有 $\|T\|\leqslant\|T^*\|$, 这就证明了 $\|T^*\|=\|T\|$. 证毕.

有界线性算子 T 若满足 $T=T^*$, 则称为**对称算子**, 或**自伴算子**[①], 若 T 为自伴算子, 则对任何 f, $g\in H$, 有

$$(Tf,g)=(f,Tg)$$

定理 1.4.3 有界线性算子 T 为自伴的充要条件是: 对任何 $f\in H$, (Tf,f) 为实数.

证明 设 T 为自伴的, 则对于任意 $f\in H$, 有 $(Tf,f)=(f,Tf)=\overline{(Tf,f)}$, 故知 (Tf,f) 为实数.

反之, 设对于任意 $f\in H$, (Tf,f) 恒为实数. 任取 f, $g\in H$, 通过直接验算 (参考本章练习第 3 题), 可得

$$(T(f+g),f+g)-(T(f-g),f-g)+\mathrm{i}(T(f+\mathrm{i}g),f+\mathrm{i}g)-\mathrm{i}(T(f-\mathrm{i}g),f-\mathrm{i}g)=4(Tf,g),$$

$$(f+g,T(f+g))-(f-g,T(f-g))+\mathrm{i}(f+\mathrm{i}g,T(f+\mathrm{i}g),)-\mathrm{i}(f-\mathrm{i}g,T(f-\mathrm{i}g))=4\,(f,Tg)\,.$$

根据假设知, 在上面两式中, 等式左端各项相等, 从而推出等式右端也必须相等, 即 $(Tf,g)=(f,Tg)$, 这就证明了 T 是自伴的. 证毕.

对于任一自伴算子 T, 令

$$m=\inf_{\|f\|=1}(Tf,f)\,,\quad M=\sup_{\|f\|=1}(Tf,f)\,,$$

分别称为 T 的**下界与上界**.

定理 1.4.4 若 T 为有界自伴算子, 则

$$\|T\|=\sup_{\|f\|=1}|(Tf,f)|=\max\{|m|\,,|M|\}\,.$$

证明 令 $\sup\limits_{\|f\|=1}|(Tf,f)|=\mu$, 则对于任何规一的 f, 应用 Schwarz 不等式, 即得 $|(Tf,f)|\leqslant\|T\|$, 因此 $\mu\leqslant\|T\|$. 另一方面, 对于任意规一的 f, $g\in H$, 有不等式

$$(T(f+g),f+g)=(Tf,f)+(Tg,g)+2\mathrm{Re}(Tf,g)\leqslant\mu\|f+g\|^2,$$

① 对有界算子而言, 对称算子即为自伴算子; 对无界算子而言, 两者有区别, 见 1.7 节.

$$(T(f-g),f-g)=(Tf,f)+(Tg,g)-2\mathrm{Re}(Tf,g)\geqslant -\mu\|f-g\|^2.$$

将不等式两端相减, 再利用平行四边形公式 (参考本章练习第 2 题), 可得

$$4\mathrm{Re}\,(Tf,g)\leqslant 2\mu\left(\|f\|^2+\|g\|^2\right)=4\mu.$$

令 $g=Tf/\|Tf\|\,(Tf\neq 0)$ 代入上式, 即得 $4\,\|Tf\|\leqslant 4\mu$, 从而推出 $\|T\|\leqslant\mu$. 综合以上讨论, 即得 $\|T\|=\mu$. 证毕.

根据定理 1.4.3, 可以在有界自伴算子之间定义序 (偏序) 关系如下: 设 A, B 为 H 内的有界自伴算子, 若对于任意的 $f\in H$, 都有 $(Af,f)\geqslant(Bf,f)$, 则记 $A\geqslant B$ 或 $B\leqslant A$. 若对任意 $f\in H$, $(Af,f)\geqslant 0$, 则称 A 为**正算子**, 记为 $A\geqslant 0$.

命题 1.4.2 若 A 为正算子, 则对于任意的 $f, g\in H$, 有

$$|(Af,g)|^2\leqslant(Af,f)(Ag,g).$$

证明类似于引理 1.1.1, 留给读者作为练习.

设 $\{A_n\}(n=1,2,\cdots)$ 是 H 内的一个算子列, 若存在算子 A, 使对任何 $f\in H$, 都有

$$A_nf\to Af\quad(n\to\infty),$$

则称 A_n **强收敛于**A. 若 A_n, A 均为有界算子, 且

$$\|A_n-A\|\to 0\quad(n\to\infty),$$

则称 A_n **按范数收敛于**A. 显然, 一个按范数收敛的算子列必为强收敛.

设 $\{A_n\}$ 是一个有界自伴算子列, 并满足

$$A_1\leqslant A_2\leqslant\cdots\leqslant A_n\leqslant\cdots,$$

则称 $\{A_n\}$ 为一**单调算子列.** 若它进一步满足 $A_n\leqslant MI$(M 为常数), 则称为**有界算子列**.

定理 1.4.5 一个有界的单调自伴算子列 $\{A_n\}$ 必强收敛于一有界自伴算子 A.

证明 不妨设

$$0\leqslant A_1\leqslant A_2\leqslant\cdots\leqslant A_n\leqslant\cdots\leqslant I,$$

因若不然, 设 $KI\leqslant A_n\leqslant MI\,(K<M)$, 则可令

$$B_n=\frac{A_n-KI}{M-K},$$

此时 $\{B_n\}$ 即符合如上要求.

由假设, 当 $n>m$ 时, 有 $A_n-A_m\geqslant 0$. 于是对任意 $f\in H$, 利用命题 1.4.2, 可得

$$\begin{aligned}\|(A_n-A_m)f\|^4&=((A_n-A_m)f,(A_n-A_m)f)^2\\&\leqslant\big((A_n-A_m)f,f)((A_n-A_m)^2f,(A_n-A_m)f\big).\end{aligned}$$

但根据 $0\leqslant A_m\leqslant A_n\leqslant I$ 知 $\|A_n-A_m\|\leqslant 1$, 于是得

$$\|(A_n-A_m)f\|^4\leqslant[(A_nf,f)-(A_mf,f)]\,\|f\|^2.$$

由假设知, 数列 $\{(A_nf,f)\}$ 是单调有界列, 故必为 Cauchy 列. 由上面不等式即推知 $\{A_nf\}$ 为一 Cauchy 列, 定义 Af 为 A_nf 的极限元素, 则 A 即为定理 1.4.5 所求的极限算子. 根据内积的连续性易知, A 是有界自伴的. 证毕.

1.5 闭的线性算子

前面主要讨论了有界线性算子, 但是在理论和应用上许多线性算子并不是有界的, 例如, 著名的 Schrödinger 算子. 无界线性算子理论是处理近代量子力学的基本数学框架, 特别是微分算子理论运用泛函分析的思想和方法统一处理、研究微分方程与积分方程中的许多问题. 由于最重要的一类无界线性算子 —— 微分算子是闭的或者是可闭的线性算子, 所以首先研究闭的线性算子, 然后考虑对称算子、自伴算子以及它们的结构.

定义 1.5.1 设 H 是一个 Hilbert 空间, T 是从 $\mathscr{D}(T)$ 到 H 的线性算子,

$$T:\mathscr{D}(T)\to H,$$

其中 $\mathscr{D}(T)\subset H$. 称 T 是一个闭的线性算子, 如果 T 的图

$$G(T)=\{\langle x,y\rangle\mid x\in\mathscr{D}(T),y=Tx\}$$

在乘积赋范空间 $H_1\times H_2$ 中是闭的, 其中 $H_1\times H_2$ 中的范数定义为

$$\|\langle x,y\rangle\|=\left(\|x\|^2+\|y\|^2\right)^{\frac{1}{2}},$$

以上定义的范数称为 T 的图模.

注 1.5.1 由定义可知, 如果 T^{-1} 存在, T 是闭的线性算子, 当且仅当 T^{-1} 是闭的线性算子.

可以用以下的条件来验证一个线性算子是闭的.

定理 1.5.1 设 H 是一个 Hilbert 空间, T 是从 H 到 H 的线性算子, 则 T 是闭的, 当且仅当对于任意的 $\{x_n\}\subset\mathscr{D}(T), x_n\to x$, 以及 $Tx_n\to y\,(n\to\infty)$, 可推出 $x\in\mathscr{D}(T), y=Tx$.

证明 设 $\langle x,y\rangle\in\overline{G(T)}$, 则存在 $\{x_n\}\subset\mathscr{D}(T)$, 使得

$$\langle x_n, Tx_n\rangle\to\langle x,y\rangle\quad(n\to\infty),$$

于是

$$\|\langle x_n-x, Tx_n-y\rangle\|^2=\|x_n-x\|^2+\|Tx_n-y\|^2\to 0,$$

从而 $x_n\to x, Tx_n\to y$, 根据定理中的条件知 $x\in\mathscr{D}(T)$, $y=Tx$, 即 $\langle x,y\rangle\in G(T)$, T 是闭算子.

反之, 设 $\{x_n\}\subset\mathscr{D}(T)$, 且 $x_n\to x, Tx_n\to y\,(n\to\infty)$, 于是 $\langle x_n,Tx_n\rangle\to\langle x,y\rangle$. 由于 $G(T)$ 是闭的, 则推知 $x\in\mathscr{D}(T), y=Tx$.

注 1.5.2 一般来说, 闭的线性算子不一定是有界线性算子. 我们有以下结论.

定理 1.5.2 设 T 是从 $\mathscr{D}(T)$ 到 H 的闭的线性算子, 其中 H 是一个 Hilbert 空间, $\mathscr{D}(T)\subset H$. 如果 $\mathscr{D}(T)$ 在 H 中是闭的, 那么 T 是一个有界的线性算子.

证明 定义从 $G(T)$ 到 H 中的线性算子 T_1:

$$T_1\langle x,Tx\rangle=x,\quad x\in\mathscr{D}(T).$$

T_1 是从 $G(T)$ 上到 $\mathscr{D}(T)$ 上的一对一的线性算子, 由于 $G(T)$ 是 $H_1\times H_2$ 中的闭子空间, $\mathscr{D}(T)$ 在 H 中是闭的, 由 Banach 逆算子定理 T_1^{-1} 有界, 即

$$\|\langle x,Tx\rangle\|=\left\|T_1^{-1}x\right\|\leqslant\left\|T_1^{-1}\right\|\|x\|,$$

则有 $\|Tx\|\leqslant\left(\left\|T_1^{-1}\right\|^2-1\right)^{\frac{1}{2}}\|x\|$, T 是有界线性算子.

例 1.5.1 设 $H=L^2[0,1]$, $AC[0,1]$ 是 $[0,1]$ 上绝对连续函数的全体, 令

$$T:\mathscr{D}(T)=AC[0,1]\to H,\quad Tx=\frac{\mathrm{d}x}{\mathrm{d}t},$$

则 T 是在 $L^2[0,1]$ 中定义的闭的无界线性算子.

证明 因为 $x\in AC[0,1]$, $x(t)$ 可以表示成

$$x(t)=\alpha+\int_0^t u(\tau)\,\mathrm{d}\tau,$$

其中 α 是一个数, $u(t)\in H$. 假设 $x_n\in\mathscr{D}(T), x_n\to x$, 且 $Tx_n=y_n\to y$, 由 $x(t)$ 和 $x_n(t)$ 几乎处处可微, 则

$$x_n(t)=x_n(0)+\int_0^t x_n'(\tau)\,\mathrm{d}\tau,$$

$$\left|\int_0^t x_n'(\tau)\,\mathrm{d}\tau-\int_0^t y(\tau)\,\mathrm{d}\tau\right|\leqslant\int_0^1|x_n'(\tau)-y(\tau)|\,\mathrm{d}\tau$$

$$\leqslant\left(\int_0^1|x_n'(\tau)-y(\tau)|^2\,\mathrm{d}\tau\right)^{1/2}\left(\int_0^1 1^2\mathrm{d}\tau\right)^{1/2}.$$

因为 $Tx_n=x_n'$ 在 H 中收敛到 y, 上式说明 $\int_0^t x_n'(\tau)\,\mathrm{d}\tau$ 一致收敛到 $\int_0^t y(\tau)\,\mathrm{d}\tau$. 于是, 由

$$x_n(0)-x_m(0)=x_n(t)-x_m(t)-\int_0^t[x_n'(\tau)-x_m'(\tau)]\,\mathrm{d}\tau,$$

则有

$$|x_n(0)-x_m(0)|=\left(\int_0^1|x_n(0)-x_m(0)|^2\,\mathrm{d}t\right)^{1/2}$$

$$\leqslant\left(\int_0^1|x_n(t)-x_m(t)|^2\,\mathrm{d}t\right)^{1/2}+\left\{\int_0^1\left|\int_0^t[x_n'(\tau)-x_m'(\tau)]\,\mathrm{d}\tau\right|^2\mathrm{d}t\right\}^{1/2}.$$

注意到 $x_n(t)$ 是 H 中的 Cauchy 列, 推出 $\{x_n(0)\}$ 是一个 Cauchy 数列收敛到 β. 于是可知 $\{x_n(t)\}$ 一致收敛到 $z(t)$, 即

$$z(t)=\beta+\int_0^t y(\tau)\,\mathrm{d}\tau,$$

且 $z'(t)$ 几乎处处等于 $y(t)$, $y(t)\in L^2[0,1]$, 即 $z\in\mathscr{D}(T), Tz=y$. 再由一致收敛知

$$\int_0^1|x_n(t)-z(t)|^2\,\mathrm{d}t\to 0,$$

即 $x_n(t)$ 按 H 中的范数收敛到 $z(t)$, 于是 $z(t)=x(t)$, 由定义知 T 是闭的线性算子. 但 T 不是有界线性算子, 令 $x_n=t^n$,

$$\|x_n\|=\left(\int_0^1 t^{2n}\mathrm{d}t\right)^{\frac{1}{2}}=\left(\frac{1}{2n+1}\right)^{\frac{1}{2}},$$

$$\|Tx_n\|=\left(\int_0^1\left(nt^{(n-1)}\right)^2\mathrm{d}t\right)^{\frac{1}{2}}=\frac{n}{(2n-1)^{\frac{1}{2}}},$$

即 $\dfrac{\|Tx_n\|}{\|x_n\|}\to\infty\,(n\to\infty)$, T 是无界的.

定义 1.5.2 T 是从 H_1 到 H_2 的线性算子, T 称为可闭的, 如果 $\overline{G(T)}$ 是一个图, 即 $\overline{G(T)}$ 满足定理 1.5.1 的两个条件.

由定理 1.5.1 的证明知, 如果 T 是可闭的, 则存在唯一确定的线性算子 $\overline{T}$, 使得

$$G(\overline{T}) = \overline{G(T)},$$

$\overline{T}$ 是闭的, 称为 T 的闭包.

由可闭线性算子的定义以及 $\overline{T}$ 的定义有以下定理.

定理 1.5.3 (1) T 是可闭的线性算子, 当且仅当如果

$$\{x_n\} \subset \mathscr{D}(T), \quad x_n \to 0,$$

$\{Tx_n\}$ 在 H_2 中收敛, 则 $Tx_n \to 0$.

(2) T 是可闭的线性算子, 那么

$$\mathscr{D}(\overline{T}) = \{x \in H_1 \mid \exists\{x_n\},\text{使得 } x_n \to x, \text{且}\{Tx_n\}\text{也是收敛的}\},$$

$$\overline{T}x = \lim_{n\to\infty} Tx_n, \quad x \in \mathscr{D}(\overline{T}).$$

证明留给读者.

1.6 无界线性算子的共轭算子

共轭算子在无界线性算子理论中扮演着十分重要的角色, 首先把有界线性算子的共轭算子的概念推广到无界线性算子.

定义 1.6.1 设 H 是一个 Hilbert 空间, $\mathscr{D}(T)$ 在 H 中稠密,

$$T : \mathscr{D}(T) \to H$$

是从 $\mathscr{D}(T)$ 到 H 的线性算子, T 的共轭算子 T^* 定义为从 $\mathscr{D}(T^*)$ 到 H 的映射

$$T^* : \mathscr{D}(T^*) \to H,$$

其中

$$\mathscr{D}(T^*) = \left\{y \in H \mid \text{ 存在 } y^*, \text{使得对于 } \forall x \in \mathscr{D}(T), (Tx, y) = (x, y^*)\right\},$$

且

$$T^*y = y^*.$$

注 1.6.1 $\mathscr{D}(T)$ 在 H 中稠密的线性算子称为稠定的线性算子. 由于赋范空间均可以完备化, 以后均认为线性算子是稠定的, 但 $\mathscr{D}(T)$ 不一定是全空间.

注 1.6.2 容易验证 T^* 是一个线性算子, 且对于稠定的线性算子 T_1, T_2 和数值 α, 有

(1) $(T_1+T_2)^* = T_1^* + T_2^*$;

(2) $(\alpha T)^* = \bar{\alpha} T^*$.

定理 1.6.1 设 T 是 H 中稠定的线性算子, 则

(1) T^* 是闭的;

(2) 若 T_1, T_2 是 H 中稠定的线性算子, 且 $T_1 \subset T_2$, 则 $T_2^* \subset T_1^*$;

(3) 设 T 是 H 中可闭的稠定线性算子, 则 $\left(\overline{T}\right)^* = T^*$.

证明 (1) 设 $x_n \in \mathscr{D}(T^*), x_n \to x$, $T^*x_n \to y$, 由 T^* 的定义, 则对于 $\forall x \in \mathscr{D}(T)$, 有

$$(Tx, x_n) = (x, T^*x_n).$$

令 $n \to \infty$, 由内积的连续性, 则有

$$(Tx, x) = (x, y), \quad \forall x \in \mathscr{D}(T).$$

由共轭算子的定义, $x \in \mathscr{D}(T^*), T^*x = y$, 即 T^* 是闭的线性算子.

(2) 由定义 $y \in \mathscr{D}(T_2^*)$ 当且仅当存在 y^*, 使得对于 $\forall x \in \mathscr{D}(T_2)$,

$$(T_2x, y) = (x, y^*),$$

即 $T_2^*y = y^*$. 由于 $T_1 \subset T_2$, 即 $\mathscr{D}(T_1) \subset \mathscr{D}(T_2)$, 且 $T_1x = T_2x$, $\forall x \in \mathscr{D}(T_1)$. 于是有

$$(T_1x, y) = (x, y^*), \quad \forall x \in \mathscr{D}(T_1),$$

即 $y \in \mathscr{D}(T_1^*)$, 且 $T_1^*y = y^* = T_2^*y$. 说明 $T_2^* \subset T_1^*$.

(3) 由于 $T \subset \overline{T}$, 由 (2) 有 $\left(\overline{T}\right)^* \subset T^*$. 只需证明 $T^* \subset \left(\overline{T}\right)^*$. 设 $y \in \mathscr{D}(T^*)$, 由定义, 即对于 $\forall x \in \mathscr{D}(T)$,

$$(Tx, y) = (x, T^*y).$$

对于 $\forall x \in \mathscr{D}\left(\overline{T}\right)$, 存在 $x_n \in \mathscr{D}(T)$, 使得 $x_n \to x$ 且 $Tx_n \to \overline{T}x$, 故有

$$(Tx_n, y) = (x_n, T^*y).$$

令 $n \to \infty$, 有

$$\left(\overline{T}x, y\right) = (x, T^*y), \quad \forall x \in \mathscr{D}\left(\overline{T}\right),$$

即 $y \in \mathscr{D}\left(\overline{T}^*\right)$, 且 $\overline{T}^*y = T^*y$. 故 $T^* \subset \overline{T}^*$.

对于线性算子 T^*, 如果 T^* 是稠定的, 则可以定义 $T^{**} = (T^*)^*$.

定理 1.6.2 设 T 和 T^* 是稠定的线性算子, 则 $T \subset T^{**}$.

证明 由 T^* 的定义, 对于 $z \in \mathscr{D}(T)$, $y \in \mathscr{D}(T^*)$, 则有

$$(Tz, y) = (z, T^*y),$$

即

$$(T^*y, z) = (y, Tz), \quad \forall y \in \mathscr{D}(T^*).$$

根据 T^{**} 的定义, 说明 $z \in \mathscr{D}(T^{**})$, 且 $T^{**}z = Tz$, 即 $T \subset T^{**}$.

注 1.6.3 由于 T^{**} 是闭算子, 所以 T^{**} 的存在 ($\mathscr{D}(T^*)$ 稠) 是 T 可闭的充分条件.

定理 1.6.3 T 是可闭的, 当且仅当 T^* 是稠定的, 并且有 $\overline{T} = T^{**}$.

证明 充分性上面已证, 只需证明必要性. 设映射

$$V : \langle x, y \rangle \to \langle -y, x \rangle.$$

由共轭算子的定义

$$(Tx, y) = (x, y^*), \quad \forall x \in \mathscr{D}(T), \quad y \in \mathscr{D}(T^*)$$

推出 $\langle y, y^* \rangle \in G(T^*)$ 的充要条件为

$$\langle y, y^* \rangle \perp V\{\langle x, Tx \rangle \mid x \in \mathscr{D}(T)\},$$

其中 $\perp$ 是在乘积空间 $H \times H$ 内积的意义下. 假如 T 可闭, 但 $\mathscr{D}(T^*)$ 不稠, 即存在 $y_0 \neq 0, y_0 \in H$, 使得 $y_0 \perp \mathscr{D}(T^*)$, 于是

$$\langle y, y^* \rangle \perp \langle y_0, 0 \rangle, \quad \forall \langle y, y^* \rangle \in G(T^*).$$

由 $y_0 \neq 0$ 可知 $G(T^*)^{\perp}$ 不是一个算子的图, 其中正交补 $\perp$ 是在乘积空间的意义下. 但是

$$G(T^*)^{\perp} = \overline{V\{\langle x, Tx \rangle \mid x \in \mathscr{D}(T)\}}.$$

由于 T 可闭的, 则

$$\overline{V\{\langle x, Tx \rangle \mid x \in \mathscr{D}(T)\}} = V\left\{\left\langle x, \overline{T}x \right\rangle \mid x \in \mathscr{D}\left(\overline{T}\right)\right\}$$

是一个图, 矛盾.

以下证明 $\overline{T} = T^{**}$, 由 T^{**} 的定义, 知

$$(T^*y, z) = (y, z^*), \quad y \in \mathscr{D}(T^*), \quad z \in \mathscr{D}(T^{**}),$$

即

$$\langle z, z^* \rangle \perp \langle -T^*y, y \rangle.$$

由于 T^{**} 是闭的, 所以

$$G\left(T^{**}\right)=V\left\{\left\langle y,T^{*}y\right\rangle \mid y\in\mathscr{D}\left(T^{*}\right)\right\}^{\perp}.$$

再由 T^{*} 的定义, 有

$$(Tx,y)=(x,T^{*}y),\quad \forall x\in\mathscr{D}(T),\quad y\in\mathscr{D}\left(T^{*}\right),$$

即

$$\left\langle -T^{*}y,y\right\rangle \perp\left\langle x,Tx\right\rangle.$$

由上结合 T 是可闭的可知

$$G\left(T^{**}\right)=\left\{\left\langle x,Tx\right\rangle \mid x\in\mathscr{D}(T)\right\}^{\perp\perp}=\overline{\left\{\left\langle x,Tx\right\rangle \mid x\in\mathscr{D}(T)\right\}}=\overline{G(T)}=G\left(\overline{T}\right).$$

于是, 有 $T^{**}=\overline{T}$.

与有界共轭算子的证明相似, 注意到当 T 是闭的时, $T^{**}=T$, 可以证明下面的定理.

定理 1.6.4　设 T 是 Hilbert 空间 H 上定义的稠定线性算子, 则

$$\mathscr{R}(T)^{\perp}=\mathscr{N}\left(T^{*}\right).$$

如果 T 是闭的, 那么

$$\mathscr{R}\left(T^{*}\right)^{\perp}=\mathscr{N}(T).$$

证明留给读者.

1.7　对称算子和自伴算子

在无界线性算子理论中, 对称算子、自伴算子都是十分重要的概念. 量子力学中处理的线性算子大多是无界的自伴算子. 如同有界算子一样, 可以研究 A 和 A^{*} 之间的关系.

算子 A 若定义域在 H 内是稠密的, 且满足 $A\subset A^{*}$, 则称 A 为**对称算子**. 因此, 若 A 为对称算子, 则对于任意的 $u,v\in\mathscr{D}(A)$, 有

$$(Au,v)=(u,Av).$$

一个算子 B, 若是对称算子 A 的扩张, 且仍为对称算子, 则称为 A 的**对称扩张**. 这时可有

$$A\subset B\subset B^{*}\subset A^{*}. \tag{1.7.1}$$

因而, 对对称算子而言, 其对称扩张同时意味着共轭算子的收缩.

对称算子 A 若满足 $A=A^*$, 则称为**自伴算子**, 由定理 1.6.1 知自伴算子必为闭算子. 注意, 对有界算子而言, 对称算子必为自伴算子, 但对无界算子而言, 二者并不一定相等. 这个问题, 在以后的章节中还要深入讨论.

一个算子 A, 若 $\mathscr{D}(A^*)$ 在 H 内稠密, 则 A^* 的共轭算子存在, 记为 $(A^*)^*=A^{**}$, 同理可记 $(A^{**})^*=A^{***}$ 等. 注意, 对无界算子而言, A^{**} 并不一定与 A 相等. 特别是在 A 不是闭算子 (但根据定理 1.6.1, A^{**} 必为闭算子) 的情形下, 必然有 $A^{**}\neq A$.

定理 1.7.1 若 A 为对称算子, 则

(1) $\mathscr{D}(A^*)$ 稠密;

(2) $A\subset A^{**}\subset A^*$;

(3) $A^{***}=A^*$.

证明 (1) 若 A 对称, 则 $A\subset A^*$, 即 $\mathscr{D}(A)\subset\mathscr{D}(A^*)$, 故 $\mathscr{D}(A^*)$ 在 H 内稠密, 从而推知 A^{**} 存在.

(2) 根据定理 1.6.1 可知, $A^{**}\subset A^*$. 另一方面, 因为对于任何 $u\in\mathscr{D}(A)$ 及 $v\in\mathscr{D}(A^*)$, 有 $(Au,v)=(u,A^*v)$, 或 $(A^*v,u)=(v,Au)$, 这说明 $u\in\mathscr{D}(A^{**})$, 且 $Au=A^{**}u$, 从而知 $A\subset A^{**}$.

(3) 由于 $A\subset A^{**}$, 故 $\mathscr{D}(A)\subset\mathscr{D}(A^{**})$, 所以 $\mathscr{D}(A^{**})$ 为稠密集, 从而知 A^{***} 存在. 再应用定理 1.6.1, 得 $A^{***}\subset A^*$. 下面只需证明 $A^*\subset A^{***}$. 由于对任何 $v\in\mathscr{D}(A^*)$ 及 $w\in\mathscr{D}(A^{**})$, 有 $(A^*v,w)=(v,A^{**}w)$ 或 $(A^{**}w,v)=(w,A^*v)$, 这说明了 $v\in\mathscr{D}(A^{***})$ 且 $A^*v=A^{***}v$, 也即 $A^*\subset A^{***}$. 综合起来即得 $A^{***}=A$. 证毕.

由定理 1.7.1 可知, $A^{**}\subset A^*=(A^{**})^*$, 因此 A^{**} 是一个闭的对称算子, 再由 $A\subset A^{**}$, 又知它是 A 的对称扩张. 这说明了任何对称算子必具有闭的对称扩张, 并且它与扩张的算子具有相同的共轭.

例 1.7.1 设 $H=L^2[0,1]$, 令

$$\mathscr{D}(A_1)=\{x\mid x\in L^2[0,1],x\ \text{在}\ [0,1]\ \text{上绝对连续, 且}\ x'\in L^2[0,1]\},$$

$$\mathscr{D}(A_2)=\mathscr{D}(A_1)\cap\{x\mid x(0)=x(1)\},$$

$$\mathscr{D}(A_3)=\mathscr{D}(A_1)\cap\{x\mid x(0)=x(1)=0\},$$

定义

$$A_kx=\mathrm{i}x',\quad x\in\mathscr{D}(A_k),\quad k=1,2,3.$$

显然, A_k 是稠定的线性算子, 可以证明 A_k 是闭的, 且

$$A_3\subset A_2\subset A_1.$$

由定理 1.6.1 知

$$A_1^* \subset A_2^* \subset A_3^*.$$

下面证明

$$A_3 = A_1^*, \quad A_2 = A_2^* \subset A_1 = A_3^*.$$

事实上, 对于任意的

$$x(t) \in \mathscr{D}(A_k), \quad y(t) \in \mathscr{D}(A_m), \quad m + k = 4,$$

由分部积分, 结合条件

$$x(1)\overline{y(1)} = x(0)\overline{y(0)},$$

$$(A_k x, y) = \int_0^1 (\mathrm{i}x'\overline{y})\mathrm{d}t = \int_0^1 \left(x\overline{\mathrm{i}y'}\right)\mathrm{d}t = (x, A_m y),$$

则有 $A_m \subset A_k^*$, 即

$$A_3 \subset A_1^*, \quad A_2 \subset A_2^*, \quad A_1 \subset A_3^*.$$

下面证明反过来的包含关系. 设 $y(t) \in \mathscr{D}(A_k^*)$, $z = A_k^* y$. 令

$$Z(t) = \int_0^t z(\tau)\,\mathrm{d}\tau,$$

则对于 $x(t) \in \mathscr{D}(A_k)$, 有

$$\begin{aligned}\int_0^1 (\mathrm{i}x'\overline{y})\mathrm{d}t &= (A_k x, y) = (x, A_k^* y) = (x, z) \\ &= \int_0^1 (x\overline{z})\,\mathrm{d}t = x(1)\,\overline{Z(1)} - \int_0^1 \left(x'\overline{Z}\right)\mathrm{d}t.\end{aligned}$$

当 $k = 1, 2$ 时, $\mathscr{D}(A_k)$ 中均包括 $[0,1]$ 上的非零常值函数, 即 $x(t) = c, x'(t) = 0$. 故 $\overline{Z}(1) = 0$. 当 $k = 3$ 时, 有 $x(1) - 0$, 这样对于 $k - 1, 2, 3$ 有

$$\mathrm{i}y + Z \in \mathscr{R}(A_k)^{\perp}.$$

因为 $R(A_1) = L^2[0,1]$, 所以当 $k = 1$ 时, $\mathrm{i}y(t) = -Z(t)$, 且因为 $y(1) = 0, y(0) = 0$, 于是 $y(t) \in \mathscr{D}(A_3)$, 即 $A_1^* \subset A_3$.

如果 $k = 2, 3$, $\mathscr{R}(A_k)$ 中包括了所有满足 $\int_0^1 u(t)\,\mathrm{d}t = 0$ 的元素 u. 这样

$$\mathscr{R}(A_2) = \mathscr{R}(A_3) = Y^{\perp},$$

其中 Y 是 L^2 中包括常值函数的一维子空间. $\mathrm{i}y + Z(t) = c$ (c 是常数). 从而当 $k = 3$ 时, y 是绝对连续的, 并且 $y' \in L^2$, 即 $y \in \mathscr{D}(A_1)$. 故 $A_3^* \subset A_1$.

当 $k=2$ 时, 条件 $Z(1)=0, Z(0)=0$, 并且 $\mathrm{i}y+Z(t)=c$, 推出 $y(1)=y(0)$, 于是 $y\in D(A_2)$, 则有 $A_2^*\subset A_2$.

注 1.7.1 可以看到, A_3 是对称算子, A_1, A_2 是 A_3 的扩张, A_2 是自共轭的, 但 A_1 不是对称的.

由式 (1.7.1) 可以看到, 对于对称算子而言, 其对称扩张更加 "靠拢" 共轭算子. 这就提出了一个问题, 对称算子能否扩张成为自伴算子? 这个问题是微分算子理论中的一个重要问题, 将在以后的章节中作专门的讨论.

1.8 线性算子的谱

在数学物理及各种实际问题中, 遇到的一个重要问题就是求解方程

$$(A-\lambda I)y=f,$$

这里 A 代表赋范空间的线性算子, y 代表未知元, f 代表已知元. 例如, 线性代数方程组、带各种初始条件与边界条件的常与偏的线性微分方程定解问题、线性积分方程等都归属到这一类型的问题. 为了研究这类方程的求解问题, 就需要考察线性算子 $A-\lambda I$ 及它的逆 $(A-\lambda I)^{-1}$.

设 A 为空间 H 内的线性算子, 则对于复平面上的一切点 λ, 可以按 $(A-\lambda I)^{-1}$ 的不同情况进行如下分类:

(1) $(A-\lambda I)^{-1}$ 不存在. 这等价于方程 $(A-\lambda I)^{-1}y=0$ 有非平凡解, 这时 λ 称为 A 的**本征值**. A 的所有本征值组成的集称为 A 的**点谱**, 记为 $\sigma_p(A)$.

(2) $(A-\lambda I)^{-1}$ 存在, 其定义域在空间 H 内不稠密, 即 $\overline{\mathscr{R}(A-\lambda I)}\neq H$. 所有如上的 λ 组成的集称为 A 的**剩余谱**, 记为 $\sigma_R(A)$.

(3) $(A-\lambda I)^{-1}$ 存在, 其定义域在 H 内稠密, 即

$$\overline{\mathscr{R}(A-\lambda I)}=H.$$

但 $(A-\lambda I)^{-1}$ 在 $\mathscr{R}(A-\lambda I)$ 上无界, 也即对一切 $\mathscr{R}(A-\lambda I)$ 上规一的元素 u 而言,

$$\sup\left\|(A-\lambda I)^{-1}u\right\|=\infty.$$

所有如上的 λ 组成的集称为 A 的**连续谱**, 记为 $\sigma_c(A)$.

令 $\sigma(A)=\sigma_p(A)\cup\sigma_R(A)\cup\sigma_c(A)$, 称为 A 的**谱集**, 简称为 A 的**谱**.

(4) $(A-\lambda I)^{-1}$ 存在, 其定义域在 H 内稠密, 即

$$\overline{\mathscr{R}(A-\lambda I)}=H$$

(若 A 为闭算子, 则 $\mathscr{R}(A-\lambda I)=H$), 且 $(A-\lambda I)^{-1}$ 有界, 这时 λ 称为 A 的**正则点**, 相应的 $(A-\lambda I)^{-1}$ 称为**预解算子**. A 的所有正则点组成的集, 称为 A 的**预解集**, 记为 $R(A)$.

于是由上述定义, 可有 $\sigma(A)\cup R(A)=C$.

设 λ 为 A 的本征值, 则 $(A-\lambda I)y=0$ 的非平凡解 y 称为 A 的**本征元素**(对函数空间而言, y 称为**本征函数**). 显然易证, 所有 A 的对应于 λ 的本征元素加上 0 元素, 组成一个线性流形, 它的维数称为本征值 λ 的**重数**.

定理 1.8.1 若 A 为对称算子, 则 A 的本征值必为实数, 且对应于不同本征值的本征元素互相正交.

证明 设 λ 为 A 的本征值, u 为对应的本征元素, 则由 A 为对称的假设, 可得 $(Au,u)=(u,Au)$, 由此得 $\lambda(u,u)=\overline{\lambda}(u,u)$, 从而知 $\lambda=\overline{\lambda}$, 即 λ 为实数. 今设 $\lambda_1\neq\lambda_2$ 为 A 的两个本征值, u_1, u_2 为相应的本征元素, 则由 $(Au_1,u_2)=(u_1,Au_2)$ 可得 $\lambda_1(u_1,u_2)=\lambda_2(u_1,u_2)$, 由于 $\lambda_1\neq\lambda_2$, 故必须 $(u_1,u_2)=0$. 证毕.

定理 1.8.2 设 A 为对称算子, $\lambda=u+\mathrm{i}v(v\neq 0)$, 则 $(A-\lambda I)^{-1}$ 存在, 且对任何 $g\in\mathscr{R}(A-\lambda I)$, 有

$$\left\|(A-\lambda I)^{-1}g\right\|\leqslant\frac{1}{|v|}\|g\|.$$

证明 根据定理 1.8.1, 知 $(A-\lambda I)y=0$ 不存在非平凡解, 故 $(A-\lambda I)^{-1}$ 存在. 任取 $f\in\mathscr{D}(A)$, 并令 $(A-\lambda I)f=g$, 于是 $f=(A-\lambda I)^{-1}g$. 因为

$$\begin{aligned}\|g\|^2&=((A-u-\mathrm{i}v)f,(A-u-\mathrm{i}v)f)\\&=\|(A-u)f\|^2-\mathrm{i}v(f,(A-u)f)+\mathrm{i}v((A-u)f,f)+v^2\|f\|^2,\end{aligned}$$

根据 A 的对称假设, 即知 $((A-u)f,f)=(f,(A-u)f)$, 于是得

$$\|g\|^2=\|(A-u)f\|^2+\nu^2\|f\|^2\geqslant\nu^2\|f\|^2,$$

从而得 $\|f\|=\|(A-\lambda I)^{-1}g\|\leqslant\dfrac{1}{|v|}\|g\|$. 证毕.

推论 1.8.1 A 为对称算子, 则一切非实的复数 λ 均属于 $\sigma_R\cup R(A)$.

定理 1.8.3 (1) 若 $\lambda\in\sigma_R(A)$, 则 $\overline{\lambda}\in\sigma_p(A^*)$;

(2) 若 $\overline{\lambda}\in\sigma_p(A^*)$, $\lambda\,\overline{\in}\,\sigma_p(A)$, 则 $\lambda\in\sigma_R(A)$.

证明 (1) 设 $\lambda\in\sigma_R(A)$, 则 $\overline{\mathscr{R}(A-\lambda I)}\neq H$, 因此可有 $h\neq 0$, 使得对一切 $u\in\mathscr{D}(A)$, 有 $((A-\lambda I)u,h)=0=(u,0)$.

这说明 $h\in\mathscr{D}(A^*)$ 且 $(A-\lambda I)^*h=(A^*-\overline{\lambda}I)h=0$, 因此 $\bar{\lambda}\in\sigma_p(A^*)$.

(2) 设 $\overline{\lambda}\in\sigma_p(A^*)$, 则存在 $h\in\mathscr{D}(A^*)$, $h\neq 0$, 使 $(A^*-\overline{\lambda}I)h=0$. 于是对一切 $f\in\mathscr{D}(A)$, 有 $((A-\lambda I)f,h)=(f,(A^*-\overline{\lambda}I)h)=0$, 这说明 $h\in(\mathscr{R}(A-\lambda I))^{\perp}$, 因此

$\overline{\mathscr{R}(A-\lambda I)} \neq H$, 这说明 $\lambda \in \sigma_R(A) \cup \sigma_p(A)$, 但根据假设 $\lambda \overline{\in} \sigma_p(A)$, 故 $\lambda \in \sigma_R(A)$. 证毕.

定理 1.8.4 若 A 为自伴算子, 则 $\sigma_R(A) = \varnothing$.

证明 设 $\lambda \in \sigma_R(A)$, 则根据定理 1.8.3,

$$\overline{\lambda} \in \sigma_p(A^*) = \sigma_p(A),$$

又根据定理 1.8.1, 得 $\overline{\lambda} = \lambda$. 于是

$$\lambda \in \sigma_p(A) \cap \sigma_R(A) = \varnothing.$$

证毕.

推论 1.8.2 若 A 为自伴算子, 则一切非实的复数 λ 均属于预解集 $R(A)$.

1.9 自伴算子的谱分解

设 H_1 是 H 的子空间, 则根据正交分解定理 (定理 1.3.1), 对于任何 $f \in H$, 有唯一的分解式 $f = g + h$, 其中 $g \in H_1$, $h \perp H_1$.

定义 1.9.1 $H \mapsto H_1$ 的线性算子 $Pf = g$ 称为子空间 H_1 上的**投影算子.**

显然, 根据定义, 投影算子 P 必为有界算子, 且 $\|P\| = 1$.

命题 1.9.1 一个有界线性算子 P 为投影算子的充要条件为: P 是自伴算子, 且 $P^2 = P$.

证明 设 P 是子空间 $\mathfrak{M}$ 上的投影算子, f_1, f_2 为 H 内的任意两元素, 由定理 1.3.1, $f_i = g_i + h_i (i = 1, 2)$, 其中 $g_i \in \mathfrak{M}$, $h_i \perp \mathfrak{M}$. 于是

$$(Pf_1, f_2) = (g_1, g_2 + h_2) = (g_1, g_2) = (g_1 + h_1, g_2) = (f_1, Pf_2).$$

因此 P 为自伴算子. 至于性质 $P^2 = P$, 是显然的.

反之, 设 P 是有界自伴算子, 且满足 $P^2 = P$. 令 $\mathfrak{M} = \mathscr{R}(P)$, 显然它是 H 上的线性流形. 以下证明 $\mathfrak{M}$ 是闭集. 假设 $g_n = Pf_n \to g (n \to \infty)$, 则由 P 的有界性及 $P^2 = P$ 的假设可得 $Pg_n = P^2 f_n = Pf_n = g_n$, 两端取极限得 $Pg = g$, 因此 $g \in \mathfrak{M}$, 于是 M 为闭集, 因而为子空间. 现证 P 为 $\mathfrak{M}$ 上的投影算子. 任取 $f \in H$, 令 $f = Pf + h$, 根据 P 的自伴性

$$(Pf, h) = (f, Ph) = (f, P(f - Pf)) = (f, Pf - P^2 f) = (f, 0) = 0,$$

这说明 $Pf + h$ 是 f 按子空间 $\mathfrak{M}$ 的正交分解, 因此 P 是 $\mathfrak{M}$ 上的投影算子. 证毕.

命题 1.9.2 设 P, Q 依次为子空间 $\mathfrak{M}$, $\mathfrak{N}$ 上的投影算子, 则

(1) $PQ = 0 \Leftrightarrow \mathfrak{M} \perp \mathfrak{N}$;

(2) $P \leqslant Q \Leftrightarrow \mathfrak{M} \subset \mathfrak{N}$.

证明　(1) 任取 $f, g \in H$, $(Pf, Qg) = (f, PQg) = (f, 0) = 0$, 所以 $\mathfrak{M} \perp \mathfrak{N}$. 反之, 若 $\mathfrak{M} \perp \mathfrak{N}$, 则对任意的 $f \in H$, 有 $(PQ)f = P(Qf) = 0$, 所以 $PQ = 0$.

(2) 假设对于任何 $f \in H$, $(Qf, f) \geqslant (Pf, f)$, 因为

$$(Qf, f) = (Q^2 f, f) = (Qf, Qf) = \|Qf\|^2,$$

同理 $(Pf, f) = \|P(f)\|^2$, 于是得 $\|Qf\|^2 \geqslant \|Pf\|^2$. 据此即可推知 $\mathfrak{M} \subset \mathfrak{N}$. 因若不然, 则有 $f_0 \in \mathfrak{M}$, 但 $f_0 \overline{\in} \mathfrak{N}$, 从而得

$$\|Qf_0\|^2 < \|f_0\|^2 = \|Pf_0\|^2,$$

导致矛盾.

反过来, 若已知 $\mathfrak{M} \subset \mathfrak{N}$, 则对任何 $f \in H$, 有 $\|Pf\|^2 \leqslant \|Qf\|^2$, 与上面的推导同理, 即可得 $(Pf, f) \leqslant (Qf, f)$, 从而得 $P \leqslant Q$. 证毕.

命题 1.9.3　设 P, Q 依次为子空间 $\mathfrak{M}, \mathfrak{N}$ 上的投影算子,

(1) 若 $PQ = 0$, 则 $P + Q$ 为 $\mathfrak{M} + \mathfrak{N}$ 上的投影算子;

(2) 若 $PQ = QP$, 则 PQ 为 $\mathfrak{M} \cap \mathfrak{N}$ 上的投影算子;

(3) 若 $Q \geqslant P$, 则 $Q - P$ 为 $\mathfrak{N} - \mathfrak{M}$ 上的投影算子.

这里 $N - M \equiv \{f \in \mathfrak{N} \mid f \perp \mathfrak{M}\}$.

证明　(1) 根据命题 1.9.2 知 $\mathfrak{M} \perp \mathfrak{N}$. 由正交分解定理, 对任何 $f \in H$, 有 $f = m + n + h$, 其中 $m \in \mathfrak{M}, n \in \mathfrak{N}, h \perp (\mathfrak{M} + \mathfrak{N})$. 于是 $(P + Q)f = Pf + Qf = m + n$, 这说明了 $P + Q$ 为 $\mathfrak{M} + \mathfrak{N}$ 上的投影算子.

(2) 由于 $(PQ)^* = Q^* P^* = QP = PQ$, 故知 PQ 为自伴算子. 再由 $(PQ)^2 = PQPQ = P^2 Q^2 = PQ$, 根据命题 1.9.1 知 PQ 为投影算子, 下面只需证明 PQ 的像集为 $\mathfrak{M} \cap \mathfrak{N}$. 任取 $f \in H$, 则有 $(PQ)f = P(Qf) = Q(Pf)$, 因此它既属于 $\mathfrak{M}$ 又属于 $\mathfrak{N}$, 故属于 $\mathfrak{M} \cap \mathfrak{N}$. 另一方面, 对于任意的 $g \in \mathfrak{M} \cap \mathfrak{N}$, 有 $PQg - Pg - g$, 因此 PQ 的像集为 $\mathfrak{M} \cap \mathfrak{N}$.

(3) 因 P, Q 为自伴算子, 故 $Q - P$ 自伴. 此外由命题 1.9.2 可得 $PQ = QP = P$, 于是 $(Q - P)^2 = Q^2 - PQ - QP + P^2 = Q - P$, 根据命题 1.9.1, $Q - P$ 为投影算子. 再由正交分解定理, 对任一 $f \in H$, 可有唯一分解式 $f = m + n' + h$, 其中 $m \in \mathfrak{M}, n' \in \mathfrak{N} - \mathfrak{M}, h \perp \mathfrak{N}$. 于是 $(Q - P)f = (m + n') - m = n'$, 故 $Q - P$ 为 $\mathfrak{N} - \mathfrak{M}$ 上的投影算子. 证毕.

设 A 为线性算子, $\mathfrak{M}$ 为子空间, 若对于任一 $f \in \mathfrak{M}, Af \in \mathfrak{M}$, 则称 $\mathfrak{M}$ 为 A 的不变子空间. 若 $\mathfrak{M}$ 及 $H - \mathfrak{M} = \mathfrak{M}^{\perp}$ 均为 A 的不变子空间, 则称算子 A 为 $\mathfrak{M}$ 所约. 一个算子若为一个子空间所约, 则它就可化归为在正交互补的两个子空间上的两个独立的线性算子的和.

命题 1.9.4 设 $\mathfrak{M}$ 为子空间, P 为其上的投影算子, 则一线性算子 A 为 $\mathfrak{M}$ 所约的充要条件是

$$AP = PA.$$

证明 若已知 $AP = PA$, 任取 $f \in \mathfrak{M}$, $g \in \mathfrak{M}^{\perp}$, 则

$$Af = APf = PAf \in \mathfrak{M},$$

$$(Ag, f) = (Ag, Pf) = (PAg, f) = (APg, f) = (0, f) = 0,$$

这说明 $Ag \perp f$, 从而 $Ag \in \perp\mathfrak{M}^{\perp}$. 因此 A 为 $\mathfrak{M}$ 所约.

反之, 已知 A 为 $\mathfrak{M}$ 所约. 任取 $f \in H$, 于是可有正交分解 $f = f_1 + f_2$, 其中 $f_1 \in \mathfrak{M}, f_2 \in \mathfrak{M}^{\perp}$. 从而得

$$APf = Af_1,$$
$$PAf = P(Af_1 + Af_2) = PAf_1 = Af_1,$$

这就说明了 $AP = PA$. 证毕.

定义 1.9.2 设 $\{E_\lambda\}$ 是空间 H 内一个含实参数 λ 的投影算子族, 若满足条件:

(1) 单调性: 若 $\lambda < \mu$, 则 $E_\lambda \leqslant E_\mu$;

(2) 右连续: 对任何实数 λ, $\lim\limits_{\mu \to \lambda+} E_\mu = E_\lambda$;

(3) $\lim\limits_{\lambda \to -\infty} E_\lambda = 0, \quad \lim\limits_{\lambda \to +\infty} E_\lambda = I$,

则 $\{E_\lambda\}$ 称为**谱族**. 注意上述定义中的 lim 都是在强收敛的意义下的极限.

易于证明, 谱族具有如下的性质:

(1) 若 $\lambda < \mu$, 则 $E_\lambda E_\mu = E_\mu E_\lambda = E_\lambda$;

(2) 若令 $\Delta = (\alpha, \beta], \Delta' = (\alpha', \beta']$, $\Delta E_\lambda = E_\beta - E_\alpha$, $\Delta' E = E_{\beta'} - E_{\alpha'}$, 则当 $\Delta \cap \Delta' = \varnothing$ 时, $\Delta E_\lambda \Delta' E_\lambda = 0$; 当 $\Delta \cap \Delta' = \Delta''$ 时, $\Delta E_\lambda \Delta' E_\lambda = \Delta'' E_\lambda$;

(3) 对于任何 $f \in H$, $\rho(\lambda) = (E_\lambda f, f) = \|E_\lambda f\|^2$ 是 $(-\infty, +\infty)$ 上 λ 的单调非减函数, $\rho(-\infty) = 0$, $\rho(\infty) = \|f\|^2$.

今设 $[\alpha, \beta]$ 为一有限区间, 给出它的一个分划

$$D_n : \alpha = \lambda_0 < \lambda_1 < \lambda_2 < \cdots < \lambda_n = \beta,$$

并令 $\Delta_j = (\lambda_{j-1}, \lambda_j]$, $\delta = \max\limits_{1 \leqslant j \leqslant n} (\lambda_j - \lambda_{j-1})$, 则对于给定的谱族 $\{E_\lambda\}$ 及任一实函数 $u(\lambda) \in C[\alpha, \beta]$, 可作 Riemann 和

$$S(D_n) = \sum_{j=1}^{n} u(\xi_j) \Delta_j E_\lambda,$$

其中 ξ_j 是 Δ_j 上的任一点, $\Delta_j E_\lambda = E_{\lambda_j} - E_{\lambda_{j-1}}$.

命题 1.9.5 若 $u(\lambda)$ 为 $[\alpha,\beta]$ 上的连续函数, 则 $\lim\limits_{\delta\to 0} S(D_n)$ 按范数收敛.

证明 基于 $u(\lambda)$ 在 $[\alpha,\beta]$ 上的一致连续性, 所以 $\forall\varepsilon>0, \exists\delta>0$, 使对于任何 $\lambda,\lambda'\in[\alpha,\beta]$, 只需 $|\lambda-\lambda'|<\delta$, 便有 $|u(\lambda)-u(\lambda')|<\dfrac{\varepsilon}{2}$. 今在 $[\alpha,\beta]$ 上作任意两个分划

$$D_n:\lambda_0<\lambda_1<\lambda_2<\cdots<\lambda_n \quad 及 \quad D_m:\mu_0<\mu_1<\mu_2<\cdots<\mu_m,$$

满足 $\max(\lambda_j-\lambda_{j-1})<\delta, \max(\mu_j-\mu_{j-1})<\delta$. 再作一个将上述两个分划的分点合在一起的第三个分划 $D_p:\tau_0<\tau_1<\tau_2<\cdots<\tau_p$, 则根据谱族的性质, 可得

$$-\frac{\varepsilon}{2}I\leqslant S(D_p)-S(D_n)\leqslant\frac{\varepsilon}{2}I;$$

$$-\frac{\varepsilon}{2}I\leqslant S(D_p)-S(D_m)\leqslant\frac{\varepsilon}{2}I.$$

从而得

$$-\varepsilon I\leqslant S(D_n)-S(D_m)\leqslant\varepsilon I.$$

这就证明了 $\|S(D_n)-S(D_m)\|<\varepsilon$. 证毕.

由以上命题可知, 当 $\delta\to 0$ 时, $S(D_n)$ 趋于一个唯一的极限算子, 令

$$\lim_{\delta\to 0} S(D_n)\equiv\int_\alpha^\beta u(\lambda)\mathrm{d}E_\lambda,$$

对于算子 $\displaystyle\int_\alpha^\beta u(\lambda)\mathrm{d}E_\lambda$, 则有如下结论.

命题 1.9.6 (1) $\displaystyle\int_\alpha^\beta u(\lambda)\mathrm{d}E_\lambda$ 是对称算子;

(2) 对于任何 $f, g\in H$, 有

$$\left(\int_\alpha^\beta u(\lambda)\mathrm{d}E_\lambda f, g\right)=\int_\alpha^\beta u(\lambda)\mathrm{d}(E_\lambda f,g),$$

特别地,

$$\left\|\int_\alpha^\beta u(\lambda)\mathrm{d}E_\lambda f\right\|^2=\int_\alpha^\beta |u(\lambda)|^2\mathrm{d}\|E_\lambda f\|^2;$$

(3) $\displaystyle\left\|\int_\alpha^\beta u(\lambda)\mathrm{d}E_\lambda\right\|\leqslant\max_{\alpha\leqslant\lambda\leqslant\beta}|u(\lambda)|$.

证明 (1) 由于 $S(D_n)$ 是互相正交的投影算子的和, 故是对称算子, 由内积的连续性, 即知其极限算子亦必为对称算子.

(2) 令 $\Delta' E_\lambda = I - E_\beta$, $\Delta'' E_\lambda = E_\alpha$, 则对任意的 $g \in H$, 有正交分解 $g = \Delta' E_\lambda g + \Delta'' E_\lambda g + \sum_{j=1}^{n} \Delta_j E_\lambda g$, 于是

$$(S(D_n)f, g) = \left(\sum_{j=1}^{n} u(\xi_j)\Delta_j E_\lambda f, \Delta' E_\lambda g + \Delta'' E_\lambda g + \sum_{j=1}^{n} \Delta_j E_\lambda g \right)$$

$$= \sum_{j=1}^{n} u(\xi_j)(\Delta_j E_\lambda f, \Delta_j E_\lambda g) = \sum_{j=1}^{n} u(\xi_j)(\Delta_j E_\lambda f, g).$$

令 $\sigma(\lambda) = (E_\lambda f, g)$, 则

$$(\Delta_j E_\lambda f, g) = \sigma(\lambda_j) - \sigma(\lambda_{j-1}) = \Delta_j \sigma(\lambda),$$

因为

$$\sum_{j=1}^{n} |\Delta_j \sigma| = \sum_{j=1}^{n} |(\Delta_j E_\lambda f, g)| = \sum_{j=1}^{n} |(\Delta_j E_\lambda f, \Delta_j E_\lambda g)| \leqslant \sum_{j=1}^{n} \|\Delta_j E_\lambda f\| \|\Delta_j E_\lambda g\|$$

$$\leqslant \left\{ \sum_{j=1}^{n} \|\Delta_j E_\lambda f\|^2 \cdot \sum_{j=1}^{n} \|\Delta_j E_\lambda g\|^2 \right\}^{\frac{1}{2}} \leqslant \|f\| \|g\|,$$

所以 $\sigma(\lambda)$ 为有界变差函数. 于是可有

$$(S(D_n)f, g) = \sum_{j=1}^{n} u(\xi_j) \Delta_j \sigma(\lambda),$$

令 $\delta \to 0$, 即得

$$\left(\int_\alpha^\beta u(\lambda) \mathrm{d} E_\lambda f, g \right) = \int_\alpha^\beta u(\lambda) \mathrm{d}\sigma(\lambda) = \int_\alpha^\beta u(\lambda) \mathrm{d}(E_\lambda f, g).$$

此外, 因为

$$\begin{aligned} \|S(D_n)f\|^2 &= (S(D_n)f, S(D_n)f) \\ &= \left(\sum_{j=1}^{n} u(\xi_j)\Delta_j E_\lambda f, \sum_{j=1}^{n} u(\xi_j)\Delta_j E_\lambda f \right) = \sum_{j=1}^{n} u^2(\xi_j) \|\Delta_j E_\lambda f\|^2, \end{aligned}$$

令 $\delta \to 0$, 即得

$$\left\| \int_\alpha^\beta u(\lambda) \mathrm{d} E_\lambda f \right\|^2 = \int_\alpha^\beta u^2(\lambda) \mathrm{d} \|E_\lambda f\|^2.$$

(3) 令 $M = \max\limits_{\alpha \leqslant \lambda \leqslant \beta} |u(\lambda)|$, 则由 (2) 的讨论得

$$\left\| \int_{\alpha}^{\beta} u(\lambda) \mathrm{d} E_{\lambda} f \right\|^2 = \int_{\alpha}^{\beta} u^2(\lambda) \mathrm{d} \|E_{\lambda} f\|^2 \leqslant M^2 \int_{\alpha}^{\beta} \mathrm{d} \|E_{\lambda} f\|^2 \leqslant M^2 \|f\|^2,$$

由此即得

$$\left\| \int_{\alpha}^{\beta} u(\lambda) \mathrm{d} E_{\lambda} \right\| \leqslant M.$$

证毕.

综上讨论, 利用谱族积分, 将 $[\alpha, \beta]$ 上的任一实连续函数 $u(\lambda)$ 对应到空间 H 的一个有界对称算子. 把这一对应关系记成 $\mathscr{I}$, 于是

$$\mathscr{I}(u) = \int_{\alpha}^{\beta} u(\lambda) \mathrm{d} E_{\lambda}.$$

不难把上述关系扩展到复值连续函数上去, 设 $u = u_1 + \mathrm{i} u_2$, 则定义 $\mathscr{I}(u) = \mathscr{I}(u_1) + \mathrm{i} \mathscr{I}(u_2)$, 此时 $\mathscr{I}$ 将一个 $[\alpha, \beta]$ 上的复值连续函数对应到 H 的一个有界算子, 但不再是对称的. 对于算子 $\mathscr{I}(u)$, 可有如下的性质.

命题 1.9.7 (1) $\mathscr{I}(c_1 u + c_2 \nu) = c_1 \mathscr{I}(u) + c_2 \mathscr{I}(\nu)$;

(2) $\mathscr{I}(u\nu) = \mathscr{I}(u) \mathscr{I}(\nu)$;

(3) $\mathscr{I}(u)^* = \mathscr{I}(\bar{u})$;

(4) $u(\lambda) \geqslant 0 (\alpha \leqslant \lambda \leqslant \beta) \Rightarrow \mathscr{I}(u) \geqslant 0$.

证明 (1) 是显然的.

(2) 对于 $[\alpha, \beta]$ 的同一个分划 $\lambda_0 < \lambda_1 < \cdots < \lambda_n$, 分别作 Riemann 和

$$S(D_n)_u = \sum_{j=1}^{n} u(\xi_j) \Delta_j E_{\lambda},$$

$$S(D_n)_{\nu} = \sum_{j=1}^{n} \nu(\xi_j) \Delta_j E_{\lambda},$$

则根据

$$\Delta_j E_{\lambda} \Delta_i E_{\lambda} = \delta_{ij} \Delta_j E_{\lambda},$$

可得

$$S(D_n)_u S(D_n)_{\nu} = \sum_{j=1}^{n} u(\xi_j) \nu(\xi_j) \Delta_j E_{\lambda} = S(D_n)_{u\nu}.$$

再根据明显的命题:

$$\|A_n - A\| \to 0, \|B_n - B\| \to 0 \Rightarrow \|A_n B_n - AB\| \to 0$$

(读者不难自行证明). 在上面等式中令 $\delta \to 0$, 即得所求结论.

(3) 令 $u = u_1 + \mathrm{i}u_2$, 则

$$\begin{aligned}(\mathscr{I}(u)f, g) &= (\mathscr{I}(u_1)f, g) + \mathrm{i}(\mathscr{I}(u_2)f, g)\\ &= \int_\alpha^\beta u_1(\lambda)\mathrm{d}(E_\lambda f, g) + \mathrm{i}\int_\alpha^\beta u_2(\lambda)\mathrm{d}(E_\lambda f, g),\end{aligned}$$

由于

$$(E_\lambda f, g) = (f, E_\lambda g) = \overline{(E_\lambda g, f)},$$

所以

$$\begin{aligned}\text{上式} &= \int_\alpha^\beta \overline{u_1(\lambda)\mathrm{d}(E_\lambda g, f)} + \mathrm{i}\int_\alpha^\beta \overline{u_2(\lambda)\mathrm{d}(E_\lambda g, f)}\\ &= \overline{(\mathscr{I}(u_1)g, f)} + \mathrm{i}\overline{(\mathscr{I}(u_2)g, f)} = (f, \mathscr{I}(u_1)g) + (f, -\mathrm{i}\mathscr{I}(u_2)g)\\ &= (f, \mathscr{I}(u_1 - \mathrm{i}u_2)g) = (f, \mathscr{I}(\overline{u})g).\end{aligned}$$

这就证明了 $\mathscr{I}(u)^* = \mathscr{I}(\bar{u})$.

(4) 若 $u \geqslant 0 (\alpha \leqslant \lambda \leqslant \beta)$, 则

$$(\mathscr{I}(u)f, f) = \int_\alpha^\beta u(\lambda)\mathrm{d}(E_\lambda f, f) = \int_\alpha^\beta u(\lambda)\mathrm{d}\|E_\lambda f\|^2 \geqslant 0,$$

故知 $\mathscr{I}(u) \geqslant 0$. 证毕.

在上面的讨论中, 指出了: 若给定一个谱族, 则任何实连续函数在有界区间上按谱族的积分为有界自伴算子. 反过来, 任何一个有界自伴算子是否必可表示成为按谱族的积分呢? 答案是肯定的. 这就是下述的有界自伴算子的谱分解定理.

定理 1.9.1 设 A 是 H 内的有界自伴算子, M, m 是它的上、下界, 则存在一个唯一的谱族 $\{E_\lambda\}$, 满足 $E_M = I$, $E_{m^-} = 0$, 并有

$$A = \int_{m^-}^M \lambda \mathrm{d}E_\lambda.$$

关于联系自伴算子 A 的谱族的存在性, 有许多不同的证明. 读者可在参考文献 [1] 中找到其中的两种证明. 限于篇幅, 均不在此列举了.

可以把命题 1.9.7 和定理 1.9.1 推广到无界算子上. 设 $u(\lambda)$ 为 $(-\infty, \infty)$ 上的连续函数, $\mathscr{D}(u)$ 为空间 H 内如下的集合

$$\mathscr{D}(u) = \left\{ f \in H \,\middle|\, \int_{-\infty}^{+\infty} |u(\lambda)|^2 \mathrm{d}\|E_\lambda f\|^2 < \infty \right\},$$

则对于任何 $f \in \mathscr{D}(u)$, 容易证明 $\lim\limits_{a\to\infty}\int_{-a}^{a} u(\lambda)\mathrm{d}E_\lambda f$ 收敛. 于是可以在 $\mathscr{D}(u)$ 上定义算子

$$\int_{-\infty}^{+\infty} u(\lambda)\mathrm{d}E_\lambda \equiv \lim_{a\to\infty}\int_{-a}^{a} u(\lambda)\mathrm{d}E_\lambda,$$

并且有

$$\left\|\int_{-\infty}^{+\infty} u(\lambda)\mathrm{d}E_\lambda f\right\|^2 = \int_{-\infty}^{+\infty} |u(\lambda)|^2\mathrm{d}\|E_\lambda f\|^2.$$

若令 $\mathscr{I}(u) \equiv \int_{-\infty}^{+\infty} u(\lambda)\mathrm{d}E_\lambda$, 则有如下结论.

命题 1.9.8 (1) 对任何 $f \in \mathscr{D}(u)\cap\mathscr{D}(\nu)$, 有

$$\mathscr{I}(c_1u + c_2\nu)f = c_1\mathscr{I}(u)f + c_2\mathscr{I}(\nu)f;$$

(2) 对任何 $f \in \mathscr{D}(\nu)\cap\mathscr{D}(u\nu)$, 有 $\mathscr{I}(u\nu)f = \mathscr{I}(u)\mathscr{I}(\nu)f$;

(3) $\mathscr{I}(\bar{u}) = \mathscr{I}(u)^*$, 并具有公共定义域 $\mathscr{D}(u)$;

(4) 若 $u(\lambda) \geqslant 0(-\infty < \lambda < \infty)$, 则在 $\mathscr{D}(u)$ 上 $\mathscr{I}(u) \geqslant 0$.

本命题的证明, 读者不难自行做出.

对于无界的自伴算子, 亦可有如下的谱分解定理.

定理 1.9.2 设 A 为 H 内的自伴算子, $\mathscr{D}(A)$ 为其定义域, 则存在唯一的谱族 $\{E_\lambda\}$, 使得:

(1) $\mathscr{D}(A) = \left\{f \in H \,\middle|\, \int_{-\infty}^{+\infty} \lambda^2\mathrm{d}\|E_\lambda f\|^2 < \infty\right\}$;

(2) $A = \int_{-\infty}^{+\infty} \lambda\mathrm{d}E_\lambda$;

(3) $f \in \mathscr{D}(A)$, 则 $\|Af\|^2 = \int_{-\infty}^{+\infty} \lambda^2\mathrm{d}\|E_\lambda f\|^2$.

证明可参阅文献 [1].

练 习 题

1. 设在内积空间中, $f_n \to f$, $g_n \to g(n\to\infty)$, 则 $(f_n, g_n) \to (f, g)$.

2. 对于内积空间中的任两元素 u, ν, 证明有下述平行四边形公式

$$\|u+\nu\|^2 + \|u-\nu\|^2 = 2\|u\|^2 + 2\|\nu\|^2.$$

3. 对于内积空间中的任两元素 u, ν, 证明恒等式

$$4(u,\nu) \equiv \|u+\nu\|^2 + \mathrm{i}\|u+\mathrm{i}\nu\|^2 - \|u-\nu\|^2 - \mathrm{i}\|u-\mathrm{i}\nu\|^2.$$

4. 利用正交性证明 Legendre 多项式 $P_n(x)$ 在 $(-1,1)$ 内恰有 n 个单重零点.

5. A 是 Hilbert 空间 H 内的有界线性算子, 令 $\mathscr{N}(A)=\{u\in H|Au=0\}$, $\mathscr{R}(A)$ 表示 A 的值域, 证明:

$$\mathscr{N}(A)=\mathscr{R}(A^*)^{\perp};\quad \mathscr{N}(A^*)=\mathscr{R}(A)^{\perp};\quad \overline{\mathscr{R}(A)}=\mathscr{N}(A^*)^{\perp};\quad \overline{\mathscr{R}(A^*)}=\mathscr{N}(A)^{\perp}.$$

6. A,B 为空间 H 内的有界线性算子, 证明:

(1) $(A^*)^*=A$;

(2) 对任何复数 α,β, $(\alpha A+\beta B)^*=\bar{\alpha}A^*+\bar{\beta}B^*$;

(3) $(AB)^*=B^*A^*$;

(4) 若 A^{-1} 存在有界, 则 $(A^{-1})^*=(A^*)^{-1}$.

7. A 为空间 H 内的有界线性算子, 证明 $A^*=-A$ 的充分必要条件为: 对任何 $f\in H$, $\mathrm{Re}(Af,f)=0$.

8. 设 λ 为有界线性算子 A 的本征值, f 为相应的本征元素; μ 为 A^* 的本征值, g 为相应的本征元素. 证明当 $\lambda\neq\bar{\mu}$ 时, $f\perp g$.

9. 设 A,B 有界自伴算子, 则 AB 为自伴算子的充要条件为: $AB=BA$.

10. A 为有界算子, $\mathfrak{M}$ 为子空间, 若对于任何 $u\in\mathfrak{M}$, 有 $Au\in\mathfrak{M}$, $A^*u\in\mathfrak{M}$, 则 A 为 $\mathfrak{M}$ 所约.

11. 设 $\{f_n\}$ 为空间 H 内的元素列, 若对于任何

$$g\in H,\quad (f_n,g)\to(f,g)\quad (n\to\infty),$$

则称 f_n 弱收敛到 f, 记为 $f_n\xrightarrow{w}f(n\to\infty)$. 试证明:

(1) 若 $f_n\to f$, 则 $f_n\xrightarrow{w}f(n\to\infty)$.

(2) 若 $f_n\xrightarrow{w}f$, 则 $\{f_n\}$ 为有界列.

(3) 若 $f_n\to f$, $g_n\xrightarrow{w}g$, 则 $(f_n,g_n)\to(f,g)$.

(4) 若 $\{f_n\}$ 为有界列, 则必存在弱收敛的子列.

(5) 若 $f_n\xrightarrow{w}f$, 则 $\|f\|\leqslant\lim\|f_n\|$.

12. 设 $\{A_n\}$ 为空间 H 内的有界自伴算子列, $A_n\to A$, 又设 $\{f_n\}$ 为 H 内的收敛列, $f_n\to f$. 证明 $A_nf_n\xrightarrow{w}Af(n\to\infty)$.

13. 设 $\{A_n\}$ 为空间 H 内的有界算子列, 若对于任何 $f\in H$, $\|A_nf\|$ 有界, 则 $\{A_n\}$ 一致有界, 即存在 $M>0$, 使对于一切 n, $\|A_n\|<M$.

14. 设 $A,A_n(n=1,2,\cdots)$ 为空间 H 内的有界线性算子, 如果 $A_n\to A$(强收敛), 则 $\{A_n\}$ 一致有界.

15. 设 A_n,B_n,A,B 均为空间 H 内的有界线性算子,

(1) 若 $A_n\to A$, $B_n\to B$, 则 $A_nB_n\to AB$;

(2) 若 $A_n\to A$, $B_n\xrightarrow{w}B$, 则 $A_nB_n\xrightarrow{w}AB$.

16. 设 A 为 H 内正算子, 则对于任何 $f,g\in H$, 有

$$|(Af,g)|^2\leqslant(Af,f)(Ag,g).$$

17. 证明自伴算子 A 的谱集 $\sigma(A)$ 是实轴上的有界闭集.

18. 证明自伴算子 A 的上界 M 及下界 m 均属于 A 的谱集 $\sigma(A)$.

19. 设 $\{H_n\}(n=1,2,\cdots)$ 为空间 H 内两两正交的子空间列, 且对于任何 $f\in H$, 可有$\|f\|^2=\sum\limits_{n=1}^{\infty}\|P_nf\|^2$, 其中 P_n 为 H_n 上的投影算子. 若 A_n 为 H_n 上的自伴算子, 则在 H 内存在自伴算子 A, 满足:

(1) $\mathscr{D}(A)=\left\{f=\sum\limits_{n=1}^{\infty}f_n\ \middle|\ f_n\in H_n,\sum\limits_{n=1}^{\infty}\|f_n\|^2<\infty,\sum\limits_{n=1}^{\infty}\|A_nf_n\|^2<\infty\right\}$;

(2) 在任一 H_n 上, A 有定义且 $A=A_n$;

(3) 对于任一 $f=\sum\limits_{n=1}^{\infty}f_n\in\mathscr{D}(A), Af=\sum\limits_{n=1}^{\infty}A_nf_n$.

20. 利用自伴算子的谱族积分, 证明对于任何正算子 A, 必存在算子 B, 使得 $B^2=A$.

第 2 章　常型的对称微分算子

2.1　二阶对称微分算式

考虑定义于闭区间 $[a,\ b]$ 上的常微分算式

$$l(y) = P_0(x)y'' + P_1(x)y' + P_2(x)y,$$

其中 $P_j(x) \in C^{2-j}[a,b](j=0,1,2)$, $P_0(x)$ 恒不为 0. 显然, 运算式 $l(y)$ 不能作用于空间 $L^2[a,\ b]$ 上的所有函数. 令 $\mathscr{D}_M$ 表示 $L^2[a,\ b]$ 内满足条件:

(1) y' 在 $[a,\ b]$ 上绝对连续;

(2) $l(y) \in L^2[a,\ b]$

的函数所组成的集合, 则 $\mathscr{D}_M$ 是 $L^2[a,\ b]$ 内能使 $l(y)$ 生成线性算子的最大线性流形, 称为 $l(y)$ 的**最大算子域**. $l(y)$ 以 $\mathscr{D}_M$ 为定义域所生成的算子, 记为 $\mathscr{L}_M$, 称为 $l(y)$**生成的最大算子**. 显然, $\mathscr{L}_M$ 是 $L^2[a,\ b]$ 内的无界算子, 并且一切由 $l(y)$ 所生成的算子 $\mathscr{L}$, 均满足 $\mathscr{L} \subset \mathscr{L}_M$.

在 $L^2[a,\ b]$ 内常把由微分算式所生成的算子称为**微分算子**. 下面主要讨论对称的及自伴的微分算子. 首先考虑为了得到这样的算子, $l(y)$ 应当具备的条件, 以及应当怎样在 $L^2[a,\ b]$ 内去界定它们的定义域.

令 y, z 为 $\mathscr{D}_M$ 内的任意两函数, 考虑

$$(l(y),\ z) = \int_a^b l(y)\bar{z}\mathrm{d}x = \int_a^b (P_0y'' + P_1y' + P_2y)\bar{z}\mathrm{d}x,$$

应用分部积分法, 可得到

$$\int_a^b l(y)\bar{z}\mathrm{d}x - \int_a^b y\overline{l^*(z)}\mathrm{d}x = [yz](b) - [yz](a), \tag{2.1.1}$$

其中

$$l^*(z) = (\bar{P}_0z)'' - (\bar{P}_1z)' + \bar{P}_2z$$

称为 $l(y)$ 的**共轭微分式**.

$$[yz](x) = y'(P_0\bar{z}) - y(P_0\bar{z})' + y(P_1\bar{z})$$

称为关于 $l(y)$**的 Lagrange 双线性型**, 为简便计, 以后称它为 $l(y)$ 关于函数 y, z 的契合函数, 并简记

$$[yz]_a^b \equiv [yz](b) - [yz](a).$$

恒等式 (2.1.1) 称为 **Green 公式**.

微分算式 $l(y)$ 若与其共轭算式相等, 则称它是**对称的**. 由等式 $l(y) = l^*(y)$, 即可求得实系数的 $l(y)$ 为对称的充要条件是 $P_1 = P_0'$. 若令 $P = -P_0$, $q = P_2$, 则实对称的微分算式可以写成如下的标准形状:

$$l(y) = -(Py')' + qy. \tag{2.1.2}$$

对于实对称的微分算式, Green 公式为

$$\int_a^b l(y)\bar{z}\mathrm{d}x - \int_a^b y\overline{l(z)}\mathrm{d}z = [yz]_a^b,$$

其中

$$[yz](x) = P(y\bar{z}' - y'\bar{z}).$$

根据 Green 公式可知, 若 u, v 为 $l(y) = 0$ 的解, 则

$$[uv](x) = \mathrm{const}.$$

2.2　最小与最大算子

令 $\mathscr{D}_0$ 为 $\mathscr{D}_M$ 内满足条件

$$y(a) = y'(a) = y(b) = y'(b) = 0 \tag{2.2.1}$$

的函数所组成的线性流形. $l(y)$ 以 $\mathscr{D}_0$ 为定义域所生成的算子, 记为 $\mathscr{L}_0$, 称为 $l(y)$**所生成的最小算子**, 相应地, $\mathscr{D}_0$ 称为 $l(y)$ 的**最小算子域**. 由式 (2.2.1) 可知, 对任何 $u \in \mathscr{D}_0$ 及 $v \in \mathscr{D}_M$, $[uv]_a^b = 0$, 从而知

$$(\mathscr{L}_0 u,\ v) = (u,\ \mathscr{L}_M v). \tag{2.2.2}$$

引理 2.2.1　设 $\psi(x)$ 在 $[a,\ b]$ 上几乎处处满足微分方程 $l(y) = f(x)$ 及满足初始条件

$$y(a) = y'(a) = 0,$$

其中

$$f(x) \in L^2[a,\ b],$$

则 $\psi(x)\in\mathscr{D}_0$ 的充要条件是 $f(x)$ 与 $l(y)=0$ 的一切解正交.

证明 设 $y_1(x), y_2(x)$ 为齐次方程 $l(y)=0$ 的两个线性无关解, 满足初始条件

$$y_1(a)=1,\quad P(a)y_1'(a)=0;$$
$$y_2(a)=0,\quad P(a)y_2'(a)=1.$$

于是由常数变异法可得 $\psi(x)$ 的表达式

$$\psi(x)=\int_a^x (y_1(x)y_2(t)-y_1(t)y_2(x))f(t)\mathrm{d}t,$$

从而得

$$\psi(b)=y_1(b)\int_a^b y_2(t)f(t)\mathrm{d}t-y_2(b)\int_a^b y_1(t)f(t)\mathrm{d}t,$$
$$\psi'(b)=y_1'(b)\int_a^b y_2(t)f(t)\mathrm{d}t-y_2'(b)\int_a^b y_1(t)f(t)\mathrm{d}t.$$

由于行列式

$$\begin{aligned}\begin{vmatrix} y_1(b) & -y_2(b)\\ y_1'(b) & -y_2'(b)\end{vmatrix}&=-P(b)^{-1}[y_1y_2](b)\\&=-P(b)^{-1}[y_1y_2](a)=-P(b)^{-1}\neq 0,\end{aligned}$$

即可推知 $\psi(b)=\psi'(b)=0$ 的充要条件为

$$\int_a^b y_2(t)f(t)\mathrm{d}t=\int_a^b y_1(t)f(t)\mathrm{d}t=0.$$

后式等价于 $f(t)$ 与 $l(y)=0$ 的一切解正交. 证毕.

若以 $\mathscr{R}_0$ 表示算子 $\mathscr{L}_0$ 的值域, 以 $\mathcal{N}$ 表示算子 $\mathscr{L}_M$ 的零空间, 则引理 2.2.1 亦可表述为

$$\mathscr{R}_0^\perp=\mathcal{N}.$$

推论 2.2.1 $\mathscr{D}_0$ 在 $L^2[a,\ b]$ 内是稠密的.

证明 设 $h\in\mathscr{D}_0^\perp$, 即 $(h,\ f)=0$ 对一切 $f\in\mathscr{D}_0$ 成立. 令 v 是 $l(y)=h$ 的任一解, 则由式 (2.2.2) 得

$$(h,\ f)=(l(v),\ f)=(v,\ l(f))=0.$$

这说明 $v\perp l(f)\in\mathscr{R}_0$, 因为 f 是 $\mathscr{D}_0$ 的任意元素, 所以 $v\in\mathscr{R}_0^\perp=\mathcal{N}$, 即 $l(v)=h=0$. 这就证明了 $\mathscr{D}_0^\perp=\{0\}$, 因此 $\mathscr{D}_0$ 为稠密集. 证毕.

由于 $\mathscr{D}_M \supset \mathscr{D}_0$, 所以知 $\mathscr{D}_M$ 亦为 $L^2[a,\ b]$ 内的稠密集, 这说明了算子 $\mathscr{L}_0$, $\mathscr{L}_M$ 均存在共轭算子. 因为 $\mathscr{L}_0 \subset \mathscr{L}_M$, 由式 (2.2.2) 可知 $\mathscr{L}_0$ 为一对称算子.

引理 2.2.2 对于任给的复数组 $(\alpha_1,\ \beta_1,\ \alpha_2,\ \beta_2)$ 存在 $y \in \mathscr{D}_M$, 满足

$$\begin{aligned} y(a) &= \alpha_1, \quad P(a)y'(a) = \beta_1; \\ y(b) &= \alpha_2, \quad P(b)y'(b) = \beta_2. \end{aligned}$$

证明 设 y_1, y_2 为微分方程 $l(y) = 0$ 的两个线性无关解, 满足初始条件

$$y_1(b) = 1, \quad P(b)y_1'(b) = 0; \quad y_2(b) = 0, \quad P(b)y_2'(b) = 1.$$

令 $f = c_1y_1 + c_2y_2$, 使满足

$$\begin{aligned} (f,\ y_1) &= c_1(y_1,\ y_1) + c_2(y_2, y_1) = -\beta_2; \\ (f,\ y_2) &= c_1(y_1,\ y_2) + c_2(y_2, y_2) = \alpha_2. \end{aligned}$$

因为 y_1 与 y_2 线性无关, 故它们的 Gram 行列式

$$\begin{vmatrix} (y_1,\ y_1) & (y_2,\ y_1) \\ (y_1,\ y_2) & (y_2,\ y_2) \end{vmatrix} \neq 0.$$

这说明上述 c_1, c_2 可唯一确定, 故所求的 f 存在. 令

$$u(x) = \int_a^x \overline{(y_1(x)y_2(t) - y_1(t)y_2(x))} f(t)\mathrm{d}t,$$

则显然 $u \in \mathscr{D}_M$, 且 $u(a) = 0$, $P(a)u'(a) = 0$,

$$\begin{aligned} u(b) &= y_1(b)\int_a^b \overline{y_2(t)} f(t)\mathrm{d}t - y_2(b)\int_a^b \overline{y_1(t)} f(t)\mathrm{d}t = \alpha_2, \\ P(b)u'(b) &= P(b)y_1'(b)\int_a^b \overline{y_2(t)} f(t)\mathrm{d}t - P(b)y_2'(b)\int_a^b \overline{y_1(t)} f(t)\mathrm{d}t = \beta_2. \end{aligned}$$

与上面的作法同理, 可以找到函数 $v \in \mathscr{D}_M$, 满足 $v(a) = \alpha_1$, $P(a)v'(a) = \beta_1$; $v(b) = 0$, $P(b)v'(b) = 0$. 令 $y = u + v$, 这样得到的函数即符合引理所求. 证毕.

定理 2.2.1 $\mathscr{L}_0^* = \mathscr{L}_M$, $\mathscr{L}_M^* = \mathscr{L}_0$.

证明 (1) $\mathscr{L}_0^* = \mathscr{L}_M$. 由式 (2.2.2) 知 $\mathscr{L}_M \subset \mathscr{L}_0^*$. 因此余下只需证明 $\mathscr{L}_0^* \subset \mathscr{L}_M$. 为此, 令 $g, g^* \in L^2[a,\ b]$, 使得

$$(l(f),\ g) = (f,\ g^*)$$

对一切 $f\in\mathscr{D}_0$ 成立, 我们证明必有 $g\in\mathscr{D}_M$ 且 $g^*=l(g)$. 令 ψ 为微分方程 $l(y)=g^*$ 的任一解, 则由式 (2.2.2) 得

$$(l(f),\ g)=(f,\ g^*)=(f,\ l(\psi))=(l(f),\ \psi).$$

将上式首尾相减, 得 $(l(f),\ g-\psi)=0$. 由于 f 是 $\mathscr{D}_0$ 中的任意元素, 因此上式说明了 $g-\psi\in\mathscr{R}_0^{\perp}$, 根据引理 2.2.1 知

$$y=g-\psi\in\mathcal{N},$$

从而推知 $g-\psi=y\in\mathscr{D}_M$, 即 $g=\psi+y\in\mathscr{D}_M$, 并且

$$l(g)=l(\psi)+l(y)=g^*.$$

这就证明了 $\mathscr{L}_0^*\subset\mathscr{L}_M$, 从而有 $\mathscr{L}_0^*=\mathscr{L}_M$.

(2) $\mathscr{L}_M^*=\mathscr{L}_0$. 因为 $\mathscr{L}_0\subset\mathscr{L}_M$, 由定理 1.6.1 得 $\mathscr{L}_M^*\subset\mathscr{L}_0^*=\mathscr{L}_M$, 这说明 $\mathscr{L}_M^*$ 亦为 $l(y)$ 所生成的微分算子, 其定义域包含于 $\mathscr{D}_M$ 之内, 记为 $\mathscr{D}_M^*$. 由 Green 公式, 对于任意的 $u,v\in\mathscr{D}_M$, 有

$$(l(u),\ v)-(u,\ l(v))=[uv]_a^b.$$

由此可知 $v\in\mathscr{D}_M^*$ 的充要条件为, 对一切 $u\in\mathscr{D}_M$ 有等式

$$\begin{aligned}[uv]_a^b=&-(Pu')(b)\bar{v}(b)+u(b)\overline{(Pv')(b)}\\&+(Pu')(a)\bar{v}(a)-u(a)\overline{(Pv')(a)}=0.\end{aligned}$$

但是根据引理 2.2.2, $u(b)$, $(Pu')(b)$, $u(a)$, $(Pu')(a)$ 可以取独立的值, 这就推出为使上式一切 $u\in\mathscr{D}_M$ 恒为 0 的充要条件为

$$v(b)=(Pv')(b)=v(a)=(Pv')(a)=0.$$

这说明 $v\in\mathscr{D}_0$, 从而证明 $\mathscr{D}_M^*=\mathscr{D}_0$, 即 $\mathscr{L}_M^*=\mathscr{L}_0$. 证毕.

推论 2.2.2 $\mathscr{L}_0$, $\mathscr{L}_M$ 均为闭算子.

由 $\mathscr{D}_M$, $\mathscr{D}_0$ 的定义, 显然可看出 $\mathscr{D}_0\neq\mathscr{D}_M$, 所以 $\mathscr{L}_0\neq\mathscr{L}_M$, 这说明了 $\mathscr{L}_0$ 与 $\mathscr{L}_M$ 均不可能是自伴算子. 那么, 能否构造出线性流形, 使得 $l(y)$ 在其上生成一个自伴算子? 显然, 这样的自伴算子 $\mathscr{L}$ 如果存在的话, 必满足 $\mathscr{L}_0\subset\mathscr{L}\subset\mathscr{L}_M$, 即它必须是 $\mathscr{L}_0$ 的扩张, 同时又是 $\mathscr{L}_M$ 的收缩. 在下面各节中, 将在更一般的前提下讨论并解决这些问题.

2.3 n 阶对称微分算式及契合函数

本节将把上面的讨论拓广到一般的高阶的微分算式上. 考虑 n 阶 $(n \geqslant 1)$ 的线性微分算式

$$l(y)=P_0(x)y^{(n)}+P_1(x)y^{(n-1)}+\cdots+P_n(x)y, \tag{2.3.1}$$

其中 $P_j(x)$ 为 $[a,b]$ 上的复值函数, $P_j\in C^{n-j}[a,b](j=0,1,\cdots,n)$, $P_0(x)$ 恒不为 0.

与 2.1 节的讨论相同, 对 $\int_a^b l(y)\bar{z}\mathrm{d}x$ 施行分部积分法, 可得到一般的 Green 公式

$$\int_a^b l(y)\bar{z}\mathrm{d}x-\int_a^b y\overline{l^*(z)}\mathrm{d}x=[yz]_a^b, \tag{2.3.2}$$

其中

$$l^*(z)=(-1)^n(\bar{P}_0z)^{(n)}+(-1)^{n-1}(\bar{P}_1z)^{(n-1)}+\cdots+\bar{P}_nz \tag{2.3.3}$$

为 $l(y)$ 的共轭微分算式. 此时相应的契合函数为

$$[yz](x)=\sum_{m=1}^{n}\sum_{j+k=m-1}(-1)^jy^{(k)}(P_{n-m}\bar{z})^{(j)}, \tag{2.3.4}$$

当 $l(y)=l^*(y)$ 时, 微分算式称为**对称的**.

引理 2.3.1 微分算式

$$l_{2k}(y)-(P(x)y^{(k)})^{(k)},$$

$$l_{2k+1}(y)=\frac{\mathrm{i}}{2}[(p(x)y^{(k+1)})^{(k)}+(P(x)y^{(k)})^{(k+1)}]\quad(k\geqslant 0)$$

是对称的, 其中 $P(x)$ 为实值函数.

证明 直接验证.

上面引理中所述的微分算式, 称为**基本对称微分算式**. 显然, 任何基本对称微分算式的有限和为对称微分算式. 反过来, 任何对称微分算式是否可表示为基本对称微分算式的有限和呢? 答案是肯定的.

定理 2.3.1 n 阶微分算式 $l(y)$ 为对称的充分必要条件是: 它可以表示成有限个基本对称微分算式的和.

证明 命题的充分性是显然的. 下面证明必要性: 当 $n=0$ 时, 命题显然已真. 今设命题对 $n-1$ 为真, 证明它对于 n 亦真. 根据假定, 有 $l(y)=l^*(y)$, 比较式 (2.3.1) 与式 (2.3.3), 可得 $P_0(x)=(-1)^n\overline{P_0(x)}$, 兹分两种情形讨论:

(1) 当 $n=2r$ 时, 得 $P_0=\bar{P}_0$, 因此 P_0 为实值函数, 根据引理 2.3.1,

$$(P_0y^{(r)})^{(r)}=P_0y^{(2r)}+\cdots$$

是一个基本对称微分算式, 于是 $l(y)-(P_0y^{(r)})^{(r)}$ 便是一个阶数为 $2r-1=n-1$ 的对称微分算式, 根据归纳假设, 它可以表示为有限个基本对称微分算式的和, 从而证明 $l(y)$ 亦然. 故在此情况下命题为真.

(2) 当 $n=2r+1$ 时, 得 $P_0=-\bar{P}_0$, 因此 P_0 的实部为 0, 令 $P_0=\mathrm{i}q_0$, 其中 q_0 为一实函数. 于是根据引理 2.3.1, 微分算式

$$\frac{\mathrm{i}}{2}[(q_0y^{(r+1)})^{(r)}+(q_0y^{(r)})^{(r+1)}]=\mathrm{i}q_0y^{(2r+1)}+\cdots$$

是一个首项系数为 $\mathrm{i}q_0=P_0$ 的 $2r+1$ 阶的基本对称微分算式, 从而

$$l(y)-\frac{\mathrm{i}}{2}[(q_0y^{(r+1)})^{(r)}+(q_0y^{(r)})^{(r+1)}]$$

便是一个 $2r=n-1$ 阶的对称微分算式, 其余论证与 (1) 同理. 证毕.

推论 2.3.1　任何实系数的对称微分算式 $l(y)$ 的阶数必为偶数, 且具有如下形式

$$l(y)=(P_0y^{(r)})^{(r)}+(P_1y^{(r-1)})^{(r-1)}+\cdots+(P_{r-1}y')'+P_ry, \tag{2.3.5}$$

其中 $P_0,\ P_1,\ \cdots,\ P_r$ 均为实函数.

下面分析一下对称微分算式的契合式的构造形式.

若将式 (2.3.4) 中 $(P_{n-m}\bar{z})^{(j)}$ 展开, 即可将 $[yz](x)$ 写成为

$$[yz](x)=\sum_{j,\ k=1}^{n}q_{jk}y^{(k-1)}\bar{z}^{(j-1)}.$$

引进矢量矩阵记号, 记

$$C(y)=\begin{pmatrix} y(x)\\ y'(x)\\ \vdots\\ y^{(n-1)}(x)\end{pmatrix},\quad R(y)=(y(x),\ y'(x),\ \cdots,\ y^{(n-1)}(x)),$$

并令

$$Q(x)=(q_{jk})\quad (j,\ k=1,\ 2,\ \cdots,n),$$

则

$$[yz](x)=(QC(y),C(z))=R(\bar{z})QC(y). \tag{2.3.6}$$

这里 $(\cdot,\cdot)$ 代表有限维欧几里得空间的内积. 式 (2.3.6) 显示了契合式 $[yz](x)$ 是一个关于 $C(y)$, $C(z)$ 的半双线性型 ①, $Q(x)$ 为型的系数矩阵, 称为 $l(y)$ 的**契合矩阵**.

回顾式 (2.3.4), 即可知矩阵 $Q(x)$ 应满足:

当 $j+k>n+1$ 时, $q_{jk}=0$;

当 $j+k=n+1$ 时, $q_{jk}=(-1)^{j-1}P_0(x)$.

因此

$$Q(x)=\begin{pmatrix} q_{11} & q_{12} & \cdots & q_{1n-1} & P_0 \\ q_{21} & q_{22} & \cdots & -P_0 & 0 \\ \vdots & \vdots & & \vdots & \vdots \\ (-1)^{n-1}P_0 & 0 & \cdots & 0 & 0 \end{pmatrix}. \tag{2.3.7}$$

由此即得 $\det Q(x)=[P_0(x)]^n\neq 0$, 这说明 $Q(x)$ 为一非奇矩阵.

定理 2.3.2　若 $l(y)$ 为对称微分算式, 则有

(1) $[yz](x)=-\overline{[zy]}(x)$;

(2) $Q^*(x)=-Q(x)$ ②;

(3) $[Q^{-1}(x)]^*=[Q^*(x)]^{-1}=-Q^{-1}(x)$.

证明　(1) 根据定理 2.3.1, $l(y)$ 可表为基本对称微分算式的有限和, 因而证明只需对基本对称微分算式进行即可. 对

$$l_{2k}(y)=(Py^{(k)})^{(k)},$$

经过直接计算可得

$$[yz](x)=\sum_{r=0}^{k-1}[(-1)^r(Py^{(k)})^{(k-1-r)}\bar{z}^{(r)}+(-1)^{r-1}(P\bar{z}^{(k)})^{(k-1-r)}y^{(r)}].$$

对于 $l_{2k+1}(y)=\dfrac{\mathrm{i}}{2}[(Py^{(k)})^{(k+1)}+(Py^{(k+1)})^{(k)}]$, 同样可得

$$\begin{aligned}[yz](x)-\frac{\mathrm{i}}{2}\Bigg[&\sum_{r=0}^{k}(-1)^r(Py^{(k)})^{(k-r)}\bar{z}^{(r)}+\sum_{r=0}^{k-1}(-1)^r(P\bar{z}^{(k+1)})^{(k-1-r)}y^{(r)}\\&+\sum_{r=0}^{k-1}(-1)^r(Py^{(k+1)})^{(k-1-r)}\bar{z}^{(r)}+\sum_{r=0}^{k}(-1)^r(P\bar{z}^{(k)})^{(k-r)}y^{(r)}\Bigg].\end{aligned}$$

① 矢量 ξ, η 的半双线性型是指 ξ, η 的复值函数 $f(\xi,\eta)$, 它对任何复数 α, β 满足性质:
(a) $f(\alpha\xi_1+\beta\xi_2,\eta)=af(\xi_1,\eta)+\beta f(\xi_2,\eta)$;
(b) $f(\xi,a\eta_1+\beta\eta_2)=\bar{a}f(\xi,\eta_1)+\beta f(\xi,\eta_2)$.

② $Q^*(x)$ 表示矩阵 $Q(x)$ 的共轭转置. 满足性质 (2) 的矩阵称为 Skew-Hermite 矩阵.

无论对哪一种基本微分算式, 由上面的表达式直接可看出

$$[yz](x) = -\overline{[zy]}(x).$$

(2) 根据式 (2.3.6) 可有 $[yz](x) = (Q(x)C(y),\ C(z))$, 同理

$$\begin{aligned}[z\ y](x) &= (Q(x)C(z),\ C(y)) \\ &= (C(z),\ Q^*(x)C(y)) = \overline{(Q^*(x)C(y),\ C(z))},\end{aligned}$$

从而得

$$\overline{[zy]}(x) = (\ Q^*(x)C(y),\ C(z)),$$

根据 (1), 即得 $[yz](x)+\overline{[zy]}(x) = ((Q+Q^*)C(y),\ C(z)) = 0$. 上述等式对一切 $n-1$ 次连续可微的 y, z 均成立. 因此, 对任何 x 的值, $C(y), C(z)$ 均可取到 n 维空间的一切线性独立矢量, 由此推出对一切 x, $Q^*(x)+Q(x)=0$, 这就证明了 (2).

(3) 由 $QQ^{-1}=I$, 可得 $(QQ^{-1})^* = (Q^{-1})^*Q^* = I^* = I$, 由此推出 $(Q^{-1})^* = (Q^*)^{-1} = -Q^{-1}$. 证毕.

2.4 边界型定理

本节要用边界型来表示 $l(y)$ 的契合式, 这对于求得微分算子的共轭, 以及探讨微分算子自伴的条件, 是一条简捷的途径.

令 $U_i(y)$ 表示 $2n$ 个变元 $y(a),\ y'(a),\ \cdots,\ y^{(n-1)}(a),\ y(b),\ y'(b),\ \cdots,\ y^{(n-1)}(b)$ 的线性齐式 (简称为**边界型**):

$$U_i(y) = \sum_{j=1}^{n} a_{ij}y^{(j-1)}(a) + \sum_{j=1}^{n} b_{ij}y^{(j-1)}(b), \tag{2.4.1}$$

其中 $a_{ij},\ b_{ij}$ 均为复常数 $(i=1,\ 2,\ \cdots,\ r;\ 1 \leqslant r \leqslant 2n)$.

若令

$$U(y) = \begin{pmatrix} U_1(y) \\ U_2(y) \\ \vdots \\ U_r(y) \end{pmatrix}, \quad A = (a_{ij}), \quad B = (b_{ij}),$$

$$i = 1,\ 2,\ \cdots,\ r; \quad j = 1,\ 2,\ \cdots,\ n,$$

则式 (2.4.1) 可写成矩阵矢量形式

$$U(y)=AC(y)_a+BC(y)_b^{①},$$

$U(y)$ 称为**边界型矢量**. 若记

$$(A\oplus B)=\begin{pmatrix} a_{11} & \cdots & a_{1n} & b_{11} & \cdots & b_{1n} \\ \vdots & & \vdots & \vdots & & \vdots \\ a_{r1} & \cdots & a_{rn} & b_{r1} & \cdots & b_{rn} \end{pmatrix},$$

$$\tilde{C}(y)=\begin{pmatrix} C(y)_a \\ C(y)_b \end{pmatrix},$$

则上式可进一步简写成为

$$U(y)=(A\oplus B)\tilde{C}(y).$$

若矩阵 $(A\oplus B)$ 的秩 $\mathrm{Rank}(A\oplus B)=r$, 则称边界型矢量 $U(y)$ 是 r 维的, 或称边界型 $U_1,\cdots,U_r$ 是**独立的**, 此时任一边界型不能由其他边界型线性表出. 下面讨论都假设它们是独立的.

令 $U_{r+1}(y),\cdots,U_{2n}(y)$ 是任意 $2n-r$ 个独立的边界型, 其矢量形式记为 $U_c(y)$. 若矢量

$$\tilde{U}(y)=\begin{pmatrix} U(y) \\ U_c(y) \end{pmatrix}$$

是 $2n$ 维的, 则称边界型矢量 $U_c(y)$ 与 $U(y)$**互补**, 或边界型组 $U_{r+1},\cdots,U_{2n}$ 与式 (2.4.1)**互补**. 显然, 给出与 U 互补的 U_c, 相当于在矩阵 $(A\oplus B)$ 上添加 $2n-r$ 个线性无关的行矢量, 这总是可能的.

定理 2.4.1 (边界型定理)　对于给定的 r 维 $(r\leqslant 2n)$ 边界型矢量 $U(y)$ 和任一与之互补的 $2n-r$ 维矢量 $U_c(y)$, 必唯一地对应有 r 和 $2n-r$ 维的互补边界型矢量 $V_c(z)$ 与 $V(z)$, 使得

$$[yz]_a^b=U(y)\cdot V_c(z)+U_c(y)\cdot V(z)^{③}. \tag{2.4.2}$$

若将 $U(y)$ 的互补矢量易以任一其他互补矢量 U_c', 并令 V', V_c' 是由 U, U_c' 唯一确定的矢量, 则必存在非奇矩阵 C, 使得

$$V'=CV.$$

---

① $C(y)_a$ 表示 $C(y)$ 在 a 点的值, $C(y)_b$ 同理.

② 符号 "·" 是指欧几里得矢量点乘.

证明 令

$$U(y) = AC(y)_a + BC(y)_b = (A \oplus B)\tilde{C}(y),$$
$$U_c(y) = \tilde{A}C(y)_a + \tilde{B}C(y)_b = (\tilde{A} \oplus \tilde{B})\tilde{C}(y),$$

这里 A, B 为 $r \times n$ 矩阵, $\tilde{A}, \tilde{B}$ 为 $(2n-r) \times n$ 矩阵. 再令

$$H = \begin{pmatrix} A & B \\ \tilde{A} & \tilde{B} \end{pmatrix},$$

则根据 U, U_c 为互补的假设知, H 必为一非奇矩阵, 于是上面两式就给出了 $\tilde{C}(y)$ 的一个非奇线性变换

$$\tilde{U}(y) = \begin{pmatrix} U(y) \\ U_c(y) \end{pmatrix} = H\tilde{C}(y).$$

此外, 由式 (2.3.6) 可得

$$[yz]_a^b = (Q(b)C(y)_b, C(z)_b) - (Q(a)C(y)_a,\ C(z)_a).$$

若令

$$\tilde{Q} = \begin{pmatrix} -Q(a) & 0 \\ 0 & Q(b) \end{pmatrix},$$

则上式即可写为

$$\begin{aligned}[yz]_a^b &= (\tilde{Q}\tilde{C}(y),\ \tilde{C}(z)) = (\tilde{Q}H^{-1}\tilde{U}(y),\ \tilde{C}(z)) \\ &= (\tilde{U}(y),\ (\tilde{Q}H^{-1})^*\tilde{C}(z)).\end{aligned}$$

显然, $\tilde{Q}$ 为非奇矩阵, 因此 $(\tilde{Q}H^{-1})^*$ 也为非奇矩阵. 令

$$\tilde{V}(z) = \begin{pmatrix} V_c(z) \\ V(z) \end{pmatrix} = (\tilde{Q}H^{-1})^*\tilde{C}(z),$$

则它是一个 $2n$ 维的边界型矢量, 其中 $V_c(z)$ 为 r 维边界型矢量, $V(z)$ 是与之互补的 $2n-r$ 维矢量. 于是即得

$$[yz]_a^b = (\tilde{U}(y),\ \tilde{V}(z)) = U(y) \cdot V_c(z) + U_c(y) \cdot V(z),$$

即为定理所求的形式. 由于 $\tilde{V}(z)$ 是由 H 所唯一确定的, 故也是 U, U_c 所唯一确定的.

下面证明定理的第二部分. 令

$$U_c'(y)=\tilde{A}'C(y)_a+\tilde{B}'C(y)_b=(\tilde{A}'\oplus\tilde{B}')\tilde{C}(y),$$

相应地, 记 $H'=\begin{pmatrix}A & B\\ \tilde{A}' & \tilde{B}'\end{pmatrix}$, 则得

$$\tilde{U}'(y)=\begin{pmatrix}U(y)\\ U_c'(y)\end{pmatrix}=H'\tilde{C}(y)=H'H^{-1}\tilde{U}(y).$$

令 $H'H^{-1}=F^{-1}$, 则得 $\tilde{U}(y)=F\tilde{U}'(y)$. 注意到 $\tilde{U}'(y)$ 与 $\tilde{U}(y)$ 的前 r 维矢量均是 $U(y)$, 因此非奇线性变换 F 并不变动矢量的前 r 个元素, 这就说明 F 具有形式

$$F=\begin{pmatrix}E_r & 0_1\\ F_1 & F_2\end{pmatrix},$$

其中 E_r 是 $r\times r$ 单位矩阵, 0_1 是 $r\times(2n-r)$ 零矩阵, F_1 是 $(2n-r)\times r$ 矩阵, F_2 是 $(2n-r)\times(2n-r)$ 非奇矩阵. 于是得

$$[yz]_a^b=(\tilde{U}(y),\ \tilde{V}(z))=(F\tilde{U}'(y),\ \tilde{V}(z))=(\tilde{U}'(y),\ F^*\tilde{V}(z)).$$

但另一方面

$$[yz]_a^b=(\tilde{U}'(y),\ \tilde{V}'(z)),$$

这里

$$\tilde{V}'(z)=\begin{pmatrix}V_c'(z)\\ V'(z)\end{pmatrix},$$

这就导出 $\tilde{V}'(z)=F^*\tilde{V}(z)$, 根据 F 的形式, 显然可得

$$F^*=\begin{pmatrix}E_r & F_1^*\\ 0_2 & F_2^*\end{pmatrix},$$

这里 $0_2=0_1^*$ 是 $(2n-r)\times r$ 零矩阵, 由于 F_2 是非奇 $(2n-r)\times(2n-r)$ 矩阵, 所以 F_2^* 亦非奇阵, 从而 F^* 是一个使矢量的后 $2n-r$ 个元素保持不变的线性变换. 令 $F_2^*=C$, 由 $\tilde{V}'(z)=F^*\tilde{V}(z)$ 即得 $V'(z)=CV(z)$. 证毕.

$V(z)$ 称为 $U(y)$ 的**共轭边界型矢量**. 由式 (2.4.2) 形式上的对称性, 可知若 $V(z)$ 为 $U(y)$ 的共轭边界型矢量, 则 $U(y)$ 亦为 $V(z)$ 的共轭边界型矢量, 它们是互为共轭的.

两个边界型矢量 $V(z)$, $V'(z)$ 若满足关系

$$V'(z)=CV(z),$$

其中 C 为非奇矩阵, 则它们称为是**等价的**. 于是由定理 2.4.1 知, 与同一边界型矢量共轭的边界型矢量必互相等价.

一个边界型矢量若与其共轭边界型矢量等价, 则称它是**自共轭的**(或自伴的). 显然, 一个边界型矢量是自伴的, 则其维数 r 必满足 $r=2n-r$, 亦即 $r=n$.

2.5 n 阶对称微分算式所生成的算子

设 $l(y)$ 为 $[a,\ b]$ 上 n 阶 $(n\geqslant 1)$ 对称微分算式, $U(y)$ 为 r 维 $(r\leqslant 2n)$ 边界型矢量. 令 $\mathscr{D}$ 代表 $L^2[a,\ b]$ 内满足下述条件的函数所组成的集合:

(1) $y^{(n-1)}(x)$ 在 $[a,\ b]$ 上绝对连续;

(2) $l(y)\in L^2[a,\ b]$;

(3) $U(y)=0$.

显然, $\mathscr{D}$ 是 $L^2[a,\ b]$ 内的线性流形. $U(y)=0$ 称为**界定 $\mathscr{D}$ 的边界条件**. $l(y)$ 以 $\mathscr{D}$ 为定义域所生成的算子记为 $\mathscr{L}$. 在边界条件 (3) 中, 若将 $U(y)$ 易为另一个与之等价的边界型矢量, 则并不更动 $\mathscr{D}$.

若在上述条件中, 取消 (3), 则所得到的线性流形沿用以前的记号仍记为 $\mathscr{D}_M$. $l(y)$ 以 $\mathscr{D}_M$ 为定义域所得的算子称为**最大算子**, 记为 $\mathscr{L}_M$. $\mathscr{D}_M$ 相应地称为 $l(y)$ 的**最大算子域**. 若在条件 (3) 中, $U(y)$ 代表一个 $2n$ 维的边界型矢量, 则边界条件 $U(y)=0$ 等价于

$$y^{(j-1)}(a)=y^{(j-1)}(b)=0\quad (j=1,\ 2,\ \cdots,\ n).$$

此时所得的线性流形记为 $\mathscr{D}_0$. 与前面的讨论相同, $l(y)$ 以 $\mathscr{D}_0$ 为定义域所生成的算子称为**最小算子**, $\mathscr{D}_0$ 相应地称为**最小算子域**. 在一般 $0\leqslant r\leqslant 2n$ 的情况下, 显然可有

$$\mathscr{D}_0\subset\mathscr{D}\subset\mathscr{D}_M,$$

亦即

$$\mathscr{L}_0\subset\mathscr{L}\subset\mathscr{L}_M.$$

在以后章节中要说明, 定义域由边界条件 (3) 所界定的算子, 是线性微分算子的普遍形式.

引理 2.5.1 设 $f\in L^2[a,\ b]$, 则微分方程 $l(y)=f$ 存在解 $y_0\in\mathscr{D}_0$ 的充要条件为: f 与 $l(y)=0$ 的一切解正交.

证明 设 $y_0\in\mathscr{D}_0$ 且满足方程 $l(y)=f$, 令 $z_1,\ z_2,\ \cdots,z_n$ 为 $l(y)=0$ 的一个线性无关解组, 则对任一 $z_i(1\leqslant i\leqslant n)$, 运用 Green 公式, 可得

$$(f,\ z_i)=(l(y_0),\ z_i)=(y_0,\ l(z_i))+[y_0z_i]_a^b,$$

由于 $[y_0 z_i](b) = R(\bar{z}_i)_b Q(b) C(y_0)_b = 0$, 同理, $[y_0 z_i](a) = 0$, 从而得 $(f,\ z_i) = 0$, 这就证明 f 与 $l(y) = 0$ 的一切解正交.

反之, 若已知 f 与 $l(y) = 0$ 的一切解正交, 证明存在 $y_0 \in \mathscr{D}_0$, 且 $l(y_0) = f$. 取 z_i 同上, 并满足初始条件

$$z_i^{(j-1)}(b) = \delta_{ij} \quad (i,\ j = 1,\ 2,\ \cdots,\ n),$$

令 y_0 是 Cauchy 问题

$$\begin{cases} l(y) = f, \\ y^{(j-1)}(a) = 0 \quad (j = 1,\ 2,\ \cdots,\ n) \end{cases}$$

的解, 显然这样的 y_0 是存在的, 下面只需证明

$$y^{(j-1)}(b) = 0 \quad (j = 1,\ 2,\ \cdots,\ n),$$

即 $C(y_0)_b = 0$. 运用 Green 公式, 可得

$$\begin{aligned} 0 = (f, z_i) &= (l(y_0), z_i) = (y_0, l(z_i)) + [y_0 z_i]_a^b \\ &= [y_0 z_i]_a^b = [y_0 z_i](b) = R(\bar{z}_i)_b Q(b) C(y_0)_b. \end{aligned}$$

将上式按 $i = 1,\ 2,\ \cdots,\ n$ 排成列矢量, 并注意矩阵

$$(z_i^{(j-1)}(b)) = (\delta_{ij}) = E,$$

可得

$$0 = EQ(b)C(y_0)_b = Q(b)C(y_0)_b.$$

上式左端 0 代表 n 维 0 矢量, 由于 $Q(b)$ 是一个非奇矩阵, 这就推出 $C(y_0)_b = 0$, 因此 $y_0 \in \mathscr{D}_0$. 证毕.

引理 2.5.2　对于任意两组复数 $\alpha_1,\ \alpha_2,\ \cdots,\ \alpha_n$ 及 $\beta_1,\ \beta_2, \cdots,\ \beta_n$, 存在 $y \in \mathscr{D}_M$, 满足 $y^{(j-1)}(a) = \alpha_j,\ y^{(j-1)}(b) = \beta_j\ (j = 1, 2,\ \cdots, n)$.

证明　取 $z_1,\ z_2, \cdots,\ z_n$ 为引理 2.5.1 中方程 $l(y) = 0$ 的一组线性无关解, 令 $f = \sum_{j=1}^{n} C_j z_j$, 满足

$$(f,\ z_i) = \sum_{j=1}^{n} C_j (z_j,\ z_i) = R(\bar{z}_i)_b Q(b) \beta = (Q(b)\beta)_i,$$

这里矢量

$$\beta = \begin{pmatrix} \beta_1 \\ \vdots \\ \beta_n \end{pmatrix},$$

$(Q(b)\beta)_i$ 是矢量 $Q(b)\beta$ 的第 i 个分量. 因为 $z_1, \cdots, z_n$ 线性无关, 从而知它的 Gram 矩阵 $((z_j, z_i))$ 非奇, 因此在上式中, 系数 $C_j (j=1, 2, \cdots, n)$ 唯一确定. 令 $u(x)$ 为 Cauchy 问题

$$\begin{cases} l(y) = f, \\ y^{(j-1)}(a) = 0 \quad (j = 1, 2, \cdots, n) \end{cases}$$

的解, 则根据 f 的选法, 即可得所求的 $u(x)$ 满足 $C(u)_b = \beta$, 即 $u^{(j-1)}(b) = \beta_j$ $(j = 1, 2, \cdots, n)$. 这样, 得到

$$u(x) \in \mathscr{D}_M, \quad u^{(j-1)}(a) = 0, \quad u^{(j-1)}(b) = \beta_j.$$

同理, 可以求得 $v \in \mathscr{D}_M$, 满足

$$v^{(j-1)}(a) = \alpha_j, \quad v^{(j-1)}(b) = 0 \quad (j = 1, 2, \cdots, n).$$

令 $y = u + v$, 则 y 即为引理所求的函数. 证毕.

定理 2.5.1 (1) $\mathscr{D}_0, \mathscr{D}, \mathscr{D}_M$ 在 $L^2[a, b]$ 内稠密;

(2) $\mathscr{L}_0$ 为对称算子, 且 $\mathscr{L}_0^* = \mathscr{L}_M$;

(3) $\mathscr{L}_M^* = \mathscr{L}_0$;

(4) 对任何满足 $0 < r < 2n$ 的自然数 r, $\mathscr{L}_0 \subset \mathscr{L} \subset \mathscr{L}_M$, $\mathscr{L}_0 \subset \mathscr{L}^* \subset \mathscr{L}_M$.

本定理 $n = 2$ 的情形已在 2.2 节中证明. 在一般情形下, 应用引理 2.5.1 和引理 2.5.2, 证明类同, 读者可作为练习自证.

定理 2.5.1 保证了一个其定义域由边界条件 $U(y) = 0$ 所界定的微分算子 $\mathscr{L}$, 其共轭算子 $\mathscr{L}^*$ 必介于最小与最大算子之间, 从而必是微分算子. 下面提出一个问题: 对于已给的微分算子 $\mathscr{L}$, 如何求得它的共轭算子 $\mathscr{L}^*$? 由于 $\mathscr{L}^*$ 必是由 $l(y)$ 所生成的算子, 所以问题实际上也就是: 如何给出 $\mathscr{L}^*$ 的定义域 $\mathscr{D}^*$ 的解析描述? 假如这个问题得以解决, 那么微分算子自伴域的描述问题, 即在怎样的边界条件下算子 $\mathscr{L}$ 是自伴算子的问题, 自然也就迎刃而解了.

命题 2.5.1 设 $\mathscr{L}^*$ 为微分算子 $\mathscr{L}$ 的共轭算子, $\mathscr{D}^*$ 为其定义域, 则 $v \in \mathscr{D}^*$ 的充要条件为 $v \in \mathscr{D}_M$ 且对一切 $u \in \mathscr{D}$, 有

$$[uv]_a^b = 0.$$

证明 设 $v \in \mathscr{D}^*$, 则对任何 $u \in \mathscr{D}$, 有

$$(\mathscr{L}u,\ v) - (u,\ \mathscr{L}^* v) = 0.$$

根据定理 2.5.1, $\mathscr{L}^*$ 亦为 $l(y)$ 所生成的算子, 因此由 Green 公式, 即得

$$(l(u),\ v) - (u,\ l(v)) = [uv]_a^b = 0.$$

反过来, 若 $v \in \mathscr{D}_M$, 且对一切 $u \in \mathscr{D}$, 有 $[uv]_a^b = 0$, 则同样运用 Green 公式, 得

$$(l(u), v) - (u, l(v)) = 0,$$

这即说明了 $v \in \mathscr{D}^*$. 证毕.

命题 2.5.2 微分算子 $\mathscr{L}$ 为自伴的充要条件是: 它的定义域 $\mathscr{D}$ 满足

(1) $\mathscr{D} \subset \mathscr{D}_M$;

(2) $\forall u,\ v \in \mathscr{D}, [uv]_a^b = 0$;

(3) 若 $v \in \mathscr{D}_M$, 且对一切 $u \in \mathscr{D}$ 均有等式 $[uv]_a^b = 0$, 即可推出 $v \in \mathscr{D}$.

本命题的证明与以上命题类同, 故此从略.

定义 2.5.1 若 $U(y), V(y)$ 为互为共轭的边界型矢量, 则 $U(y) = 0$ 及 $V(y) = 0$ 称为互为共轭的边界条件; 若 $U(y)$ 为自伴的边界型矢量, 则 $U(y) = 0$ 称为**自伴的边界条件**.

定理 2.5.2 设 $\mathscr{L}, \mathscr{L}'$ 为对称微分算式 $l(y)$ 所生成的算子, $\mathscr{L}$ 的定义域由边界条件 $U(y) = 0$ 界定; $\mathscr{L}'$ 的定义域由边界条件 $V(y) = 0$ 界定, 则算子 $\mathscr{L}, \mathscr{L}'$ 互为共轭的充要条件为它们的边界条件 $U(y) = 0$ 与 $V(y) = 0$ 互为共轭.

定理 2.5.3 设微分算子 $\mathscr{L}$ 的定义域由边界条件 $U(y) = 0$ 界定, 则算子 $\mathscr{L}$ 为自伴的充要条件是: 它的边界条件 $U(y) = 0$ 自伴.

上述定理的证明只需将 2.4 节中的边界型定理与命题 2.5.1 和命题 2.5.2 结合起来即得, 读者可自行证明.

在实际问题中, 算子 $\mathscr{L}$ 是由具体的算式 $l(y)$ 及具体的边界条件 $U(y) = 0$ 给出的. 为了求得共轭算子, 需要算出共轭的边界条件 $V(y) = 0$, 那么, 如何算出与 $U(y)$ 共轭的 $V(y)$? 此外, 假如所给的 $U(y)$ 是 n 维的, 此时为了判断 $\mathscr{L}$ 是否为自伴算子, 就需要判别 $U(y)= 0$ 是否为自伴的边界条件, 那么又如何去判断 $U(y)$ 是自伴的呢? 这就需要给共轭边界条件及自伴边界条件一种直接的解析判别准则.

定理 2.5.4 (E. A. Coddington) 设

$$U(y) = AC(y)_a + BC(y)_b$$

与

$$V(y) = SC(y)_a + TC(y)_b$$

分别为 r 维和 $2n-r$ 维边界型矢量, 则边界条件 $U(y)=0$ 和 $V(y)=0$ 互为共轭的充要条件为

$$AQ^{-1}(a)S^*=BQ^{-1}(b)T^*, \tag{2.5.1}$$

其中 $Q(x)$ 为对称微分算式 $l(y)$ 的契合矩阵.

证明 下面叙述沿用定理 2.4.1 中的记号. 根据定理 2.4.1 知

$$\tilde{V}(z)=\begin{pmatrix} V_c(z) \\ V(z) \end{pmatrix}=(\tilde{Q}H^{-1})^*\tilde{C}(z).$$

若令 $V_c(z)=\tilde{S}C(z)_a+\tilde{T}C(z)_b$, 则同时可得

$$\tilde{V}(z)=\begin{pmatrix} \tilde{S} & \tilde{T} \\ S & T \end{pmatrix}\tilde{C}(z).$$

结合上式, 即得

$$(\tilde{Q}H^{-1})^*=\begin{pmatrix} \tilde{S} & \tilde{T} \\ S & T \end{pmatrix},$$

由此推出

$$\begin{aligned}\tilde{Q}=\begin{pmatrix} -Q(a) & 0 \\ 0 & Q(b) \end{pmatrix}&=\begin{pmatrix} \tilde{S} & \tilde{T} \\ S & T \end{pmatrix}^*H \\ &=\begin{pmatrix} \tilde{S}^* & S^* \\ \tilde{T}^* & T^* \end{pmatrix}\begin{pmatrix} A & B \\ \tilde{A} & \tilde{B} \end{pmatrix}.\end{aligned}$$

将上式两端左乘以

$$\tilde{Q}^{-1}=\begin{pmatrix} -Q^{-1}(a) & 0 \\ 0 & Q^{-1}(b) \end{pmatrix},$$

即得

$$E=\begin{pmatrix} -Q^{-1}(a)\tilde{S}^* & -Q^{-1}(a)S^* \\ Q^{-1}(b)\tilde{T}^* & Q^{-1}(b)T^* \end{pmatrix}\begin{pmatrix} A & B \\ \tilde{A} & \tilde{B} \end{pmatrix},$$

这说明上式右端的两个矩阵互逆, 因此有

$$\begin{pmatrix} A & B \\ \tilde{A} & \tilde{B} \end{pmatrix}\begin{pmatrix} -Q^{-1}(a)\tilde{S}^* & -Q^{-1}(a)S^* \\ Q^{-1}(b)\tilde{T}^* & Q^{-1}(b)T^* \end{pmatrix}=E,$$

这就导出

$$-AQ^{-1}(a)S^*+BQ^{-1}(b)T^*=0,$$

即为定理所列条件 (2.5.1). 现在证明上述条件是充分的. 假若存在 $(2n-r)\times n$ 的矩阵 S_1, T_1, $\mathrm{Rank}(S_1\oplus T_1)=2n-r$, 并且满足

$$AQ^{-1}(a)S_1^*=BQ^{-1}(b)T_1^*,$$

则必存在非奇的矩阵 C, 使 $S_1=CS$, $T_1=CT$, 从而推出边界型矢量

$$V_1(z)=S_1C(z)_a+T_1C(z)_b$$

与 $V(z)$ 等价, 因而证明 $V_1(z)=0$ 与 $U(y)=0$ 互为共轭.

根据假设 $\mathrm{Rank}(A\oplus B)=r$, 令 $\mathscr{I}$ 表示 $(A\oplus B)$ 的 r 个线性无关的行矢量所张成的空间. 再由

$$-AQ^{-1}(a)S_1^*+BQ^{-1}(b)T_1^*=0,$$

得

$$(A\oplus B)\begin{pmatrix}-Q^{-1}(a)S_1^*\\ Q^{-1}(b)T_1^*\end{pmatrix}=0.$$

这说明矩阵

$$R_1=\begin{pmatrix}-Q^{-1}(a)S_1^*\\ Q^{-1}(b)T_1^*\end{pmatrix}$$

的列矢量都属于 $\mathscr{I}^{\perp}$. 又因

$$R_1=\begin{pmatrix}-Q^{-1}(a) & 0\\ 0 & Q^{-1}(b)\end{pmatrix}\begin{pmatrix}S_1^*\\ T_1^*\end{pmatrix}=\tilde{Q}^{-1}(S_1\oplus T_1)^*,$$

根据假定 $\mathrm{Rank}(S_1\oplus T_1)=2n-r$, 由此推出 $\mathrm{Rank}R_1=2n-r$, 这说明了 R_1 的所有 $2n-r$ 个列矢量线性无关, 因而是空间 $\mathscr{I}^{\perp}$ 的一组基. 由于矩阵 S, T 满足 S_1, T_1 同样的条件, 因此上述讨论全部可以应用到 S, T 上, 于是同样可以推出矩阵

$$R=\begin{pmatrix}-Q^{-1}(a)S^*\\ Q^{-1}(b)T^*\end{pmatrix}$$

的秩为 $2n-r$, 且它的所有 $2n-r$ 个列矢量组成了空间 $\mathscr{I}^{\perp}$ 的一组基. 因此必存在 $(2n-r)\times(2n-r)$ 非奇矩阵 C, 使 $R_1=RC^*$, 即 $\tilde{Q}^{-1}(S_1\oplus T_1)^*=\tilde{Q}^{-1}(S\oplus T)^*C^*$, 由此推出

$$(S_1\oplus T_1)=C(S\oplus T),$$

即 $S_1=CS$, $T_1=CT$, 这说明 $V_1(z)=CV(z)$, 因此 $V_1(z)=0$ 为 $U(y)=0$ 的共轭边界条件. 证毕.

根据定理 2.5.4, 立即可以推断得到以下关于自伴边界条件的判别准则.

定理 2.5.5 设

$$U(y) = AC(y)_a + BC(y)_b$$

为一 n 维的边界型矢量, 则 $U(y) = 0$ 为对称微分算式 $l(y)$ 的自伴边界条件的充要条件为

$$AQ^{-1}(a)A^* = BQ^{-1}(b)B^*,$$

其中 $Q(x)$ 为 $l(y)$ 的契合矩阵.

第 3 章　常型 Sturm-Liouville 算子的谱分解

3.1　经典 Sturm-Liouville 问题

Sturm-Liouville 问题 (简称 S-L 问题) 缘起于 19 世纪初 Fourier 对热传导问题的数学处理中. 19 世纪 30 年代, Sturm 和 Liouville 把 Fourier 的方法进行了一般性的讨论, 他们所得的结果, 后来成为解决一大类数理方程定解问题的理论基础. 为了对 S-L 问题的缘起和背景有一个梗概的了解, 在这里先列举一个求解一维热传导问题的例子.

例 3.1.1　有限长细杆的热传导.

设有限长细杆放置于 x 轴的位置上, 其端点坐标为 a 和 b. 假设杆的侧面是绝热的, 因此可以设杆上每点处的温度仅是坐标 x 和时间 t 的函数, 记为 $u(x,\ t)$. 若杆中无热源, 则根据 Fourier 传热定律, 可导出 $u(x,\ t)$ 满足如下方程

$$\frac{\partial u}{\partial t} = k^2 \frac{\partial^2 u}{\partial x^2},$$

其中常数 k 取决于杆的材料性质. 为了确定 $u(x,\ t)$, 除微分方程外, 尚需给出:

(1) 杆的初始时刻的温度分布, 设为 $u(x,\ 0) = f(x)$;

(2) 杆在端点的热交换情况, 即 $u(x,\ t)$ 所满足的边界条件.

为讨论简便计, 不妨设外界温度为 0, 于是杆的端点的热交换可有如下情况 (以端点 a 为例): (a) 端点温度恒保持与环境温度相等, 此时得边界条件 $u(a, 0) = 0$ (两端点均为 0 的边界条件正是 1811 年 Fourier 所处理的情形); (b) 端点温度与环境绝缘, 此时可得边界条件 $\frac{\partial u}{\partial x}(a,\ t) = 0$; (c) 在一般情形下, 杆端点的传热速率与温差成正比, 此时边界条件为 $\frac{\partial u}{\partial x}(a,\ t) = \alpha u(a,\ t)$($\alpha$ 为常数). 综合起来, 可将各类边界条件概括成如下一般形式

$$u(a,\ t)\cos\alpha + \frac{\partial u}{\partial x}(a,\ t)\sin\alpha = 0,$$

$$u(b,\ t)\cos\beta + \frac{\partial u}{\partial x}(b,\ t)\sin\beta = 0.$$

这样, 就得到了传热方程附加一个初始条件及两个边界条件的定解问题.

为求解这个问题, 用如下变量分离法: 令

$$u(x,\ t) = \mathrm{e}^{-\lambda k^2 t} v(x) \quad (\lambda\text{为参数}),$$

代入方程, 再结合边界条件, 即可得 $v(x)$ 所满足的常微分方程边值问题

$$\begin{cases} -v'' = \lambda v, \\ v(a)\cos\alpha + v'(a)\sin\alpha = 0, \\ v(b)\cos\beta + v'(b)\sin\beta = 0, \end{cases}$$

对于如上边值问题, 可以证明存在可数个实的 λ 值

$$\lambda_1 < \lambda_2 < \cdots < \lambda_n < \cdots \to \infty$$

使得对每一个 λ_n, 都对应存在且仅存在一个线性独立解 $v_n(x)$(取 $v_n(x)$ 为已规一的函数), 于是就得到了传热方程满足边界条件的可数个非平凡特解

$$u_n(x,\ t) = \mathrm{e}^{-\lambda_n k^2 t} v_n(x) \quad (n = 1,\ 2,\ \cdots).$$

由于方程是线性齐次的, 所以 $\{u_n(x,t)\}$ 的任何线性组合仍满足方程. 假设满足初始条件的特解为

$$u(x,\ t) = \sum_{n=1}^{\infty} C_n u_n(x,\ t) = \sum_{n=1}^{\infty} C_n \mathrm{e}^{-\lambda_n k^2 t} v_n(x),$$

将初始条件代入, 即得

$$f(x) = \sum_{n=1}^{\infty} C_n v_n(x).$$

综上分析可知, 方程的定解问题可否求解, 取决于能否唯一地确定出系数 C_n, 且使得 $f(x)$ 与它的按函数组 $\{v_n\}$ 的展开式相等.

现在考虑两种特例. 若令 $[a,\ b]$ 为 $[0,\pi]$, 并取边界条件为 $v(0) = v(\pi) = 0$, 则经过简单计算后可得 $\lambda_n = n^2$, 相应 (规一) 的函数 $v_n = \sqrt{\dfrac{2}{\pi}}\sin nx$. 此时 $f(x)$ 按 $\{v_n(x)\}$ 的展开式即为熟知的 Fourier 正弦展开式. 若取边界条件为 $v'(0) = v'(\pi) = 0$, 则可求得 $\lambda_n = n^2$, 规一的

$$v_n = \sqrt{\frac{2}{\pi}}\cos nx.$$

此时 $f(x)$ 按 $\{v_n\}$ 的展开式即为 Fourier 余弦展开式. 这两种展开式的计算与收敛性质正是 Fourier 级数理论中业已充分讨论了的问题.

上例以及更多的实际问题, 导致了下述有限区间 $[a,\ b]$ 上更一般的常微分方程特征值问题, S-L 问题的研究:

$$\begin{cases} -(p(x)y')' + q(x)y = \lambda y, & (3.1.1) \\ y(a)\cos\alpha + p(a)y'(a)\sin\alpha = 0, & \\ y(b)\cos\beta + p(b)y'(b)\sin\beta = 0, & (3.1.2) \end{cases}$$

其中 $p(x)$, $p'(x)$, $q(x)$ 在 $[a, b]$ 上连续并取实值, $p(x)$ 恒正, $0 \leqslant \alpha,\ \ \beta < \pi$.

$y \equiv 0$ 恒为问题 (3.1.1) 和 (3.1.2) 的解, 称为**平凡解**. 显然, 问题并不总有非平凡解. 若对于某个 λ 值, 问题 (3.1.1) 和 (3.1.2) 存在非平凡解, 则 λ 就称为问题的**本征值**, 相应的非平凡解称为**本征函数**. 由于微分方程与边界条件都是齐次的, 因此本征函数允许相差非零的常数因子.

所谓 Sturm-Liouville 问题, 就是要解决:

(1) 问题 (3.1.1) 和 (3.1.2) 是否存在本征值与本征函数?

(2) 对于 $[a, b]$ 上给定的函数 $f(x)$, 能否按本征函数系展开?

可以用 Hilbert 空间内微分算子的观点来考虑问题 (3.1.1) 和 (3.1.2). 令微分算式 $l(y) = -(py')' + qy$, 根据 p, q 为实函数的假设, 知它是对称的. 令 $\mathscr{D}$ 为 $l(y)$ 的最大算子域内由边界条件 (3.1.2) 所界定的线性流形, $\mathscr{L}$ 为 $l(y)$ 以 $\mathscr{D}$ 为定义域所生成的算子, 称为 Sturm-Liouville **算子** (简称 S-L **算子**), 则所谓 S-L 问题 (3.1.1) 和 (3.1.2), 也就相当于研究 S-L 算子本征值与按本征函数展开的问题.

定理 3.1.1 S-L 算子是自伴算子.

证明 下面叙述采用定理 2.5.4 和定理 2.5.5 中的记号. 对于 $l(y) = -(py')'+qy$, 契合式

$$[yz](x) = p(x)(y\bar{z}' - y'\bar{z}),$$

于是知契合矩阵

$$Q(x) = \begin{pmatrix} 0 & -p(x) \\ p(x) & 0 \end{pmatrix}.$$

此外由边界条件 (3.1.2) 即知系数矩阵

$$A = \begin{pmatrix} \cos\alpha & p(a)\sin\alpha \\ 0 & 0 \end{pmatrix},$$

$$B = \begin{pmatrix} 0 & 0 \\ \cos\beta & p(b)\sin\beta \end{pmatrix}.$$

从而得

$$AQ^{-1}(a)A^* = \begin{pmatrix} \cos\alpha & p(a)\sin\alpha \\ 0 & 0 \end{pmatrix} \begin{pmatrix} 0 & p^{-1}(a) \\ -p^{-1}(a) & 0 \end{pmatrix} \times \begin{pmatrix} \cos\alpha & 0 \\ p(a)\sin\alpha & 0 \end{pmatrix} = 0.$$

同理

$$BQ^{-1}(b)B^* = \begin{pmatrix} 0 & 0 \\ \cos\beta & p(b)\sin\beta \end{pmatrix} \begin{pmatrix} 0 & p^{-1}(b) \\ -p^{-1}(b) & 0 \end{pmatrix}$$

$$\times\begin{pmatrix} 0 & \cos\beta \\ 0 & p(b)\sin\beta \end{pmatrix} = 0.$$

于是得 $AQ^{-1}(a)A^* = BQ^{-1}(b)B^*$, 根据定理 2.5.5, 即知 $\mathscr{L}$ 为自伴算子. 证毕.

根据自伴算子的一般性质 (定理 1.8.1) 即可有下述结论.

定理 3.1.2 S-L 问题 (3.1.1) 和 (3.1.2) 的所有本征值 (若存在的话) 均为实数, 且对应于不同本征值的本征函数互相正交.

3.2 本征值的存在与分布

关于 S-L 问题本征值的存在性的证明方法很多. 在算子理论中, 常用的方法是构造微分算子的 Green 函数 (见 3.4 节), 然后将微分算子的本征值问题转化成一个全连续的积分算子的本征值问题来处理. 在下面对一般 n 阶的 S-L 问题的讨论中, 将采用这样的方法. 然而在本节采用的是 E. C. Titchmarsh 所引进的函数论的方法 [4]. 事实证明, 这种方法在处理各种类型的微分算子 —— 无论是常型的或奇型的, 自伴的或非自伴的 —— 谱分解问题中, 都是富有成效的.

为讨论简便计, 不妨碍问题的实质, 假定微分方程 (3.1.1) 的定义区间为 $[0,\pi]$, 且系数 $p(x)\equiv 1$①. 于是, S-L 问题 (3.1.1) 和 (3.1.2) 就可写成

$$\begin{cases} -y''+q(x)y=\lambda y, & (3.2.1)\\ y(0)\cos\alpha+y'(0)\sin\alpha=0, & \\ y(\pi)\cos\beta+y'(\pi)\sin\beta=0. & (3.2.2)\end{cases}$$

令 $\varphi(x,\ \lambda)$, $\psi(x,\ \lambda)$ 为方程 (3.2.1) 的两个解, 满足初始条件

$$\begin{aligned} &\varphi(0,\ \lambda)=\sin\alpha, \quad \varphi'(0,\ \lambda)=-\cos\alpha,\\ &\psi(\pi,\ \lambda)=\sin\beta, \quad \psi'(\pi,\ \lambda)=-\cos\beta. \end{aligned} \tag{3.2.3}$$

根据微分方程的解对参数的依赖性质知, 对 $[0,\ \pi]$ 上的每一个固定的 x 而言, $\varphi(x,\ \lambda)$, $\psi(x,\ \lambda)$ 为 λ 的整函数. 又根据熟知的 Liouville 公式知, 它们的 Wronski 行列式

① 经过变量代换

$$t=\int_a^x p(\tau)^{-\frac{1}{2}}\mathrm{d}\tau, \quad y(x)=v(t)p(x)^{-\frac{1}{4}},$$

可以将方程 $-(py')'+qy=\lambda y$ 变换成

$$-\frac{\mathrm{d}^2v}{\mathrm{d}t^2}+Qv=\lambda v, \text{其中 } Q(t)=q+\frac{p''}{4}-\frac{p'^2}{16p}.$$

$W(\varphi,\ \psi)$ 与 x 无关, 因而可以令

$$\omega(\lambda) \equiv W(\varphi,\ \psi) = \begin{vmatrix} \varphi(x,\ \lambda) & \psi(x,\ \lambda) \\ \varphi'(x,\ \lambda) & \psi'(x,\ \lambda) \end{vmatrix}.$$

若将 $x = 0, \pi$ 代入, 则可得

$$\begin{aligned}\omega(\lambda) &= \psi'(0,\ \lambda)\sin\alpha + \psi(0,\ \lambda)\cos\alpha \\ &= -\varphi(\pi,\ \lambda)\cos\beta - \varphi'(\pi,\ \lambda)\sin\beta.\end{aligned} \tag{3.2.4}$$

显然, $\omega(\lambda)$ 是 λ 的整函数.

定理 3.2.1 λ_0 是问题 (3.2.1) 和 (3.2.2) 的本征值的充要条件为 $\omega(\lambda_0) = 0$.

证明 设 λ_0 为问题 (3.2.1) 和 (3.2.2) 的本征值, $u_0(x)$ 为相应的本征函数, 则由于 $u_0(x)$ 与 $\varphi(x,\ \lambda_0)$ 都满足第一边界条件, 故可得 $W(u_0,\ \varphi) = W(u_0,\ \varphi)\,|_{x=0} = 0$, 由此推出

$$u_0(x) = C\varphi(x,\ \lambda_0) \quad (C \neq 0).$$

再因 $u_0(x)$ 满足第二边界条件, 即得

$$\begin{aligned}&u_0(\pi)\cos\beta + u_0'(\pi)\sin\beta \\ =\ &C[\varphi(\pi,\ \lambda_0)\cos\beta + \varphi'(\pi,\ \lambda_0)\sin\beta] \\ =\ &-C\omega(\lambda_0) = 0,\end{aligned}$$

于是推知 $\omega(\lambda_0) = 0$.

反之, 若 λ_0 满足 $\omega(\lambda_0) = 0$, 由式 (3.2.4) 知

$$\varphi(\pi, \lambda_0)\cos\beta + \varphi'(\pi, \lambda_0)\sin\beta = 0.$$

这说明解 $\varphi(x,\ \lambda_0)$ 同时满足问题 (3.2.2) 的两个边界条件, 从而推知它为本征函数, 于是 λ_0 为本征值. 证毕.

定理 3.2.1 把求问题 (3.2.1) 和 (3.2.2) 的本征值问题化为求一个整函数 $\omega(\lambda)$ 的零点问题. 由定理 3.1.2 知, 任何虚部不为 0 的 λ 不为本征值, 因此 $\omega(\lambda) \neq 0$, 从而知 $\omega(\lambda)$ 不可能是恒等于 0 的函数. 根据熟知的关于整函数零点的分布性质, 即可得如下推论.

推论 3.2.1 问题 (3.2.1) 和 (3.2.2) 最多只有可数个本征值, 而且它们不可能有有限值的聚点.

在下面的讨论中, 恒设

$$\sin\alpha \cdot \sin\beta \neq 0,$$

在 $\sin\alpha\cdot\sin\beta=0$ 的情形下, 论述完全可以仿照下述步骤进行, 并无实质性的差异.

引理 3.2.1 令 $\lambda=s^2$, $s=\sigma+\mathrm{i}t$, 则当 $\lambda\to\infty$ 时, 下面的渐近式在 $0\leqslant x\leqslant\pi$ 上一致地成立:

$$\varphi(x,\ \lambda)=\cos sx\sin\alpha+O\left(|s|^{-1}\mathrm{e}^{|t|x}\right);$$

$$\varphi'(x,\ \lambda)=-s\sin sx\sin\alpha+O\left(\mathrm{e}^{|t|x}\right);$$

$$\psi(x,\ \lambda)=\cos s(\pi-x)\sin\beta+O\left(|s|^{-1}\mathrm{e}^{|t|(\pi-x)}\right);$$

$$\psi'(x,\ \lambda)=-s\sin s(\pi-x)\sin\beta+O\left(\mathrm{e}^{|t|(\pi-x)}\right).$$

证明 可把 $\varphi(x,\ \lambda)$ 视为下述非齐次方程 Cauchy 问题的解:

$$\begin{cases} y''+s^2y=q(x)\varphi(x,\ \lambda), \\ y(0,\ \lambda)=\sin\alpha, \\ y'(0,\ \lambda)=-\cos\alpha. \end{cases}$$

于是应用常数变易法公式, 即知 $\varphi(x,\ \lambda)$ 满足积分方程

$$\varphi(x,\ \lambda)=\cos sx\sin\alpha-\frac{\sin sx}{s}\cos\alpha+\frac{1}{s}\int_0^x\sin s(x-\xi)q(\xi)\varphi(\xi,\ \lambda)\mathrm{d}\xi. \tag{3.2.5}$$

令 $\varphi(x,\ \lambda)=\mathrm{e}^{|t|x}F(x,\ \lambda)$, 代入上式, 得

$$\begin{aligned} F(x,\ \lambda)=&\left(\cos sx\sin\alpha-\frac{\sin sx}{s}\cos\alpha\right)\mathrm{e}^{-|t|x} \\ &+\frac{1}{s}\int_0^x\sin s(x-\xi)\mathrm{e}^{-|t|(x-\xi)}q(\xi)F(\xi,\ \lambda)\mathrm{d}\xi. \end{aligned}$$

再令

$$\mu(\lambda)=\max_{0\leqslant x\leqslant\pi}|F(x,\ \lambda)|,$$

并注意

$$|\cos sx|\leqslant\mathrm{e}^{|t|x},\quad |\sin sx|\leqslant\mathrm{e}^{|t|x},$$

于是可得

$$\mu(\lambda)\leqslant|\sin\alpha|+\left|\frac{\cos\alpha}{s}\right|+\frac{1}{|s|}\int_0^\pi|q(\xi)|\mu(\lambda)\mathrm{d}\xi.$$

当 $|s|>2\int_0^\pi|q(\xi)|\mathrm{d}\xi$ 时, 就有

$$\mu(\lambda)\leqslant\frac{|\sin\alpha|+\left|\dfrac{\cos\alpha}{s}\right|}{1-\dfrac{1}{|s|}\displaystyle\int_0^\pi|q(\xi)|\mathrm{d}\xi}<M,$$

其中 M 为一与 λ 无关的常数. 由此即得

$$\varphi(x,\ \lambda)=\mathrm{e}^{|t|x}F(x,\ \lambda)=O(\mathrm{e}^{|t|x}),$$

代入式 (3.2.5) 右端即得

$$\varphi(x,\ \lambda)=\cos sx\sin\alpha+O\left(|s|^{-1}\,\mathrm{e}^{|t|x}\right). \tag{3.2.6}$$

对式 (3.2.5) 两端求导, 可得

$$\begin{aligned}\varphi'(x,\lambda)=&-s\sin sx\sin\alpha-\cos sx\cos\alpha\\&+\int_0^x\cos s(x-\xi)q(\xi)\varphi(\xi,\lambda)\mathrm{d}\xi.\end{aligned}$$

将式 (3.2.6) 代入上式, 即得

$$\varphi'(x,\ \lambda)=-s\sin sx\sin\alpha+O(\mathrm{e}^{|t|x}).$$

由上面的推导过程显然可见所得的关于 $\varphi(x,\ \lambda)$, $\varphi'(x,\ \lambda)$ 的渐近式对 $x\in[0,\ \pi]$ 一致成立.

对于 $\psi(x,\ \lambda)$, $\psi'(x,\ \lambda)$ 的渐近式, 可类似地求得. 证毕.

为叙述简便起见, 下面以 φ, ψ 简记 $\varphi(x,\ \lambda)$, $\psi(x,\ \lambda)$, 以 φ_λ, φ'_λ 简记 $\dfrac{\partial\varphi}{\partial\lambda}$, $\dfrac{\partial\varphi'}{\partial\lambda}$.

引理 3.2.2　令 $\lambda=u+\mathrm{i}v$, 则

$$\omega'(\lambda)=(\varphi,\ \psi)+2\mathrm{i}v(\varphi_\lambda,\psi).$$

证明　在等式 $l(\varphi)=\lambda\varphi$ 的两端对 λ 求导, 得

$$l(\varphi_\lambda)=\lambda\varphi_\lambda+\varphi,$$

对 φ_λ, ψ 运用 Green 公式, 得

$$(l(\varphi_\lambda),\ \psi)-(\varphi_\lambda,\ l(\psi))=[\varphi_\lambda\psi]_0^\pi,$$

再将 $l(\varphi_\lambda)$ 的表示式代入, 即得上式左端为

$$(\lambda\varphi_\lambda+\varphi,\ \psi)-(\varphi_\lambda,\ \lambda\psi)=(\varphi,\ \psi)+2\mathrm{i}v(\varphi_\lambda,\psi).$$

另一方面, 注意到式 (3.2.3) 中 $\varphi(x,\ \lambda)$ 的初始值与 λ 无关, 因此

$$\varphi_\lambda(0,\ \lambda)=\varphi'_\lambda(0,\ \lambda)=0,$$

于是可计算出上式的右端为

$$\begin{aligned}&(\varphi_\lambda(\pi,\ \lambda)\bar{\psi}'(\pi,\ \lambda)-\varphi'_\lambda(\pi,\ \lambda)\bar{\psi}(\pi,\ \lambda))-(\varphi_\lambda(0,\ \lambda)\bar{\psi}'(0,\ \lambda)-\varphi'_\lambda(0,\ \lambda)\bar{\psi}(0,\ \lambda))\\=&-\varphi_\lambda(\pi,\ \lambda)\cos\beta-\varphi'_\lambda(\pi,\ \lambda)\sin\beta=\frac{\mathrm{d}}{\mathrm{d}\lambda}(-\varphi(\pi,\ \lambda)\cos\beta-\varphi'(\pi,\ \lambda)\sin\beta),\end{aligned}$$

根据式 (3.2.4) 知上式即为 $\omega'(\lambda)$, 从而得

$$\omega'(\lambda)=(\varphi,\ \psi)+2\mathrm{i}v(\varphi_\lambda,\ \psi).$$

证毕.

定理 3.2.2 $\omega(\lambda)$ 有且仅有可数个实的单重零点:

$$\lambda_1<\lambda_2<\cdots<\lambda_n<\cdots\to+\infty$$

证明 设 μ 是 $\omega(\lambda)$ 的任一零点, 则由定理 3.1.2 和定理 3.2.1 知, μ 必为实数, 再由

$$\omega(\mu)=\begin{vmatrix}\varphi(x,\ \mu) & \psi(x,\ \mu)\\ \varphi'(x,\ \mu) & \psi'(x,\ \mu)\end{vmatrix}=0$$

即可推知 $\psi(x,\ \mu)=C\varphi(x,\ \mu)(C\neq 0)$. 于是应用引理 3.2.2, 即知 $\omega'(\mu)=C(\varphi(x,\ \mu),\ \varphi(x,\ \mu))\neq 0$. 因此 μ 必为 $\omega(\lambda)$ 的单重零点.

现在证明 $\omega(\lambda)$ 有可数个零点. 将引理 3.2.1 的渐近式应用于式 (3.2.4), 即可得

$$\omega(\lambda)=-\varphi(\pi,\ \lambda)\cos\beta-\varphi'(\pi,\ \lambda)\sin\beta=\omega^*(\lambda)+\alpha(\lambda),$$

这里 $\omega^*(\lambda)=s\sin s\pi\sin\alpha\sin\beta,\ \alpha(\lambda)=O(\mathrm{e}^{|t|\pi})$.

在 λ 平面上作封闭曲线 $\Gamma_n=\Gamma'_n\cup\Gamma''_n(n=1,\ 2,\ \cdots)$ 如下:

$$\Gamma'_n=\left\{\lambda=s^2=(\sigma+\mathrm{i}t)^2\ \middle|\ |\sigma|\ =n+\frac{1}{2},-n\leqslant t\leqslant n\right\};$$

$$\Gamma''_n=\left\{\lambda=s^2=(\sigma+\mathrm{i}t)^2\ \middle|\ |\sigma|\leqslant n+\frac{1}{2},t=|n|\right\}.$$

在 Γ'_n 上可有估计式

$$|\sin s\pi|\ =\frac{1}{2}|\mathrm{i}\mathrm{e}^{-t\pi}+\mathrm{i}\mathrm{e}^{t\pi}|\ =\frac{\mathrm{e}^{t\pi}}{2}(1+\mathrm{e}^{-2t\pi})>\frac{\mathrm{e}^{|t|\pi}}{4};$$

在 Γ''_n 上可有估计式

$$|\sin s\pi|\ =\frac{1}{2}|\mathrm{e}^{\mathrm{i}\sigma\pi}\mathrm{e}^{-n\pi}-\mathrm{e}^{\mathrm{i}\sigma\pi}\mathrm{e}^{n\pi}|=\frac{\mathrm{e}^{n\pi}}{2}|1-\mathrm{e}^{2\mathrm{i}\sigma\pi}\mathrm{e}^{-2n\pi}|>\frac{\mathrm{e}^{n\pi}}{4}.$$

从而得

$$|\omega^*(\lambda)|_{\Gamma_n}=|s\sin s\pi\sin\alpha\sin\beta|_{\Gamma_n}>\frac{n}{4}\mathrm{e}^{|t|\pi}|\sin\alpha\sin\beta|.$$

于是当 n 充分大时, 便可有

$$|\omega^*(\lambda)|_{\Gamma_n} > |\alpha(\lambda)|_{\Gamma_n}.$$

由函数论中熟知的 Rouché 定理知, 在 Γ_n 内部, $\omega(\lambda)$ 与 $\omega^*(\lambda)$ 具有相同个数的零点. 然而在 Γ_n 内部 $\omega^*(\lambda)$ 的零点为

$$0, 1^2, 2^2, \cdots, n^2.$$

其个数为 $n+1$, 因此在 Γ_n 内部, 或更确切地说, 在

$$\left[-\left(n+\frac{1}{2}\right)^2,\ \left(n+\frac{1}{2}\right)^2\right]$$

内部, $\omega(\lambda)$ 有且仅有 $n+1$ 个零点. 这就说明了 $\omega(\lambda)$ 有且仅有可数个孤立的零点. 另一方面, 若令 $s = \mathrm{i}t$, 即 $\lambda = -t^2$ 时, 同样易证当 $|t|$ 充分大时, 有 $|\omega^*(\lambda)| > |\alpha(\lambda)|$, 从而知

$$\omega(-t^2) \neq 0.$$

这就说明了 $\omega(\lambda)$ 负零点的个数是有限的. 证毕.

定理 3.2.3　若 $\sin\alpha\sin\beta \neq 0$, 则问题 (3.2.1) 和 (3.2.2) 的本征值与本征函数有渐近式

$$\sqrt{\lambda_n} = (n-1) + O\left(\frac{1}{n}\right),$$

$$\varphi(x,\ \lambda_n) = \cos(n-1)x\sin\alpha + O\left(\frac{1}{n}\right) \quad (n\to\infty).$$

后一渐近式在 $[0,\pi]$ 上对 x 一致成立.

证明　根据定理 3.2.2 的证明知, 当 n 充分大时, λ_n 在闭路 Γ_{n-1} 与 Γ_{n-2} 之间, 或确切地说,

$$\left(n-\frac{3}{2}\right)^2 < \lambda_n < \left(n-\frac{1}{2}\right)^2.$$

令 $\sqrt{\lambda_n} = (n-1)+\beta_n$, 则得

$$\omega(\lambda_n) = (n-1+\beta_n)\sin((n-1)\pi+\beta_n\pi)\sin\alpha\sin\beta + \alpha(\sqrt{\lambda_n}) = 0,$$

由于 $\sqrt{\lambda_n}$ 为一实数, 故 $\alpha(\sqrt{\lambda_n})$ 为一有界量, 此外注意到

$$|\beta_n| < \frac{1}{2},$$

从而可得

$$\sin\beta_n\pi = O\left(\frac{1}{n}\right),$$

由此即得

$$\beta_n = O\left(\frac{1}{n}\right),$$

于是

$$\sqrt{\lambda_n} = (n-1) + O\left(\frac{1}{n}\right).$$

再利用引理 3.2.1 中 $\varphi(x,\ \lambda)$ 的渐近式, 即得

$$\begin{aligned}\varphi(x,\ \lambda_n) &= \cos\left[n-1+O\left(\frac{1}{n}\right)\right]\ x\sin\alpha + O\left(\frac{1}{\sqrt{\lambda_n}}\right)\\ &= \cos(n-1)\,x\sin\alpha + O\left(\frac{1}{n}\right).\end{aligned}$$

证毕.

若将本征函数 $\varphi(x,\ \lambda_n)$ 规一化, 并将规一化的本征函数记为 $\psi_n(x)$, 则

$$\psi_n(x) = \varphi(x,\ \lambda_n)\left[\int_0^{\pi}\varphi^2(x,\ \lambda_n)\mathrm{d}x\right]^{-\frac{1}{2}}.$$

将 $\varphi(x,\ \lambda_n)$ 的渐近式代入, 即可得

$$\psi_n(x) = \sqrt{\frac{2}{\pi}}\cos(n-1)x + O\left(\frac{1}{n}\right).$$

如上讨论的是当 $\sin\alpha\sin\beta\neq 0$ 时, 本征值与本征函数的渐近式. 当 $\sin\alpha\sin\beta = 0$ 时, 可用类似方法求得这些渐近式, 具体的推证不在这里赘述, 现将结论综合列举如下:

(1) $\sin\alpha\neq 0,\ \ \sin\beta\neq 0$,

$$\sqrt{\lambda_n} = (n-1) + O\left(\frac{1}{n}\right),$$

$$\psi_n(x) = \sqrt{\frac{2}{\pi}}\cos(n-1)x + O\left(\frac{1}{n}\right);$$

(2) $\sin\alpha = 0,\ \ \sin\beta\neq 0$,

$$\sqrt{\lambda_n} = \left(n-\frac{1}{2}\right) + O\left(\frac{1}{n}\right),$$

$$\psi_n(x) = \sqrt{\frac{2}{\pi}}\sin\left(n-\frac{1}{2}\right)x + O\left(\frac{1}{n}\right);$$

(3) $\sin\alpha\neq 0,\ \ \sin\beta = 0$,

$$\sqrt{\lambda_n} = \left(n-\frac{1}{2}\right) + O\left(\frac{1}{n}\right),$$

$$\psi_n(x)=\sqrt{\frac{2}{\pi}}\cos\left(n-\frac{1}{2}\right)x+O\left(\frac{1}{n}\right);$$

(4) $\sin\alpha=0,\ \sin\beta=0$,

$$\sqrt{\lambda_n}=n+O\left(\frac{1}{n}\right),$$

$$\psi_n(x)=\sqrt{\frac{2}{\pi}}\sin nx+O\left(\frac{1}{n}\right).$$

上述 (2), (3), (4) 中的渐近式, 作为练习, 请读者自己补上.

3.3　本征函数的振动特征

在一切实际的问题里, 本征函数都表现有一种固有的物理特性——振动性. 本节将对它的这种固有性作一简明的数学上的概括.

引理 3.3.1　定义在 $[a, b]$ 上的微分方程

$$p_0(x)y''+p_1(x)y'+p_2(x)y=0 \tag{3.3.1}$$

的任何非平凡解在 $[a, b]$ 上只可能有有限多个零点. 这里系数 $p_j(x)(j=1, 2, 3)$ 仅要求保证微分方程解的存在和唯一性.

证明　假设不然, 若方程的某非平凡解 $\varphi(x)$ 在 $[a, b]$ 上有无穷多零点 $\{x_n\}(n=1, 2, \cdots)$, 不妨设 $\{x_n\}$ 为一收敛列, 且 $\lim\limits_{n\to\infty}x_n=c$, 则显然 $c\in[a, b]$, 由 $\varphi(x)$ 的连续性, 知 c 亦为 $\varphi(x)$ 的零点. 此外可同时推知

$$\varphi'(c)=\lim_{n\to\infty}\frac{\varphi(x_n)-\varphi(c)}{x_n-c}=0.$$

于是, 根据微分方程解的存在唯一性知, 具有零初值的解必为零解, 由此得 $\varphi(x)\equiv 0$, 这与 $\varphi(x)$ 为非平凡解的假设矛盾. 证毕.

推论 3.3.1　微分方程 (3.3.1) 的非平凡解的零点都是孤立的.

定理 3.3.1 (Sturm)　设 $g(x)$, $h(x)$ 在 $[a, b]$ 上几乎处处连续, 且 $g(x)\leqslant h(x)$, $\varphi(x)$, $\psi(x)$ 分别为微分方程

$$y''+g(x)y=0 \tag{3.3.2}$$

和

$$y''+h(x)y=0 \tag{3.3.3}$$

的两个非平凡解, 则在 $\varphi(x)$ 的任两个零点之间必至少有 $\psi(x)$ 的一个零点.

证明 根据假设可得

$$\varphi'' + g\varphi = 0, \quad \psi'' + h\psi = 0.$$

由以上两式可得

$$\psi\varphi'' - \varphi\psi'' = (\psi\varphi' - \varphi\psi')' = (h-g)\varphi\psi.$$

设 x_1, x_2 为 $\varphi(x)$ 的相邻两零点 (注意解的零点是孤立的), 在 $[x_1, x_2]$ 上对上式积分, 可得

$$\varphi'(x_2)\psi(x_2) - \varphi'(x_1)\psi(x_1) = \int_{x_1}^{x_2} (h-g)\varphi\psi \mathrm{d}x. \tag{3.3.4}$$

不妨假设在 (x_1, x_2) 内 $\varphi(x) > 0$, 从而 $\varphi'(x_1) > 0, \varphi'(x_2) < 0$. 今证明在 $[x_1, x_2]$ 上必至少有 $\psi(x)$ 的一个零点. 假设不然, 不妨设在 $[x_1, x_2]$ 上 $\psi(x) > 0$, 则由假设, 可知式 (3.3.4) 的右端不小于 0, 但式 (3.3.4) 的左端小于 0, 这就导致矛盾. 证毕.

推论 3.3.2 设 $\varphi(x), \psi(x)$ 同上, 且

$$\varphi(a) = \psi(a), \quad \varphi'(a) = \psi'(a).$$

若 $\varphi(x)$ 在 $[a, b]$ 上有 m 个零点, 则 $\psi(x)$ 在 $[a, b]$ 上至少有 m 个零点, 且 $\psi(x)$ 的第 k 个零点 (按大小顺序排列, $k = 1, 2, \cdots, m$) 必小于等于 $\varphi(x)$ 的第 k 个零点.

证明留给读者作为练习.

现在回来考虑 $[0, \pi]$ 上的微分方程

$$y'' + (\lambda - q(x))y = 0. \tag{3.3.5}$$

仍令 $\varphi(x, \lambda)$ 表示方程满足初始条件 (3.2.3) 的解. 下面恒取方程 (3.3.5) 中的参数 λ 为实值, 则根据定理 3.3.1 知, 当 λ 增值时, $\varphi(x, \lambda)$ 在 $[0, \pi]$ 上零点的个数将随之递增. 令 $\tau(\lambda)$ 表示 $\varphi(x, \lambda)$ 在 $(0, \pi]$ 上零点的个数, 则有以下结论.

引理 3.3.2 (1) 存在 $A > 0$, 使当 $\lambda < -A$ 时, $\tau(\lambda) = 0$;

(2) $\lim\limits_{\lambda \to +\infty} \tau(\lambda) = +\infty$.

证明 令 $M = \max\limits_{[0, \pi]} |q(x)|$, 则通过直接求解, 容易验证微分方程

$$y'' + (\lambda + M)y = 0 \quad (\lambda + M < 0)$$

满足初始条件 (3.2.3) 的解, 当 λ 充分趋近 $-\infty$ 时, 在 $(0, \pi]$ 上无零点, 再由推论 3.3.2, 即知 $\varphi(x, \lambda)$ 在 $(0, \pi]$ 上无零点, 因此 (1) 成立. 同样地, 可以直接求出微分方程

$$y'' + (\lambda - M)y = 0$$

满足初始条件 (3.2.3) 的解, 显然, 当 $\lambda > M$ 时, 这是一个角频率 $\omega = \sqrt{\lambda - M}$ 的正、余弦函数, 它在 $(0,\ \pi]$ 上的零点个数即为 $\left[\sqrt{\lambda - M}\right]$ 或 $\left[\sqrt{\lambda - M}\right]+1$, 再根据推论 3.3.2 知, 当 $\lambda > M$ 时 $\varphi(x,\ \lambda)$ 在 $(0,\ \pi]$ 上的零点个数不少于 $\left[\sqrt{\lambda - M}\right]$, 这就证明了 (2) 成立. 证毕.

令 $\mathscr{E}_k$ $(k = 0,\ 1,\ 2,\cdots)$ 表示实数轴 R 上的如下点集:

$$\mathscr{E}_0 = \{\lambda \in R \mid \tau(\lambda) = 0\},$$

$$\mathscr{E}_k = \{\lambda \in R \mid \tau(\lambda) \geqslant k > 0\},$$

则根据引理 3.3.2 可知 $\mathscr{E}_k$ $(k = 0,\ 1,\ 2,\cdots)$ 非空, $\mathscr{E}_0 \cup \mathscr{E}_1 = R$. 再由 $\varphi(x,\ \lambda)$ 的二元连续性, 可知 $\mathscr{E}_1, \mathscr{E}_2, \cdots$ 均为有下界的闭集, 令 $\mu_k = \min \mathscr{E}_k$ $(k = 1, 2, \cdots)$.

引理 3.3.3　$\varphi(\pi,\ \mu_k) = 0$, 且 $\varphi(x, \mu_k)$ 在 $(0,\ \pi]$ 上有 k 个零点.

证明　因 $\mu_k \in \mathscr{E}_k$, 由于 $\tau(\mu_k) \geqslant k$, 所以 $\varphi(x,\ \mu_k)$ 在 $(0,\ \pi]$ 至少有 k 个零点, 设为 $0 < x_1 < \cdots < x_k < \cdots$. 我们证明 $x_k = \pi$. 若不然, 则 $x_k < \pi$. 在点 $(x_k,\ \mu_k)$ 邻域考察隐函数 $\varphi(x,\ \lambda) = 0$. 由于 $\varphi(x_k,\ \mu_k) = 0$, 所以 $\varphi'(x_k,\ \mu_k) \neq 0$. 在 $[0,\ x_k]$ 上对 $\varphi_\lambda(x,\ \mu_k)$ 与 $\varphi(x, \mu_k)$ 运用 Green 公式, 注意到

$$l(\varphi_\lambda) = \varphi + \lambda\varphi_\lambda$$

及

$$\varphi_\lambda(0, \lambda) = \varphi'_\lambda(0, \lambda) = 0$$

(参考引理 3.2.2 的证明), 可得

$$\int_0^{x_k} \varphi^2(x,\ \mu_k)\mathrm{d}x = \varphi_\lambda(x_k,\ \mu_k)\varphi'(x_k,\ \mu_k).$$

从而求得

$$\varphi_\lambda(x_k,\ \mu_k) = \int_0^{x_k} \varphi^2(x,\ \mu_k)\mathrm{d}x \Big/ \varphi'(x_k,\ \mu_k) \neq 0.$$

于是由隐函数定理知, $\varphi(x,\ \lambda)= 0$ 在 $(x_k,\ \mu_k)$ 邻域唯一确定隐函数 $x = x(\lambda), x_k = x(\mu_k)$, 且

$$\begin{aligned}\left.\frac{\mathrm{d}x}{\mathrm{d}\lambda}\right|_{(x_k,\ \mu_k)} &= -\varphi_\lambda(x_k,\ \mu_k)/\varphi'(x_k,\ \mu_k)\\ &= -\int_0^{x_k} \varphi^2(x,\ \mu_k)\mathrm{d}x/\varphi'^2(x_k,\ \mu_k) < 0.\end{aligned}$$

于是选取 $\lambda' < \mu_k$, 使 $x' = x(\lambda') \in (x_k,\ \pi)$, 则 $\varphi(x',\ \lambda')= 0$. 根据推论 3.3.2 知, $\varphi(x,\ \lambda')$ 在 $(0,\ x')$ 间尚有 $k-1$ 个零点, 这就说明 $\lambda' \in \mathscr{E}_k$, 与 $\mu_k = \min \mathscr{E}_k$ 矛盾. 因此证明 $x_k = \pi$. 证毕.

推论 3.3.3 $[\mu_k,\ \mu_{k+1})=\mathscr{E}_k\backslash\mathscr{E}_{k+1},\quad \mathscr{E}_k=\bigcup\limits_{j=k}^{\infty}[\mu_j,\ \mu_{j+1})$.

推论 3.3.4 $\tau(\lambda)$ 是一个递增的阶梯函数, 当

$$\lambda\in[\mu_k,\mu_{k+1}),\quad \tau(\lambda)=k,\quad k=0,1,2,\cdots.$$

定理 3.3.2 在每一区间 $[\mu_n,\ \mu_{n+1})\ (n=1,\ 2,\ \cdots)$ 上, 问题 (3.2.1) 和 (3.2.2) 有且仅有一个本征值 λ_n, 并且其所对应的本征函数 $\varphi(x,\ \lambda_n)$ 在 $(0,\ \pi]$ 上恰有 n 个零点. 除上述本征值外, 最多尚有一个本征值在 $\mathscr{E}_0$ 内, 且所对应的本征函数在 $(0,\ \pi]$ 上无零点.

证明 若在边界条件 (3.2.2) 中, $\sin\beta=0$, 则根据引理 3.3.3 知, $\varphi(x,\mu_n)$ 已满足第二边界条件, 从而推知此时 $\lambda_n=\mu_n$, 命题已真. 下面假设 $\sin\beta\neq0$. 在 $(\mu_n,\ \mu_{n+1})$ 内考虑函数

$$g(\lambda)=\varphi'(\pi,\ \lambda)/\varphi(\pi,\ \lambda),$$

参照引理 3.2.2 的证明, 可得

$$\begin{aligned}g'(\lambda)&=(\varphi'_\lambda(\pi,\ \lambda)\varphi(\pi,\ \lambda)-\varphi'(\pi,\ \lambda)\varphi_\lambda(\pi,\ \lambda))/\varphi^2(\pi,\ \lambda)\\&=-\frac{[\varphi_\lambda\,\varphi]_0^\pi}{\varphi^2(\pi,\ \lambda)}=-\frac{(\varphi,\ \varphi)}{\varphi^2(\pi,\ \lambda)}<0.\end{aligned}$$

故知 $g(\lambda)$ 为 $(\mu_n,\ \mu_{n+1})$ 内严格递减的函数, 于是得

$$g(\mu_n+0)=+\infty,\quad g(\mu_{n+1}-0)=-\infty$$

根据中间值定理知, 必存在唯一的 $\lambda_n\in(\mu_n,\mu_{n+1})$ 使

$$g(\lambda_n)=\frac{\varphi'(\pi,\ \lambda_n)}{\varphi(\pi,\ \lambda_n)}=-\frac{\cos\beta}{\sin\beta},$$

也即

$$\varphi(\pi,\ \lambda_n)\cos\beta+\varphi'(\pi,\ \lambda_n)\sin\beta=0,$$

这就说明了 $\varphi(x,\ \lambda_n)$ 为本征函数, 即 λ_n 为本征值. 由于

$$\lambda_n\in(\mu_n,\ \mu_{n+1})\subset\mathscr{E}_n,$$

根据推论 3.3.4 知, $\varphi(x,\ \lambda_n)$ 在 $(0,\pi]$ 有且仅有 n 个零点. 下面证明除上述本征值外, 问题 (3.2.1) 和 (3.2.2) 最多尚存在一个本征值. 显然, 这样的本征值若存在的话, 设为 λ_0, 则 $\lambda_0\in\mathscr{E}_0$, 并且对应本征函数 $\varphi(x,\ \lambda_0)$ 在 $(0,\ \pi]$ 上无零点. 今若设

存在两个不等的如上的本征值, 设为 λ_0, λ_0', 则对本征函数 $\varphi(x,\ \lambda_0), \varphi(x,\ \lambda_0')$ 应用 Green 公式, 可得

$$(\lambda_0-\lambda_0')\int_0^{\pi}\varphi(x,\ \lambda_0)\,\varphi(x,\ \lambda_0')\mathrm{d}x=[\varphi(x,\ \lambda_0)\varphi(x,\ \lambda_0')]_0^{\pi},$$

等式右端由于本征函数满足同样边界条件, 故为 0, 而等式左端由于 $\varphi(x,\ \lambda_0)$, $\varphi(x,\ \lambda_0')$ 在区间 $(0,\ \pi]$ 上连续且无零点, 因此不能为 0, 从而导致矛盾. 说明了属于 $\mathscr{E}_0$ 的本征值最多只有一个. 证毕.

综上论述, 可知: ① 问题 (3.2.1) 和 (3.2.2) 的全部本征值 $\{\lambda_n\}$ 都 "均匀" 地排列于整函数 $\varphi(\pi,\ \lambda)$ 的零点序列 $\{\mu_n\}$ 之间; ② 在 $(0,\ \pi]$ 上无零点的线性无关的本征函数若存在的话, 最多只有一个, 且其对应的本征值小于 $\varphi(\pi,\ \lambda)$ 的任何零点; ③ 对于任何自然数 $n\geqslant 1$, 存在唯一的 (线性独立的) 本征函数, 它在 $(0,\ \pi]$ 上恰有 n 个零点, 且其本征值必在区间 $[\mu_n,\ \mu_{n+1})$ 上.

建议读者回顾第 1 章中列举过的正交系, 这对于了解本节的内容有益的.

3.4 预解式和 Green 函数

本节将讨论 S-L 算子 $\mathscr{L}$ 的预解算子 $(\mathscr{L}-\lambda I)^{-1}$ 并给出它的解析表示.

考虑非齐次的边值问题

$$\begin{cases}-y''+(q(x)-\lambda)y=f(x), & (3.4.1)\\ y(0)\cos\alpha+y'(0)\sin\alpha=0, & \\ y(\pi)\cos\beta+y'(\pi)\sin\beta=0, & (3.4.2)\end{cases}$$

其中 $f(x)\in L^2[0,\ \pi]$.

假设 λ 不是问题 (3.2.1) 和 (3.2.2) 的本征值. 若上述非齐次边值问题的解存在, 令为 $\varPhi(x,\ \lambda)$, 则它可以表为

$$\varPhi(x,\ \lambda)=C_1\varphi(x,\ \lambda)+C_2\psi(x,\ \lambda)+y^*(x,\ \lambda), \tag{3.4.3}$$

其中 $\varphi(x,\ \lambda)$, $\psi(x,\ \lambda)$ 的意义与前面两节相同, $y^*(x)$ 为非齐次方程 (3.4.1) 满足初始条件

$$y^*(0,\ \lambda)=y^{*\prime}(0,\ \lambda)=0$$

的特解. 根据熟知的常数变易法公式, 可得

$$y^*(x,\ \lambda)=\frac{1}{\omega(\lambda)}\int_0^x[\varphi(x,\ \lambda)\psi(\xi,\ \lambda)-\varphi(\xi,\ \lambda)\psi(x,\ \lambda)]f(\xi)\mathrm{d}\xi,$$

这里 $\omega(\lambda)$ 为 φ, ψ 的 Wronski 行列式 (见式 (3.2.4)).

为了求得 $\Phi(x,\ \lambda)$, 需先确定式 (3.4.3) 中的常数 C_1, C_2, 为此将式 (3.4.3) 代入第一边界条件, 得

$$C_2(\psi(0,\ \lambda)\cos\alpha+\psi'(0,\ \lambda)\sin\alpha)=C_2\omega(\lambda)=0.$$

根据 λ 不为本征值的假设, $\omega(\lambda)\neq 0$, 故必须 $C_2=0$. 再将式 (3.4.3) 代入第二边界条件, 得

$$\begin{aligned}&C_1(\varphi(\pi,\ \lambda)\cos\beta+\varphi'(\pi,\ \lambda)\sin\beta)\\&\quad+\frac{\cos\beta}{\omega(\lambda)}\int_0^{\pi}[\varphi(\pi,\ \lambda)\psi(\xi,\ \lambda)-\varphi(\xi,\ \lambda)\psi(\pi,\ \lambda)]f(\xi)\mathrm{d}\xi\\&\quad+\frac{\sin\beta}{\omega(\lambda)}\int_0^{\pi}[\varphi'(\pi,\ \lambda)\psi(\xi,\ \lambda)-\varphi(\xi,\ \lambda)\psi'(\pi,\ \lambda)]f(\xi)\mathrm{d}\xi\\=&\,0.\end{aligned}$$

由此求出 (注意式 (3.2.4))

$$C_1=-\frac{1}{\omega(\lambda)}\int_0^{\pi}\psi(\xi,\ \lambda)f(\xi)\mathrm{d}\xi,$$

从而得

$$\begin{aligned}\Phi(x,\ \lambda)&=\frac{-1}{\omega(\lambda)}\int_0^{\pi}\varphi(x,\ \lambda)\psi(\xi,\ \lambda)f(\xi)\mathrm{d}\xi\\&\quad+\frac{1}{\omega(\lambda)}\int_0^{x}[\varphi(x,\ \lambda)\psi(\xi,\ \lambda)-\varphi(\xi,\ \lambda)\psi(x,\ \lambda)]f(\xi)\mathrm{d}\xi\\&=-\frac{1}{\omega(\lambda)}\int_0^{x}\varphi(\xi,\ \lambda)\psi(x,\ \lambda)f(\xi)\mathrm{d}\xi-\frac{1}{\omega(\lambda)}\int_x^{\pi}\varphi(x,\ \lambda)\psi(\xi,\ \lambda)f(\xi)\mathrm{d}\xi.\end{aligned}$$

若令

$$G(x,\ \xi,\ \lambda)=\begin{cases}\dfrac{-\varphi(\xi,\ \lambda)\psi(x,\ \lambda)}{\omega(\lambda)}, & 0\leqslant\xi\leqslant x\leqslant\pi,\\[2ex]\dfrac{-\varphi(x,\ \lambda)\psi(\xi,\ \lambda)}{\omega(\lambda)}, & 0\leqslant x\leqslant\xi\leqslant\pi,\end{cases}\tag{3.4.4}$$

则得

$$\Phi(x,\lambda)=\int_0^{\pi}G(x,\xi,\lambda)f(\xi)\mathrm{d}\xi,\tag{3.4.5}$$

由式 (3.4.4) 表出的积分核 $G(x,\ \xi,\ \lambda)$ 称为边值问题 (3.2.1) 和 (3.2.2) 的 (或算子 $\mathscr{L}$ 的) Green 函数, $\Phi(x,\ \lambda)$ 称为关于 $f(x)$ 的预解式.

不难验证 Green 函数具有如下性质:

(1) $G(x,\ \xi,\ \lambda)$ 是关于变量 $(x,\ \xi,\ \lambda)$ 在区域

$$0\leqslant x,\xi\leqslant\pi,\quad \lambda\neq\lambda_n\quad (\text{本征值})$$

上的连续函数, 对固定的 x, ξ 而言, 它是 λ 的半纯函数, 极点即为本征值 λ_n;

(2) $\dfrac{\partial G}{\partial x}(\xi+0,\ \xi,\ \lambda)-\dfrac{\partial G}{\partial x}(\xi-0,\ \xi,\ \lambda)=-1$;

(3) $G(x,\ \xi,\ \lambda)$ 作为 x 的函数, 当 $x\neq\xi$ 时满足 $l(G)=\lambda G$ 及边界条件 (3.2.2).

综上所述, 可得如下结论.

定理 3.4.1　若 λ 不为问题 (3.2.1) 和 (3.2.2) 的本征值, 则对任何 $f\in L^2[0,\ \pi]$, 非齐次边值问题 (3.4.1) 和 (3.4.2) 存在唯一解

$$\varPhi(x,\ \lambda)=\int_0^{\pi}G(x,\ \xi,\ \lambda)f(\xi)\mathrm{d}\xi,$$

其中 $G(x,\xi,\lambda)$ 为由式 (3.4.4) 表出的 Green 函数.

作为例子, 计算边值问题

$$\begin{cases}-y''=\lambda y,\\ y'(0)=y'(\pi)=0\end{cases}\tag{3.4.6}$$

的 Green 函数.

解　此时 $\varphi(x,\ \lambda)$, $\psi(x,\ \lambda)$ 应是方程 $y''+\lambda y=0$ 满足初始条件 $y(0)=1$, $y'(0)=0$ 及 $y(\pi)=1$, $y'(\pi)=0$ 的解. 从而得

$$\varphi(x,\ \lambda)=\cos\sqrt{\lambda}x,\quad \psi(x,\ \lambda)=\cos\sqrt{\lambda}(\pi-x).$$

于是

$$\omega(\lambda)=\begin{vmatrix}\cos\sqrt{\lambda}x & \cos\sqrt{\lambda}(\pi-x)\\ -\sqrt{\lambda}\sin\sqrt{\lambda}x & \sqrt{\lambda}\sin\sqrt{\lambda}(\pi-x)\end{vmatrix}=\sqrt{\lambda}\sin\sqrt{\lambda}\pi.$$

令 $\varGamma(x,\ \xi,\ \lambda)$ 表示问题 (3.4.6) 的 Green 函数, 则根据式 (3.4.4), 即可得

$$\varGamma(x,\ \xi,\ \lambda)=\begin{cases}\dfrac{-\cos\sqrt{\lambda}(\pi-x)\cos\sqrt{\lambda}\xi}{\sqrt{\lambda}\sin\sqrt{\lambda}\pi}, & 0\leqslant\xi\leqslant x\leqslant\pi,\\[2ex] \dfrac{-\cos\sqrt{\lambda}(\pi-\xi)\cos\sqrt{\lambda}x}{\sqrt{\lambda}\sin\sqrt{\lambda}\pi}, & 0\leqslant x\leqslant\zeta\leqslant\pi.\end{cases}\tag{3.4.7}$$

3.5　按本征函数展开

根据 3.2 节的讨论及定理 3.1.2 可知, 任何 S-L 问题 (3.2.1) 和 (3.2.2) 都存在一个正交的本征函数系. 于是自然就产生一个问题: 这个由本征函数组成的正交系是否完备? 它的 Fourier 展开式的收敛性质又是怎样的? 本节将讨论并解决这一问题.

令 $\Gamma_n(n=1,2,\cdots)$ 为 λ 复平面上的一族封闭曲线, 其定义见定理 3.2.2 的证明. 令 $\Gamma(x,\ \xi,\ \lambda)$ 表示边值问题 (3.4.6) 的 Green 函数, 其解析表示见式 (3.4.7).

引理 3.5.1 令

$$\sigma_n(x)=\frac{-1}{2\pi\mathrm{i}}\oint_{\Gamma_n}\int_0^{\pi}\Gamma(x,\ \xi,\ \lambda)f(\xi)\mathrm{d}\xi\mathrm{d}\lambda,$$

则 $\sigma_n(x)=\dfrac{C_0}{2}+\displaystyle\sum_{k=1}^{n}C_k\cos kx$, 其中

$$C_k=\frac{2}{\pi}\int_0^{\pi}f(\xi)\cos k\xi\mathrm{d}\xi\quad(k=0,\ 1,\ 2,\ \cdots).$$

证明 由表示式 (3.4.7) 知, $\Gamma(x,\ \xi,\ \lambda)$ 作为 λ 的函数, 在 Γ_n 内有 $n+1$ 个单重极点

$$\lambda_0=0,\lambda_1=1^2,\cdots,\lambda_n=n^2,$$

由留数定理知

$$\frac{-1}{2\pi\mathrm{i}}\int_0^{\pi}\Gamma(x,\ \xi,\ \lambda)f(\xi)\mathrm{d}\xi$$

沿闭路 Γ_n 的积分等于

$$-\int_0^{\pi}\Gamma(x,\ \xi,\ \lambda)f(\xi)\mathrm{d}\xi$$

在 Γ_n 内各极点留数的总和, 即

$$\begin{aligned}&\frac{-1}{2\pi\mathrm{i}}\oint_{\Gamma_n}\int_0^{\pi}\Gamma(x,\ \xi,\ \lambda)f(\xi)\mathrm{d}\xi\mathrm{d}\lambda\\&=-\sum_{k=0}^{n}\mathrm{Res}\left(\int_0^{\pi}\Gamma(x,\ \xi,\ \lambda_k)f(\xi)\mathrm{d}\xi\right)\\&=\sum_{k=0}^{n}\frac{1}{\omega'(\lambda_k)}\left[\int_0^{x}\cos\sqrt{\lambda_k}(\pi-x)\cos\sqrt{\lambda_k}\xi f(\xi)\mathrm{d}\xi\right.\\&\quad\left.+\int_x^{\pi}\cos\sqrt{\lambda_k}(\pi-\xi)\cos\sqrt{\lambda_k}xf(\xi)\mathrm{d}\xi\right].\end{aligned}$$

因为 $\omega(\lambda)=\sqrt{\lambda}\sin\sqrt{\lambda}\pi$ (见 3.4 节), 于是得

$$\omega'(\lambda)=\frac{1}{2\sqrt{\lambda}}\sin\sqrt{\lambda}\pi+\frac{\pi}{2}\cos\sqrt{\lambda}\pi,$$

由此求得

$$\omega'(\lambda_k)=\frac{\pi}{2}\cos k\pi=(-1)^k\frac{\pi}{2}\quad(k=1,\ 2,\ \cdots),$$

$$\omega'(\lambda_0)=\omega'(0)=\frac{\pi}{2}+\frac{\pi}{2}=\pi,$$

将它们代入上面的和式, 并注意 $\lambda_k=k^2$, 即得引理所求的结论. 证毕.

注意到 $L^2[0,\ \pi]$ 内的正交系 $\{\cos kx\}$ $(k=0,1,2,\cdots)$ 正是边值问题 (3.4.6) 的本征函数系. 因此引理 3.5.1 说明了式 (3.4.6) 的关于 $f(x)$ 的预解式乘以 $\dfrac{-1}{2\pi\mathrm{i}}$ 后沿闭路 $\varGamma_n$ 的积分 (或负预解式在 $\varGamma_n$ 内的留数和) 正好等于 $f(x)$ 按式 (3.4.6) 的本征函数系的 Fourier 展开式的前 $n+1$ 项部分和. 这一事实可以推广到一般的 S-L 问题 (3.2.1) 和 (3.2.2). 令 $\{\lambda_n\}$ $(n=0,1,2,\cdots)$ 为问题 (3.2.1) 和 (3.2.2) 按大小顺序排列的本征值序列, $\{\varphi(x,\ \lambda_n)\}$ 为相应的本征函数系, 再令

$$v_n(x)=\varphi(x,\ \lambda_n)\Big/\left[\int_0^{\pi}\varphi^2(x,\ \lambda_n)\mathrm{d}x\right]^{\frac{1}{2}}$$

为规一化的本征函数. 此外, 仍以 $G(x,\ \xi,\ \lambda)$ 和 $\varPhi(x,\ \lambda)$ 表示问题 (3.2.1) 和 (3.2.2) 的 Green 函数和关于 $f(x)$ 的预解式, 见式 (3.4.4) 及 (3.4.5).

引理 3.5.2　令

$$S_n(x)=\frac{-1}{2\pi\mathrm{i}}\oint_{\varGamma_n}\varPhi(x,\ \lambda)\mathrm{d}\lambda,$$

则

$$S_n(x)=\sum_{k=0}^{n}a_kv_k(x),$$

其中

$$a_k=\int_0^{\pi}f(\xi)v_k(\xi)\mathrm{d}\xi.$$

证明　由式 (3.4.4) 和 (3.4.5) 知, $\varPhi(x,\lambda)$ 的极点即为 $\omega(\lambda)$ 的零点, 再由定理 3.2.2 知, 在闭路 $\varGamma_n$ 内部 $\omega(\lambda)$ 有且仅有 $n+1$ 个零点 $\lambda_0,\ \lambda_1,\ \cdots,\ \lambda_n$, 于是由留数定理可得

$$\begin{aligned}S_n(x)&=\frac{-1}{2\pi\mathrm{i}}\oint_{\varGamma_n}\varPhi(x,\ \lambda)\mathrm{d}\lambda\\&=-\sum_{k=0}^{n}\mathrm{Res}\left[\int_0^{\pi}G(x,\ \xi,\ \lambda_k)f(\xi)\mathrm{d}\xi\right]\\&=\sum_{k=0}^{n}\frac{1}{\omega'(\lambda_k)}\left(\int_0^{x}\varphi(\xi,\ \lambda_k)\psi(x,\ \lambda_k)f(\xi)\mathrm{d}\xi\right.\\&\qquad\left.+\int_x^{\pi}\varphi(x,\ \lambda_k)\psi(\xi,\ \lambda_k)f(\xi)\mathrm{d}\xi\right),\end{aligned}$$

因为 λ_k 为本征值, 故 $\psi(x,\ \lambda_k)=\alpha_k\varphi(x,\ \lambda_k),\ \ \alpha_k\neq0$. 再由引理 3.2.2 知

$$\omega'(\lambda_k)=(\varphi(x,\ \lambda_k),\ \ \psi(x,\ \lambda_k))=\alpha_k(\varphi(x,\lambda_k),\varphi(x,\lambda_k)),$$

将这些关系代入上式, 即可将上式化为

$$\sum_{k=0}^{n} v_k(x)\int_0^{\pi} v_k(\xi)f(\xi)\mathrm{d}\xi = \sum_{k=0}^{n} a_k v_k(x).$$

证毕.

现在来考虑问题 (3.2.1) 和 (3.2.2) 的本征函数系在 $L^2[0,\ \pi]$ 内的完备性, 以及它的 Fourier 展开式在寻常逐点收敛意义下的收敛性问题. 注意到式 (3.4.6) 的本征函数系为 $\{\cos kx\}$ $(k=0,1,2,\cdots)$, 按照 Fourier 级数的一般理论知, 它是 $L^2[0,\ \pi]$ 内的一个完备正交系, 此外关于它的展开式的逐点收敛性质, 也已有了深入的讨论. 对于特殊的 S-L 问题 (3.4.6) 的本征函数系的性质是否具有一般性? 它能否推广到更一般的 S-L 问题的本征函数系的 Fourier 展开式上去? 这个问题的答案是肯定的. 其主要的理由是可以把一般的问题 (3.2.1) 和 (3.2.2) 比如在 $\sin\alpha\sin\beta\neq 0$ 的条件下, 看成是具体的问题 (3.4.6) 加上一个有界摄动 (在 $\sin\alpha\sin\beta=0$ 的情况下, 类似处理).

引理 3.5.3 设 $\sin\alpha\sin\beta\neq 0$, $G(x,\ \xi,\ \lambda)$ 和 $\Gamma(x,\ \xi,\ \lambda)$ 分别为式 (3.4.4) 和 (3.4.7) 表示的 Green 函数, $\lambda=s^2=(\sigma+\mathrm{i}t)^2$, 则在 Γ_n 上, 渐近式

$$G(x,\ \xi,\ \lambda)=\Gamma(x,\ \xi,\ \lambda)+O(|s|^{-2}\mathrm{e}^{-|t||x-\xi|})\quad(\lambda\to\infty)$$

对 x, ξ 一致成立.

证明 根据定理 3.2.2 的证明知

$$\omega(\lambda)=s\sin s\pi\sin\alpha\sin\beta+O(\mathrm{e}^{|t|\pi}).$$

同时在 Γ_n 上可有 $|\sin s\pi|>\dfrac{1}{4}\mathrm{e}^{|t|\pi}$. 从而可得

$$\omega(\lambda)=s\sin s\pi\sin\alpha\sin\beta(1+O(|s|^{-1})),$$

$$\frac{1}{\omega(\lambda)}=\frac{1}{s\sin s\pi\sin\alpha\sin\beta}(1+O(|s|^{-1})).$$

再由引理 3.2.1 可知

$$\psi(x,\ \lambda)=\cos s(\pi-x)\sin\beta+O(|s|^{-1}\mathrm{e}^{|t|(\pi-x)}),$$

$$\varphi(\xi,\ \lambda)=\cos s\xi\sin\alpha+O(|s|^{-1}\mathrm{e}^{|t|\xi}).$$

于是

$$\psi(x,\ \lambda)\varphi(\xi,\ \lambda)=\cos s(\pi-x)\cos s\xi\sin\alpha\sin\beta+O(|s|^{-1}\mathrm{e}^{|t|(\pi-x+\xi)}).$$

因此, 在 Γ_n 上有

$$\frac{\psi(x,\ \lambda)\varphi(\xi,\ \lambda)}{\omega(\lambda)}=\frac{\cos s(\pi-x)\cos s\xi}{s\sin s\pi}+O(|s|^{-2}\mathrm{e}^{-|t|(x-\xi)}).$$

同理, 可有

$$\frac{\varphi(x,\ \lambda)\psi(\xi,\ \lambda)}{\omega(\lambda)}=\frac{\cos s(\pi-\xi)\cos sx}{s\sin s\pi}+O(|s|^{-2}\mathrm{e}^{-|t|(\xi-x)}).$$

由于引理 3.2.1 的渐近式对 x, ξ 是一致的, 因此, 上述渐近式也对 x, ξ 一致. 证毕.

定理 3.5.1　若 $f(x)$ 在 $[0,\ \pi]$ 上 L 可积, 则 $S_n(x)$ 与 $\sigma_n(x)$ 等度收敛, 即在 $0\leqslant x\leqslant\pi$ 上一致有

$$\lim_{n\to\infty}(S_n(x)-\sigma_n(x))=0.$$

证明　本定理的证明仍在 $\sin\alpha\sin\beta\neq0$ 的条件下进行. 在 $\sin\alpha\sin\beta=0$ 的各种情况下, 问题 (3.4.6) 的边界条件需作相应的更换, 从而 $\sigma_n(x)$ 以及 $S_n(x)$ 亦需有变动. 然而不论在何种情况, 定理的证明步骤并无实质性的变化.

由引理 3.5.1~ 引理 3.5.3 可知

$$\begin{aligned}S_n(x)-\sigma_n(x)&=\frac{-1}{2\pi\mathrm{i}}\oint_{\Gamma_n}\int_0^{\pi}(G(x,\ \xi,\ \lambda)-\Gamma(x,\ \xi,\ \lambda))f(\xi)\mathrm{d}\xi\mathrm{d}\lambda\\&=\frac{1}{2\pi\mathrm{i}}\oint_{\Gamma_n}\left[\int_0^{x}O(|s|^{-2}\mathrm{e}^{-|t|(x-\xi)})f(\xi)\mathrm{d}\xi\right.\\&\qquad\left.+\int_x^{\pi}O(|s|^{-2}\mathrm{e}^{-|t|(\xi-x)})f(\xi)\mathrm{d}\xi\right]\mathrm{d}\lambda.\end{aligned}$$

若令 $\gamma_n=\gamma_n'\cup\gamma_n''$ 为 $s=\sigma+\mathrm{i}t$ 平面上的如下点集:

$$\gamma_n'=\left\{s=\sigma+\mathrm{i}t\,\middle|\,|\sigma|=n+\frac{1}{2},\quad -n\leqslant t\leqslant n\right\},$$

$$\gamma_n''=\left\{s=\sigma+\mathrm{i}t\,\middle|\,|\sigma|\leqslant n+\frac{1}{2},\quad t=|n|\right\},$$

则知在 $\lambda=s^2$ 映射下, γ_n 为 Γ_n 在 s 平面的原像, 于是上式沿 Γ_n 的积分便可转化为 s 平面上沿 γ_n 的积分, 从而可得

$$\begin{aligned}S_n(x)-\sigma_n(x)=&\,O\left[\int_{\gamma_n}\frac{1}{|s|}\int_0^{x}\mathrm{e}^{-|t|(x-\xi)}|f(\xi)|\mathrm{d}\xi|\mathrm{d}s|\right]\\&+O\left[\int_{\gamma_n}\frac{1}{|s|}\int_x^{\pi}\mathrm{e}^{-|t|(\xi-x)}|f(\xi)|\mathrm{d}\xi|\mathrm{d}s|\right].\end{aligned}$$

上式两部分估值无实质的差异, 仅讨论其一:

$$O\left[\int_{\gamma_n}\frac{1}{|s|}\int_0^{x}\mathrm{e}^{-|t|(x-\xi)}|f(\xi)|\mathrm{d}\xi|\mathrm{d}s|\right]$$

$$= O\left[\int_{\gamma_n}\frac{1}{|s|}\int_0^{x-\delta}\mathrm{e}^{-|t|\delta}|f(\xi)|\mathrm{d}\xi|\mathrm{d}s|\right] + O\left[\int_{\gamma_n}\frac{1}{|s|}\int_{x-\delta}^{x}|f(\xi)|\mathrm{d}\xi|\mathrm{d}s|\right]$$

$$= O\left[\int_{\gamma_n}\mathrm{e}^{-\delta|t|}\frac{|\mathrm{d}s|}{|s|}\right] + O\left[\int_{x-\delta}^{x}|f(\xi)|\mathrm{d}\xi\right].$$

上式中的第二部分, 由于 $f(\xi)$ 的 L 可积假设, 其 L 积分是绝对连续的, 于是只需取 δ 足够小, 即可使它的绝对值小于任给的 ε. 而对于固定的 δ, 上式中的第一部分

$$O\left[\int_{\gamma_n}\mathrm{e}^{-\delta|t|}\frac{|\mathrm{d}s|}{|s|}\right] = O\left[\int_{\gamma_n'}\mathrm{e}^{-\delta|t|}\frac{|\mathrm{d}s|}{|s|} + \int_{\gamma_n''}\mathrm{e}^{-\delta|t|}\frac{|\mathrm{d}s|}{|s|}\right]$$

$$= O\left[\frac{1}{n}\int_0^{n}\mathrm{e}^{-\delta t}\mathrm{d}t + \frac{1}{n}\int_0^{n+\frac{1}{2}}\mathrm{e}^{-\delta n}\mathrm{d}\sigma\right]$$

$$= O\left(\frac{1}{n\delta}\right) + O(\mathrm{e}^{-\delta n}) \to 0 \quad (n \to \infty).$$

这就证明了当 $n \to \infty$ 时, $S_n(x) - \sigma_n(x) \to 0$, 且收敛是对 $0 \leqslant x \leqslant \pi$ 一致的. 证毕.

推论 3.5.1 若 $\sin\alpha\sin\beta \neq 0$, 则 $[0, \pi]$ 上的任一 L 可积函数 $f(x)$ 按问题 (3.2.1) 和 (3.2.2) 的本征函数系 $\{v_k(x)\}$(已规一) 的 Fourier 展开式

$$\sum_{k=0}^{\infty} a_k v_k(x) \quad \left(a_k = \int_0^{\pi} f(\xi)v_k(\xi)\mathrm{d}\xi\right)$$

与 $f(x)$ 按余弦函数的展开式

$$\frac{C_0}{2} + \sum_{k=1}^{\infty} C_k\cos kx \quad \left(C_k = \frac{2}{\pi}\int_0^{\pi} f(\xi)\cos k\xi\mathrm{d}\xi\right)$$

是同等收敛的, 特别是, 若

$$f(x) = \frac{C_0}{2} + \sum_{k=1}^{\infty} C_k\cos kx,$$

则

$$f(x) = \sum_{k=0}^{\infty} a_k v_k(x).$$

定理 3.5.2 S-L 问题 (3.3.1) 和 (3.3.2) 的本征函数全体 $\{v_k(x)\}(k = 0, 1, 2, \cdots)$ 是 $L^2[0, \pi]$ 内的一族完备的正交系, 亦即对任何 $f(x) \in L^2[0, \pi]$, 按 $\{v_k(x)\}$(假定已规一化) 的 Fourier 展开式 $\sum\limits_{k=0}^{\infty} a_k v_k(x)$ 满足:

(1) $\lim_{n\to\infty}\int_0^{\pi}\left|f(x)-\sum_{k=0}^{n}a_k v_k(x)\right|^2\mathrm{d}x=0;$

(2) $\int_0^{\pi}|f(x)|^2\mathrm{d}x=\sum_{k=0}^{\infty}|a_k|^2.$

证明 根据 1.3 节的讨论知, (1), (2) 是等价的, 下面仅对 (1) 证明. 与前面所有的命题相同, 证明仍在

$$\sin\alpha\sin\beta\neq 0$$

的假定下进行.

设 $S_n(x)$, $\sigma_n(x)$ 的意义同定理 3.5.1, 考虑

$$I_n^2=\int_0^{\pi}|f(x)-S_n(x)|^2\mathrm{d}x=\int_0^{\pi}|f-\sigma_n+\sigma_n-S_n|^2\mathrm{d}x,$$

根据三角不等式, 可得

$$I_n\leqslant\left[\int_0^{\pi}|f-\sigma_n|^2\mathrm{d}x\right]^{\frac{1}{2}}+\left[\int_0^{\pi}|\sigma_n-S_n|^2\mathrm{d}x\right]^{\frac{1}{2}}.$$

令 $n\to\infty$, 按 Fourier 级数的一般理论知, $\{\cos kx\}$ 是 $L^2[0,\ \pi]$ 内的完备系, 从而知不等式右端第一部分趋于 0, 再由定理 3.5.1 知, 第二部分亦趋于 0, 这就证明了 (1). 证毕.

定理 3.5.3 令 $G(x,\xi,\lambda)$ 为问题 (3.2.1) 和 (3.2.2) 的 Green 函数, $\{\lambda_n\}$ 与 $\{v_n(x)\}(n=0,1,\cdots)$ 分别为本征值与 (规一的) 本征函数系, 则

$$G(x,\ \xi,\ \lambda)=\sum_{n=0}^{\infty}\frac{v_n(x)v_n(\xi)}{\lambda_n-\lambda},$$

展开式在 $0\leqslant x,\xi\leqslant\pi$ 上绝对一致收敛.

证明 由 3.4 节的讨论知, 对于固定的 x, λ, $G(x,\ \xi,\ \lambda)$ 在 $[0,\ \pi]$ 上为 ξ 的连续函数, 且 $\dfrac{\partial G}{\partial\xi}$ 分段连续. 根据 Fourier 分析中熟知的定理: 逐段光滑函数 $f(x)$ 的 Fourier 展开式在 $[-\pi,\ \pi]$ 上绝对一致收敛到

$$\frac{f(x-0)+f(x+0)}{2},$$

以及定理 3.5.1, 即知 $G(x,\ \xi,\ \lambda)$ 按本征函数系 $\{v_n(\xi)\}$ 的 Fourier 展开式

$$\sum_{n=0}^{\infty}A_n(x,\ \lambda)v_n(\xi)$$

在 $0\leqslant\xi\leqslant\pi$ 上绝对一致收敛于 $G(x,\ \xi,\ \lambda)$, 即

$$G(x,\ \xi,\ \lambda)=\sum_{n=0}^{\infty}A_n(x,\ \lambda)v_n(\xi),$$

这里

$$A_n(x,\ \lambda)=\int_0^{\pi} G(x,\ \xi,\ \lambda)v_n(\xi)\mathrm{d}\xi.$$

注意到假若在非齐次边值问题 (3.4.1) 和 (3.4.2) 中令 $f(x)=(\lambda_n-\lambda)v_n(x)$, 则所得的唯一解显然为 $v_n(x)$, 故利用定理 3.4.1, 可得

$$v_n(x)=(\lambda_n-\lambda)\int_0^{\pi} G(x,\ \xi,\ \lambda)v_n(\xi)\mathrm{d}\xi,$$

从而求得

$$A_n(x,\ \lambda)=\frac{v_n(x)}{\lambda_n-\lambda},$$

于是得到等式

$$G(x,\ \xi,\ \lambda)=\sum_{n=0}^{\infty}\frac{v_n(x)v_n(\xi)}{\lambda_n-\lambda}.$$

根据本征值 λ_n 及本征函数的渐近式 (见 3.2 节)

$$\lambda_n=(n-1)^2\left[1+O\left(\frac{1}{n^2}\right)\right],$$

$$v_n(x)=\sqrt{\frac{2}{\pi}}\cos(n-1)x+O\left(\frac{1}{n}\right),$$

可推出

$$\left|\frac{v_n^2(x)}{\lambda_n-\lambda}\right|=O\left(\frac{1}{n^2}\right)$$

对 $0\leqslant x\leqslant\pi$ 一致成立. 这说明 $\displaystyle\sum_{n=0}^{\infty}\frac{v_n^2(x)}{|\lambda_n-\lambda|}$ 在 $0\leqslant x\leqslant\pi$ 上一致收敛, 因此对于任给的 $\varepsilon>0$, $\exists N$, 当 $m\geqslant l\geqslant N$ 时, 就有

$$\sum_{n=l}^{m}\frac{v_n^2(x)}{|\lambda_n-\lambda|}<\varepsilon.$$

从而可有

$$\begin{aligned}\left|\sum_{n=l}^{m}\frac{v_n(x)v_n(\xi)}{\lambda_n-\lambda}\right| &\leqslant\sum_{n=l}^{m}\frac{|v_n(x)v_n(\xi)|}{|\lambda_n-\lambda|}\\ &\leqslant\left(\sum_{n=l}^{m}\frac{v_n^2(x)}{|\lambda_n-\lambda|}\right)^{\frac{1}{2}}\left(\sum_{n=l}^{m}\frac{v_n^2(\xi)}{|\lambda_n-\lambda|}\right)^{\frac{1}{2}}<\varepsilon,\end{aligned}$$

这就说明了展开式

$$G(x,\ \xi,\ \lambda)=\sum_{n=0}^{\infty}\frac{v_n(x)v_n(\xi)}{\lambda_n-\lambda}$$

在 $0 \leqslant x, \xi \leqslant \pi$ 上绝对一致收敛. 证毕.

推论 3.5.2　由式 (3.4.5) 表示的预解式 $\Phi(x,\ \lambda)$ 有展开式

$$\Phi(x, \lambda) = \sum_{n=0}^{\infty} \frac{a_n v_n(x)}{\lambda_n - \lambda},$$

其中 $\lambda \neq \lambda_n$, $a_n = \int_0^{\pi} f(\xi) v_n(\xi) \mathrm{d}\xi$.

证明只需将定理 3.5.3 应用于式 (3.4.5) 即得. 推论告诉了我们, 应用本征函数系来求解非齐次边值问题 (3.4.1) 和 (3.4.2) 的方法与原理在实际的应用中是非常重要的.

例 3.5.1　讨论 S-L 问题

$$\begin{cases} y'' + \lambda y = 0, \\ y(0) = y(\pi)\cos\beta + y'(\pi)\sin\beta = 0 \end{cases}$$

的本征值与按本征函数的展开式.

解　令 $\lambda = s^2$, 则可得方程的通解

$$y = C_1 \cos sx + C_2 \sin sx,$$

代入初始条件 $y(0,\ \lambda) = 0$, $y'(0,\ \lambda) = 1$ 及

$$y(\pi,\ \lambda) = \sin\beta, \quad y'(\pi,\ \lambda) = -\cos\beta$$

中, 可分别求得

$$\varphi(x,\ \lambda) = \frac{\sin sx}{s},$$

$$\psi(x,\ \lambda) = \cos s(\pi - x)\sin\beta + \frac{\sin s(\pi - x)}{s}\cos\beta,$$

于是得

$$\omega(\lambda) = \begin{vmatrix} \varphi(\pi,\ \lambda) & \varphi'(\pi,\ \lambda) \\ \sin\beta & -\cos\beta \end{vmatrix} = -\frac{\sin s\pi}{s}\cos\beta - \cos s\pi \sin\beta.$$

若 $\cos\beta = 0$, 则求得 $\omega(\lambda)$ 的零点 (本征值) 为

$$\lambda_n = \left(n + \frac{1}{2}\right)^2 \quad (n = 0,\ 1,\ \cdots),$$

相应的本征函数 (规一) 为

$$v_n(x) = \sqrt{\frac{2}{\pi}} \sin\left(n + \frac{1}{2}\right)x,$$

从而对任一 $f(x) \in L^2[0, \pi]$, 可得到按本征函数的展开式为

$$f(x) = \frac{2}{\pi}\sum_{n=0}^{\infty} \sin\left(n+\frac{1}{2}\right)x\int_0^{\pi} f(\xi)\sin\left(n+\frac{1}{2}\right)\xi \mathrm{d}\xi.$$

若 $\cos\beta \neq 0$, 令 $s\pi = z$, 则 $\omega(\lambda) = 0$ 等价于超越方程

$$\frac{\tan z}{z} = a \quad \left(a = -\frac{\tan\ \beta}{\pi}\right).$$

显然, 当且仅当

$$a = -\frac{\tan\ \beta}{\pi} = 1$$

时, 方程有根 $z = 0$. 对于一切非零根, 方程等价于

$$\tan z = az.$$

该方程的根等于曲线 $y = \tan z$ 与 $y = az$ 的交点的 z 坐标, 显然, 这样的交点在任何周期区间 $\left(n\pi - \frac{\pi}{2},\ n\pi + \frac{\pi}{2}\right)$ 内有且仅有一个.

为了探究负本征值的存在, 就需研究方程 $\tan z = az$ 的纯虚根, 为此令 $z = x + y\mathrm{i}$, 注意到

$$\tan\,(x + y\mathrm{i}) = \frac{\sin x\ \mathrm{ch}\ y + \mathrm{i}\cos x\ \mathrm{sh}\ y}{\cos x\ \mathrm{ch}\ y - \mathrm{i}\sin x\ \mathrm{sh}\ y},$$

于是方程可以化成等价的方程组

$$\begin{cases} ax = \dfrac{\sin x\cos x}{\cos^2 x + \mathrm{sh}^2 y}, \\ ay = \dfrac{\mathrm{sh}\ y\ \mathrm{ch}\ y}{\cos^2 x + \mathrm{sh}^2 y}. \end{cases}$$

若令 $x = 0$, 则可得到 y 满足

$$\frac{\mathrm{sh}\ y}{y\mathrm{ch}\ y} = a,$$

等式左端为一偶函数, 因此仅需考虑 $y \geqslant 0$ 的部分. 因为

$$\lim_{y\to 0^+}\frac{\mathrm{sh}\ y}{y\mathrm{ch}\ y} = 1, \quad \lim_{y\to\infty}\frac{\mathrm{sh}\ y}{y\mathrm{ch}\ y} = 0,$$

且

$$\frac{\mathrm{d}}{\mathrm{d}y}\left(\frac{\mathrm{sh}\ y}{y\mathrm{ch}\ y}\right) = \frac{y - \mathrm{sh}\ y\ \mathrm{ch}\ y}{y^2\mathrm{ch}^2\ y} < 0,$$

这说明当且仅当 $0 < a < 1$ 时, 方程有一对共轭纯虚根, 亦即问题有一个负本征值. 归纳起来, 即得到结论:

当 $-\dfrac{\tan\beta}{\pi}=1$, 问题有一个 0 本征值;

当 $0<-\dfrac{\tan\beta}{\pi}<1$, 问题有一个负本征值.

在其余情况下, 本征值都为正数. 令问题的全部本征值为 $\{\lambda_k\}$ $(k=0,1,2,\cdots)$, 于是对任一 $f(x)\in L^2[0,\ \pi]$, 按本征函数的展开式为 (见引理 3.5.2)

$$f(x)=\sum_{k=0}^{\infty}\frac{\alpha_k}{\omega'(\lambda_k)}\varphi(x,\ \lambda_k)\int_0^{\pi}\varphi(\xi,\ \lambda_k)f(\xi)\mathrm{d}\xi,$$

这里

$$\begin{aligned}\omega'(\lambda_k)&=-\frac{\mathrm{d}}{\mathrm{d}s}\left(\frac{\sin s\pi}{s}\cos\beta+\cos s\pi\sin\beta\right)\frac{\mathrm{d}s}{\mathrm{d}\lambda}\bigg|_{s=\sqrt{\lambda_k}}\\&=-\cos\beta\cos\sqrt{\lambda_k}\pi\left(\frac{\pi}{2\lambda_k}+\frac{1}{2\lambda_k}\tan\beta+\frac{\pi}{2}\tan^2\beta\right),\end{aligned}$$

同时,

$$\begin{aligned}\alpha_k=\frac{\psi(x,\ \lambda_k)}{\varphi(x,\ \lambda_k)}&=\sqrt{\lambda_k}\sin\beta\sin\sqrt{\lambda_k}\pi-\cos\beta\cos\sqrt{\lambda_k}\pi\\&=-\cos\beta\cos\sqrt{\lambda_k}\pi\left(1+\lambda_k\tan^2\beta\right),\end{aligned}$$

$$\varphi(x,\ \lambda_n)=\frac{\sin\sqrt{\lambda_k}x}{\sqrt{\lambda_k}}$$

代入展开式, 即得

$$f(x)=\frac{2}{\pi}\sum_{k=0}^{\infty}\frac{1+\lambda_k\tan^2\beta}{1+\dfrac{1}{\pi}\tan\beta+\lambda_k\tan^2\beta}\times\sin\sqrt{\lambda_k}x\int_0^{\pi}\sin\sqrt{\lambda_k}\xi f(\xi)\mathrm{d}\xi.$$

3.6　高阶自伴微分算子的预解式

本节要推广上面讨论的结果, 考虑 $L^2[a,\ b]$ 内由 $[a,b]$ 上的 n 阶微分算式

$$l(y)=p_0(x)y^{(n)}+p_1(x)y^{(n-1)}+\cdots+p_n(x)y \tag{3.6.1}$$

及边界条件组

$$U_i(y)=\sum_{k=1}^{n}(a_{ik}y^{(k-1)}(a)+b_{ik}y^{(k-1)}(b))=0\quad(i=1,2,\cdots,n) \tag{3.6.2}$$

所规定的微分算子 $\mathscr{L}$. 假定微分算式 (3.6.1) 满足定理 2.3.1 的条件, 边界条件 (3.6.2) 满足定理 2.5.5 的条件, 则 $\mathscr{L}$ 便是 $L^2[a,\ b]$ 内的一个自伴算子. 为简便计, 以后仍以矢量形式 $U(y)=0$ 记边界条件 (3.6.2).

令 $\varphi_j(x,\lambda)$ $(j=1,2,\cdots,n)$ 表示微分方程 $l(y)=\lambda y$ 满足初始条件

$$\varphi_j^{(k-1)}(a,\ \lambda)=\delta_{jk}\quad (j,\ k=1,\ 2,\ \cdots,\ n)$$

的一组解. 令

$$y(x,\ \lambda)=\sum_{r=1}^{n}C_r\varphi_r(x,\lambda),$$

其中 C_r 为常数, 代入边界条件 (3.6.2) 中, 得

$$U_i(y)=U_i\left(\sum_{r=1}^{n}C_r\varphi_r(x,\lambda)\right)=\sum_{r=1}^{n}C_rU_i(\varphi_r(x,\lambda))=0\quad (i=1,2,\cdots,n).$$

这是 $C_1,C_2,\cdots,C_n$ 所满足的一个齐次线性方程组, 令

$$\omega(\lambda)=\det[U_i(\varphi_r(x,\lambda))]\quad (i,r=1,2,\cdots,n).$$

则上述方程组存在非平凡解的充要条件为 $\omega(\lambda)=0$. 与 3.2 节中的论述类同, 可得如下推论.

引理 3.6.1 λ_0 为自伴微分算子 $\mathscr{L}$ 的本征值的充要条件是: 它为 $\omega(\lambda)$ 的零点.

基于解对参数的依赖性质, 可知 $U_i(\varphi_r(x,\lambda))$ 均为 λ 的整函数, 因此 $\omega(\lambda)$ 也为 λ 的整函数. 又因为一切非实复数不可能是自伴算子的本征值, 所以也不可能为 $\omega(\lambda)$ 的零点. 这说明 $\omega(\lambda)$ 是一个不恒等于 0 的整函数, 于是根据整函数的零点分布性质, 即可得如下推论.

推论 3.6.1 $\mathscr{L}$ 最多只有可数个实的本征值, 并且它们没有有限值的聚点.

为了研究算子 $\mathscr{L}$ 的谱, 需要先讨论它的预解算子 $(\mathscr{L}-\lambda I)^{-1}$ 并求出它的解析形式.

对于任意的 $f(x)\in L^2[a,b]$, 考虑非齐次的边值问题

$$\begin{cases} l(y)=\lambda y+f(x), \\ U(y)=0. \end{cases}\tag{3.6.3}$$

令 $u(x,\lambda)=\sum\limits_{r=1}^{n}C_r(x,\lambda)\varphi_r(x,\lambda)$ 为方程 (3.6.3) 的一个特解, 其中 $C_r(x,\lambda)$ 为待定函数. 由熟知的常数变易法, 可得 $C_r'(x,\lambda)$ 满足方程组

$$\sum_{r=1}^{n}C_r'(x,\lambda)\varphi_r^{(k-1)}(x,\lambda)=0\quad (k=1,2,\cdots,n-1).$$

$$p_0(x)\sum_{r=1}^{n} C_r'(x,\lambda)\varphi_r^{(n-1)}(x,\lambda) = f(x).$$

令

$$W(x) = \det[\varphi_r^{(k-1)}(x,\lambda)] \quad (r,k=1,2,\cdots,n),$$

则根据熟知的 Liouville 公式知

$$W(x) = W(a)\exp\left[\int_a^x \frac{-p_1(\xi)}{p_0(\xi)}\mathrm{d}\xi\right] > 0,$$

于是知上述方程组的系数行列式 $p_0(x)W(x)\neq 0$, 因此 $C_r'(x,\lambda)$ 恒可解出, 经过适当的计算, 可得到

$$u(x,\lambda) = \int_a^b K(x,\xi,\lambda)f(\xi)\mathrm{d}\xi,$$

其中

$$K(x,\xi,\lambda) = \begin{cases} \dfrac{Z(x,\xi,\lambda)}{p_0(\xi)W(\xi)}, & a\leqslant \xi\leqslant x\leqslant b, \\ 0, & a\leqslant x\leqslant \xi\leqslant b, \end{cases}$$

$$Z(x,\xi,\lambda)\begin{vmatrix} \varphi_1(\xi,\lambda) & \cdots & \varphi_n(\xi,\lambda) \\ \varphi_1'(\xi,\lambda) & \cdots & \varphi_n'(\xi,\lambda) \\ \vdots & & \vdots \\ \varphi_1^{(n-2)}(\xi,\lambda) & \cdots & \varphi_n^{(n-2)}(\xi,\lambda) \\ \varphi_1(x,\lambda) & \cdots & \varphi_n(x,\lambda) \end{vmatrix}.$$

由 $K(x,\xi,\lambda)$ 的表达式, 可验证有如下性质:

(1) 因为

$$\frac{\partial^j}{\partial x^j}K(\xi+0,\xi,\lambda) = 0 \quad (j=0,1,\cdots,n-2),$$

所以

$$\frac{\partial^j}{\partial x^j}K(x,\xi,\lambda) \quad (j=0,1,\cdots,n-2)$$

是 (x,ξ,λ) 在 $[a,b]\times[a,b]\times C$ 上的连续函数, 且对于固定的 (x,ξ), 是 λ 的全纯函数. 这里 C 表示复平面;

(2) $\dfrac{\partial^{n-1}}{\partial x^{n-1}}K(\xi+0,\xi,\lambda) - \dfrac{\partial^{n-1}}{\partial x^{n-1}}K(\xi-0,\xi,\lambda) = \dfrac{1}{p_0(\xi)}$;

(3) 作为 x 的函数, 当 $x\neq\xi$ 时, 满足

$$l(K) = \lambda K.$$

综上讨论, 得到方程 (3.6.3) 的通解

$$y(x,\lambda)=\int_a^b K(x,\xi,\lambda)f(\xi)\mathrm{d}\xi+\sum_{r=1}^n C_r\varphi_r(x,\lambda),$$

其中 C_r 为任意常数. 为了求得上述非齐次边值问题的解, 将上面通解 $y(x,\lambda)$ 代入到边界条件 (3.6.2) 中, 得到

$$\sum_{r=1}^n C_rU_j(\varphi_r)=-\int_a^b U_j(K)f(\xi)\mathrm{d}\xi\quad(j=1,2,\cdots,n).$$

在上述关于 C_r 的方程组中, 系数行列式

$$\det[U_j(\varphi_r)]=\omega(\lambda).$$

这就说明了若 λ 不为 $\omega(\lambda)$ 的零点, 则系数 $C_r(r=1,2,\cdots,n)$ 有唯一解, 并且

$$C_r=\frac{1}{\omega(\lambda)}\int_a^b A_r(\xi,\lambda)f(\xi)\mathrm{d}\xi\quad(r=1,2,\cdots,n),$$

其中

$$A_r(\xi,\lambda)=-\begin{vmatrix} U_1(\varphi_1) & \cdots & U_1(K) & \cdots & U_1(\varphi_n)\\ U_2(\varphi_1) & \cdots & U_2(K) & \cdots & U_2(\varphi_n)\\ \vdots & & \vdots & & \vdots\\ U_n(\varphi_1) & \cdots & U_n(K) & \cdots & U_n(\varphi_n)\end{vmatrix}\ (\text{第 } r \text{ 列为 } U_j(K)).$$

从而得

$$y(x,\lambda)=\int_a^b\left[K(x,\xi,\lambda)+\sum_{r=1}^n\frac{A_r(\xi,\lambda)}{\omega(\lambda)}\varphi_r(x,\lambda)\right]f(\xi)\mathrm{d}\xi.$$

若令

$$\sum_{r=1}^n A_r(\xi,\lambda)\varphi_r(x,\lambda)=\begin{vmatrix} U_1(\varphi_1) & \cdots & U_1(\varphi_n) & U_1(K)\\ U_2(\varphi_1) & \cdots & U_2(\varphi_n) & U_2(K)\\ \vdots & & \vdots & \vdots\\ U_n(\varphi_1) & \cdots & U_n(\varphi_n) & U_n(K)\\ \varphi_1(x,\lambda) & \cdots & \varphi_n(x,\lambda) & 0\end{vmatrix}\equiv B(x,\xi,\lambda).$$

$$K(x,\xi,\lambda)+\frac{1}{\omega(\lambda)}B(x,\xi,\lambda)=G(x,\xi,\lambda),$$

则得非齐次边值问题的唯一解

$$\varPhi(x,\lambda)=\int_a^b G(x,\xi,\lambda)f(\xi)\mathrm{d}\xi. \tag{3.6.4}$$

表达式 (3.6.4) 说明了预解算子 $(\mathscr{L}-\lambda I)^{-1}$ 是一个积分算子, 其积分核 $G(x,\xi,\lambda)$ 称为 Green 函数. 若令

$$\varOmega=\{\lambda\in C\mid\omega(\lambda)\neq 0\},$$

则综合以上分析可得下面的定理.

定理 3.6.1 若 λ 不是自伴微分算子 $\mathscr{L}$ 的本征值, 则对任意的 $f\in L^2[a,b]$, 方程

$$(\mathscr{L}-\lambda I)y=f$$

存在唯一解

$$\varPhi(x,\lambda)=\int_a^b G(x,\xi,\lambda)f(\xi)\mathrm{d}\xi,$$

其中 $G(x,\xi,\lambda)$ 为定义在 $[a,b]\times[a,b]\times\varOmega$ 上的函数, 满足下列性质:

(1) $\dfrac{\partial^k G}{\partial x^k}$, 当 $k=0,1,\cdots,n-2$ 时, 在 $[a,b]\times[a,b]\times\varOmega$ 上连续, 当 $k=n-1,n$ 时, 在 $(a\leqslant\xi\leqslant x\leqslant b)\times\varOmega$ 及 $(a\leqslant x\leqslant\xi\leqslant b)\times\varOmega$ 上连续. 对于固定的 (x,ξ), 它们都是 λ 的半纯函数, 极点即为 $\mathscr{L}$ 的本征值;

(2) $\dfrac{\partial^{n-1}}{\partial x^{n-1}}G(\xi+0,\xi,\lambda)-\dfrac{\partial^{n-1}}{\partial x^{n-1}}G(\xi-0,\xi,\lambda)=\dfrac{1}{p_0(\xi)}$;

(3) 作为 x 的函数, 当 $x\neq\xi$ 时, 满足方程

$$l(G)=\lambda G;$$

(4) 作为 x 的函数, 满足边界条件 $U(G)=0$. 定理的证明只需应用 $G(x,\xi,\lambda)$ 的表达式及 $K(x,\xi,\lambda)$ 的性质即可完成, 这里从略.

3.7 对称全连续算子的谱分解

为了得到一般常型 n 阶自伴微分算子的本征值分布和按本征函数系展开式的有关性质, 需要先来研究 Hilbert 空间内对称全连续算子的谱分解.

定义 3.7.1 设 A 为 Hilbert 空间 H 内的有界线性算子, 若对于 H 内的任一有界无穷列 $\{u_n\}$, 序列 $\{Au_n\}$ 恒有收敛子列, 则 A 称为 H **内的一个全连续算子.**

由定义可知, H 内的全连续算子乃是将 H 内的任何有界集映为紧集的有界算子. 若一个全连续算子同时又是对称算子, 则称为**对称全连续算子.**

定理 3.7.1 设 A 为对称全连续算子, 则 A 必有本征值 μ, 使得 $|\mu| = \|A\|$.

证明 因 A 为对称算子, 由定理 1.4.4 知

$$\|A\| = \sup_{\|u\|=1} |(Au, u)|.$$

于是有序列 $\{u_n\} \subset H$, $\|u_n\| = 1$, 使

$$\lim_{n\to\infty} |(Au_n, u_n)| = \|A\|.$$

令

$$\lim_{n\to\infty} (Au_n, u_n) = \mu,$$

则 μ 或等于 $\|A\|$, 或等于 $-\|A\|$. 在下面讨论中恒设 $\|A\| > 0$, 因若不然, 则 A 为 0 算子, 命题自然成立.

由于

$$0 \leqslant \|Au_n - \mu u_n\|^2 = \|Au_n\|^2 - 2\mu(Au_n, u_n) + \mu^2 \|u_n\|^2,$$

又因

$$\|Au_n\|^2 \leqslant \|A\|^2 \|u_n\|^2 = \mu^2, \quad (Au_n, u_n) = \mu + \varepsilon_n \quad (\varepsilon_n \to 0), \quad \|u_n\|^2 = 1,$$

可得

$$\|Au_n - \mu u_n\|^2 \leqslant -2\mu\varepsilon_n \to 0 \quad (n \to \infty).$$

由于

$$\|Au_n\| \leqslant \mu^2,$$

这说明 $\{Au_n\}$ 为一有界列. 根据 A 为全连续算子的假设知, $\{Au_n\}$ 有一收敛子列, 不妨碍一般, 可设 $\{Au_n\}$ 即为收敛列, 并令 $Au_n \to v$ $(n \to \infty)$, 则得

$$\left\|u_n - \frac{1}{\mu}v\right\| \leqslant \left|\frac{1}{\mu}\right| \|Au_n - \mu u_n\| + \left|\frac{1}{\mu}\right| \|Au_n - v\| \to 0.$$

由此知 $\{u_n\}$ 亦为收敛列, 且 $u_n \to \dfrac{1}{\mu}v$. 我们同时可推断 $v \neq 0$, 因若不然, 则必须 $u_n \to 0$, 但 $\|u_n\| = 1$, 故这是不可能的. 综合以上讨论, 再根据算子 A 的连续性, 得

$$Au_n \to A\left(\frac{1}{\mu}v\right) = \frac{1}{\mu}Av,$$

从而得 $\dfrac{1}{\mu}Av = v$, 即 $Av = \mu v$. 这就说明了 μ 是 A 的本征值, v 为本征函数. 证毕.

上述定理说明了, 对于对称的全连续算子, 极值问题:

"找出 $v \in H$, $\|v\|=1$, 使得 $|(Av,\ v)|=\|A\|$" 恒有解, 并且其解 v 即为本征函数, (Av,v) 为本征值.

今设 μ_1 为定理 3.7.1 所求得的 A 的本征值, $|\mu_1|=\|A\|$, 并设 v_1 为相应的一个本征函数, $\|v_1\|=1$. 令 H_1 表示 H 内一切与 v_1 正交的函数所组成的子空间. 若 $u \in H_1$, 则

$$(Au,v_1)=(u,Av_1)=\mu_1(u,v_1)=0,$$

因此 $Au \in H_1$. 这说明算子 A 若仅作用于 H_1 的函数上, 则是 H_1 上的算子. 令 A_1 表示 A 作用于 H_1 上所得的算子, 即对于任何 $u \in H_1$, $A_1u=Au$. 则显然 A_1 在 H_1 上仍为对称全连续算子, 且 $\|A_1\| \leqslant \|A\|$. 于是可将定理 3.7.1 应用于 A_1, 即知存在 A_1 的本征值 μ_2 和本征函数 v_2, $|\mu_2|=\|A_1\|$, $\|v_2\|=1$. 不言而喻, μ_2 和 v_2 仍为算子 A 的本征值和本征函数. 如上步骤不断进行下去, 若 H 不是有限维空间, 则可得无限子空间序列:

$$H \supset H_1 \supset \cdots \supset H_n \supset \cdots$$

及算子 A 在这些子空间诱导而得的算子

$$A \supset A_1 \supset \cdots \supset A_n \supset \cdots.$$

对每一子空间 H_n 及其上的对称全连续算子 A_n, 应用定理 3.7.1, 可相应得到本征值 μ_{n+1} 和本征函数 v_{n+1}, $|\mu_{n+1}|=\|A_n\|$, $\|v_{n+1}\|=1$. 于是可得到算子 A 的本征值序列

$$|\mu_1| \geqslant |\mu_2| \geqslant \cdots \geqslant |\mu_n| \geqslant \cdots$$

及对应的本征函数系 $\{v_n\}$, 根据空间 H_1, H_2, $\cdots$ 的定义知, $\{v_n\}$ 是 H 内的一族规一的正交系.

定理 3.7.2 (1) 若 H 不是有限维空间, 则 $\lim\limits_{n\to\infty}\mu_n=0$;

(2) 若 0 不是 A 的本征值, 则本征函数系 $\{v_n\}$ 是 H 内一族完备的规一正交系, 即对于任何 $f \in H$, 有

$$f=\sum_{n=1}^{\infty}(f,v_n)v_n,$$

$$Af=\sum_{n=1}^{\infty}\mu_n(f,v_n)v_n.$$

证明 (1) 若不然, 则 $\left\{\dfrac{1}{\mu_n}v_n\right\}$ 为一有界序列. 根据 A 为全连续算子的定义知, 序列

$$\left\{A\left(\frac{1}{\mu_n}v_n\right)\right\}=\{v_n\}$$

必存在收敛子列, 但这是不可能的, 因为对于任何 $n \neq m$, $\|v_n - v_m\|^2 = \|v_n\|^2 + \|v_m\|^2 = 2$. 所以必须 $\mu_n \to 0\ (n \to \infty)$.

(2) 设 f 为 H 内任一函数, 令

$$f_n = f - \sum_{i=1}^{n} (f, v_i) v_i,$$

则知 $f_n \perp v_i\ (i = 1, 2, \cdots, n)$, 因此 $f_n \in H_n$, 于是有

$$\|Af_n\| = \|A_n f_n\| \leqslant \|A_n\| \|f_n\| \leqslant |\mu_{n+1}| \|f_n\| \leqslant |\mu_{n+1}| \|f\| .$$

因为 $\lim\limits_{x \to \infty} \mu_n = 0$, 这就推出

$$Af_n = Af - \sum_{i=1}^{n} (f, v_i) Av_i = Af - \sum_{i=1}^{n} \mu_i (f, v_i) v_i \to 0 \quad (n \to \infty),$$

即

$$Af = \sum_{i=1}^{\infty} \mu_i (f, v_i) v_i.$$

另一方面, 若令

$$\sum_{i=1}^{\infty} (f, v_i) v_i = g,$$

则由 A 的连续性可得

$$Ag = \sum_{i=1}^{\infty} (f, v_i) Av_i = \sum_{i=1}^{\infty} \mu_i (f, v_i) v_i,$$

从而得 $A(f - g) = 0$. 但根据 0 不为 A 的本征值的假设, 推知必须 $f - g = 0$, 即

$$f = g = \sum_{i=1}^{\infty} (f, v_i) v_i.$$

证毕.

若令 P_n 记由本征函数 v_n 所张成的子空间上的投影算子, 则 $(f, v_n) v_n = P_n f$, 于是

$$f = \sum_{n=1}^{\infty} P_n f,$$

$$Af = \sum_{n=1}^{\infty} \mu_n P_n f.$$

这说明了

$$I = \sum_{n=1}^{\infty} P_n, \quad A = \sum_{n=1}^{\infty} \mu_n P_n.$$

若令投影算子

$$E_\lambda = \sum_{\mu_j^{-1} \leqslant \lambda} P_j,$$

则易证 $\{E_\lambda\}\,(-\infty < \lambda < \infty)$ 为一谱族, 且有

$$I = \int_{-\infty}^{\infty} \mathrm{d}E_\lambda, \quad A = \int_{-\infty}^{\infty} \lambda^{-1} \mathrm{d}E_\lambda.$$

3.8 常型自伴微分算子的本征展开式

本节仍以 $\mathscr{L}$ 表示由微分算式及边界条件 (3.6.1) 和 (3.6.2) 所规定的自伴微分算子, 以 $G(x,\xi,\lambda)$ 表示由式 (3.6.4) 所示的 Green 函数. 不妨假设 0 不是 $\mathscr{L}$ 的本征值, 因若不然, 可任取一个非本征值的实数 c, 并令微分算子 $\mathscr{L}_1 = \mathscr{L} - cI$, 则显然, $\mathscr{L}_1$ 仍为自伴算子, 且 $\mathscr{L}_1$ 的所有本征值为 $\mathscr{L}$ 的本征值在实数轴上作距离等于 c 的平移, 所以 0 不再是 $\mathscr{L}_1$ 的本征值. 此外, $\mathscr{L}_1$ 与 $\mathscr{L}$ 有共同的本征函数系. 因此当考虑一个算子的本征函数系的完备性以及按本征函数展开式的收敛性等问题时, 算子 $\mathscr{L}_1$ 与 $\mathscr{L}$ 是等价的.

令 $G(x,\xi) \equiv G(x,\xi,0)$, 并令 $\mathscr{G}$ 表示定义在 $L^2[a,b]$ 全空间上的线性积分算子

$$\mathscr{G}u(x) \equiv \int_a^b G(x,\xi)u(\xi)\mathrm{d}\xi,$$

则按 3.6 节的讨论知, 对于任何 $u \in L^2[a,b]$, $\mathscr{G}u$ 属于 $\mathscr{L}$ 的定义域 $\mathscr{D}$, 且 $\mathscr{L}\mathscr{G}u = u$, 即 $\mathscr{G} = \mathscr{L}^{-1}$.

引理 3.8.1 若 λ 为 $\mathscr{L}$ 的本征值, $v(x)$ 为相应的本征函数, 则 λ^{-1} 为 $\mathscr{G}$ 的本征值, $v(x)$ 为相应的本征函数, 反之亦然.

证明只需利用关系 $\mathscr{G} = \mathscr{L}^{-1}$ 即得.

引理 3.8.1 告诉我们: $\mathscr{L}$ 与 $\mathscr{G}$ 的本征值互为倒数, 它们的本征函数系相同. 因此, 关于算子 $\mathscr{L}$ 的本征值的存在分布以及本征函数展开式的性质等问题, 可以转化为算子 $\mathscr{G}$ 的相应问题来讨论.

引理 3.8.2 $\mathscr{G}$ 是 $L^2[a,b]$ 上有界自伴算子.

证明 根据 3.6 节的讨论知, 当 $n \geqslant 2$ 时, $G(x,\xi)$ 为 $[a,b]\times[a,b]$ 上的连续函数, 而当 $n=1$ 时, 分别为三角区域 $a \leqslant \xi \leqslant x \leqslant b$ 及 $a \leqslant x \leqslant \xi \leqslant b$ 上的连续函数. 不管属于何种情况, 恒存在常数 $M > 0$, 使

$$|G(x,\xi)| \leqslant M$$

在 $[a,b]\times[a,b]$ 上一致成立. 于是由 Schwarz 不等式, 得

$$\|\mathscr{G}u(x)\|\leqslant\|G(x,\xi)\|\,\|u(x)\|\leqslant M\sqrt{b-a}\,\|u\|,$$

因此 $\mathscr{G}$ 为有界算子. 为证明 $\mathscr{G}$ 为自伴算子, 任取

$$u,v\in L^2[a,b],$$

并令 $\mathscr{G}u=f,\mathscr{G}v=g$, 根据关系 $\mathscr{G}=\mathscr{L}^{-1}$ 知

$$\mathscr{L}f=u,\quad \mathscr{L}g=v.$$

于是, 由 $\mathscr{L}$ 的自伴性, 可得

$$(\mathscr{G}u,v)=(f,\mathscr{L}g)=(\mathscr{L}f,g)=(u,\mathscr{G}v).$$

这就说明了 $\mathscr{G}$ 是自伴算子. 证毕.

引理 3.8.3 $\mathscr{G}$ 是全连续算子.

证明 先证函数集 $\{\mathscr{G}u\mid\|u\|\leqslant 1\}\equiv\mathscr{F}$ 是一个等度连续的有界集. 若这一事实成立, 则根据 Ascoli-Arzelà定理知, 上述函数集有一收敛子列, 从而即足以说明 $\mathscr{G}$ 是一个全连续算子.

因为根据引理 3.8.2, $\mathscr{G}$ 为有界算子, 从而得

$$\|\mathscr{G}u\|\leqslant\|\mathscr{G}\|\cdot\|u\|\leqslant\|\mathscr{G}\|,$$

所以, 函数集 $\mathscr{F}$ 是一有界集. 下面证明它是等度连续的. 当 $n\geqslant 2$ 时, 因为 $G(x,\xi)$ 在 $[a,b]\times\ [a,b]$ 上一致连续 (见定理 3.6.1), 故对于任给的 $\varepsilon>0$, $\exists\delta>0$, 只需 $|x_1-x_2|<\delta$, 便有

$$|G(x_2,\xi)-G(x_1,\xi)|<\varepsilon, \tag{3.8.1}$$

于是

$$\begin{aligned}|\mathscr{G}u(x_2)-\mathscr{G}u(x_1)|&=\left|\int_a^b(G(x_2,\xi)-G(x_1,\xi))u(\xi)\mathrm{d}\xi\right|\\&\leqslant\varepsilon\int_a^b|u(\xi)|\mathrm{d}\xi\leqslant\varepsilon(b-a)^{\frac12}\,\|u\|\leqslant\varepsilon(b-a)^{\frac12}.\end{aligned}$$

因此, 在这情况下, $\mathscr{F}$ 是等度连续的.

当 $n=1$ 时, 根据定理 3.6.1, $G(x,\xi)$ 在 $x=\xi$ 上间断, 但在三角区域 $a\leqslant\xi\leqslant x\leqslant b$ 及 $a\leqslant x\leqslant\xi\leqslant b$ 上连续. 因此, 若点 (x_1,ξ), (x_2,ξ) 处在同一三角区域中, 则不等式 (3.8.1) 仍成立, 不妨设 $x_1\leqslant x_2$, 于是有

$$\mathscr{G}u(x_2)-\mathscr{G}u(x_1)$$

$$= \int_a^{x_1} (G(x_2,\xi) - G(x_1,\xi))u(\xi)\mathrm{d}\xi + \int_{x_1}^{x_2} (G(x_2,\xi) - G(x_1,\xi))u(\xi)\mathrm{d}\xi$$
$$+ \int_{x_2}^{b} (G(x_2,\xi) - G(x_1,\xi))u(\xi)\mathrm{d}\xi.$$

上式中首尾两项应用不等式 (3.8.1) 可知其绝对值各小于 $\varepsilon(b-a)^{\frac{1}{2}}$; 中间项则根据 $G(x,\xi)$ 的有界性可知其绝对值小于 $2M(x_2-x_1)^{\frac{1}{2}}$, 其中 M 为 $|G(x,\xi)|$ 的上界. 综合以上分析, 即得函数族 $\mathscr{F}$ 为等度连续的结论, 从而证明 $\mathscr{G}$ 为全连续算子. 证毕.

现在将定理 3.7.2 应用于算子 $\mathscr{G}$. 注意到根据引理 3.8.1, 0 不可能为 $\mathscr{G}$ 的本征值. 于是可得如下定理.

定理 3.8.1 算子 $\mathscr{G}$ 具有可数个实的本征值 $\{\mu_n\}(n=1,2,\cdots)$, 满足

$$|\mu_1| \geqslant |\mu_2| \geqslant \cdots \geqslant |\mu_n| \geqslant \cdots \to 0.$$

设其相应的规一本征函数系为 $\{\chi_n(x)\}(n=1,2,\cdots)$, 则它是 $L^2[a,b]$ 内的一族完备正交系, 即对于任何 $f \in L^2[a,b]$, 有

$$f = \sum_{n=1}^{\infty} (f,\chi_n)\chi_n,$$

$$\mathscr{G}f = \sum_{n=1}^{\infty} \mu_n(f,\chi_n)\chi_n,$$

其中 $\mathscr{G}f$ 的无穷展开式不仅在平均意义下收敛, 而且在 $[a,b]$ 上一致收敛.

证明 只需证明 $\sum\limits_{n=1}^{\infty} \mu_n(f,\chi_n)\chi_n$ 在 $[a,b]$ 上一致收敛于 $\mathscr{G}f$, 其余部分均可见定理 3.7.2.

由于对于任何 $q > p$, 可有

$$\left|\sum_{k=p}^{q} \mu_k(f,\chi_k)\chi_k\right| = \left|\mathscr{G}\left(\sum_{k=p}^{q} (f,\chi_k)\chi_k\right)\right|,$$

注意到

$$|\mathscr{G}u| = \left|\int_a^b G(x,\xi)u(\xi)\mathrm{d}\xi\right|$$
$$\leqslant \left(\int_a^b |G(x,\xi)|^2\mathrm{d}\xi\right)^{\frac{1}{2}} \left(\int_a^b |u(\xi)|^2\mathrm{d}\xi\right)^{\frac{1}{2}}$$
$$\leqslant M(b-a)^{\frac{1}{2}}\|u\|,$$

应用于上式, 得

$$\left|\sum_{k=p}^{q}\mu_k(f,\chi_k)\chi_k\right| \leqslant M(b-a)^{\frac{1}{2}}\left\|\sum_{k=p}^{q}(f,\chi_k)\chi_k\right\|$$
$$= M(b-a)^{\frac{1}{2}}\left(\sum_{k=p}^{q}|(f,\chi_k)|^2\right)^{\frac{1}{2}}.$$

因为

$$\sum_{k=1}^{\infty}(f,\chi_k)\chi_k = f,$$

所以上式右端当 $p,\ q\to\infty$ 时, 一致趋于 0, 这也就证明了 $\sum\limits_{k=1}^{\infty}\mu_k(f,\chi_k)\chi_k$ 在 $[a,b]$ 上是一致收敛的, 并必收敛到一连续函数. 另一方面, 又知 $\sum\limits_{k=1}^{\infty}\mu_k(f,\chi_k)\chi_k$ 平均收敛到 $\mathscr{G}f$, 则在 $[a,b]$ 上几乎处处收敛到 $\mathscr{G}f$, 而 $\mathscr{G}f$ 也为连续函数, 因此必须 $\sum\limits_{k=1}^{\infty}\mu_k(f,\chi_k)\chi_k = \mathscr{G}f$. 证毕.

现在回过来考虑算子 $\mathscr{L}$. 应用引理 3.8.1 及定理 3.8.1, 可得以下定理.

定理 3.8.2 假设 $\mathscr{L}$ 是由式 (3.6.1) 和 (3.6.2) 所规定的自伴微分算子, 则

(1) $\mathscr{L}$ 具有可数个实的本征值 $\{\lambda_n\}(n=1,2,\cdots)$,

$$|\lambda_1|\leqslant|\lambda_2|\leqslant\cdots\leqslant|\lambda_n|\leqslant\cdots\to\infty;$$

(2) $\mathscr{L}$ 的本征函数系 $\{\chi_n(x)\}$(假设已规一) 是 $L^2[a,b]$ 内的完备正交系, 即对于任何 $f\in L^2[a,b]$, 有

$$f=\sum_{n=1}^{\infty}(f,\chi_n)\chi_n,$$

$$\|f\|^2=\sum_{n=1}^{\infty}|(f,\chi_n)|^2;$$

(3) 若 $f\in\mathscr{D}$ ($\mathscr{L}$ 的定义域), 则展开式

$$f=\sum_{n=1}^{\infty}(f,\chi_n)\chi_n$$

在 $[a,b]$ 上一致收敛, 且

$$\mathscr{L}f=\sum_{n=1}^{\infty}\lambda_n(f,\chi_n)\chi_n;$$

(4) 对于任何 $f \in L^2[a,b]$ 及非本征值 μ,

$$(\mathscr{L}-\mu)^{-1}f=\sum_{n=1}^{\infty}\frac{(f,\chi_n)}{\lambda_n-\mu}\chi_n.$$

证明　(1), (2) 部分只需应用引理 3.8.1 及定理 3.8.1 即可直接导出. 下面证明 (3), (4).

(3) 根据假设 $f \in \mathscr{D}$, 令 $g=\mathscr{L}f$, 则 $f=\mathscr{G}g$. 利用定理 3.8.1 知

$$g=\sum_{n=1}^{\infty}(g,\chi_n)\chi_n,$$

但

$$(g,\chi_n)=(\mathscr{L}f,\chi_n)=(f,\mathscr{L}\chi_n)=\lambda_n(f,\chi_n),$$

从而即得

$$\mathscr{L}f=\sum_{n=1}^{\infty}\lambda_n(f,\chi_n)\chi_n.$$

同样利用定理 3.8.1 知

$$\mathscr{G}g=\sum_{n=1}^{\infty}\mu_n(g,\chi_n)\chi_n$$

在 $[a,b]$ 上收敛是一致的. 与上面讨论同理, 可得

$$\mu_n(g,\chi_n)=\mu_n(\mathscr{L}f,\chi_n)=\mu_n(f,\mathscr{L}\chi_n)=(f,\chi_n),$$

从而知展开式

$$f=\mathscr{G}g=\sum_{n=1}^{\infty}(f,\chi_n)\chi_n$$

在 $[a,b]$ 上收敛是一致的.

(4) 令 $(\mathscr{L}-\mu)^{-1}f=g$, 则知 $g\in\mathscr{D}$, 根据 (3) 的讨论知

$$g=\sum_{n=1}^{\infty}(g,\chi_n)\chi_n,\quad \mathscr{L}g=\sum_{n=1}^{\infty}\lambda_n(g,\chi_n)\chi_n.$$

于是

$$(\mathscr{L}-\mu)g=\sum_{n=1}^{\infty}(\lambda_n-\mu)(g,\chi_n)\chi_n.$$

但另一方面,

$$(\mathscr{L}-\mu)g=f=\sum_{n=1}^{\infty}(f,\chi_n)\chi_n,$$

由此推出

$$(g, \chi_n) = \frac{(f, \chi_n)}{\lambda_n - \mu},$$

从而得

$$(\mathscr{L} - \mu)^{-1} f = \sum_{n=1}^{\infty} \frac{(f, \chi_n)}{\lambda_n - \mu} \chi_n.$$

证毕.

令 P_n 为本征函数 χ_n 所张的子空间上的投影算子, 则

$$(f, \chi_n)\chi_n = P_n f,$$

于是由定理 3.8.2 得

$$f = \sum_{n=1}^{\infty} P_n f \quad (f \in L^2[a, b]),$$

$$\mathscr{L} f = \sum_{n=1}^{\infty} \lambda_n P_n f \quad (f \in \mathscr{D}),$$

$$(\mathscr{L} - \mu)^{-1} f = \sum_{n=1}^{\infty} \frac{1}{\lambda_n - \mu} P_n f \quad (f \in L^2[a, b],\ \mu \neq \lambda_n).$$

亦即有

$$I = \sum_{n=1}^{\infty} P_n,$$

$$\mathscr{L} = \sum_{n=1}^{\infty} \lambda_n P_n,$$

$$(\mathscr{L} - \mu)^{-1} = \sum_{n=1}^{\infty} \frac{P_n}{\lambda_n - \mu}.$$

令 $E_\lambda(-\infty < \lambda < \infty)$ 为如下定义的投影算子

$$E_\lambda = \sum_{\lambda_n \leqslant \lambda} P_n,$$

则易证 $\{E_\lambda\}$ 为一谱族, 并且有谱分解式

$$\mathscr{L} = \int_{-\infty}^{\infty} \lambda \mathrm{d}E_\lambda,$$

$$(\mathscr{L} - \mu)^{-1} = \int_{-\infty}^{\infty} \frac{\mathrm{d}E_\lambda}{\lambda - \mu}.$$

第 4 章 对称算子的扩张和亏指数

4.1 Cayley 变换与亏指数

假设 A 为 Hilbert 空间 H 内的对称算子. 根据定理 1.7.1 知, A 必有闭的对称扩张, 因此在下面的讨论中, 恒设 A 是闭的对称算子. 以 $\mathscr{D}_A$ 记 A 的定义域, 令

$$R_\lambda \equiv \mathscr{R}(A-\lambda I) = \{(A-\lambda)u \mid u \in \mathscr{D}_A\},$$

$$R_{\bar{\lambda}} \equiv \mathscr{R}(A-\bar{\lambda} I) = \{(A-\bar{\lambda})u \mid u \in \mathscr{D}_A\},$$

这里 $\lambda = a + \mathrm{i}b$, $b \neq 0$. 符号 $\mathscr{R}(\cdot)$ 表示算子的值域.

引理 4.1.1 R_λ, $R_{\bar{\lambda}}$ 都是 H 的子空间.

证明 显然, R_λ 为 H 内的线性流形, 下面仅需证明它为一闭集. 令 $\{y_n\}$ 为 R_λ 内任一 Cauchy 列. 根据定理 1.8.2 知 $(A-\lambda I)^{-1}$ 存在. 设 $u_n = (A-\lambda I)^{-1} y_n$, 则根据同一定理, 可有

$$\|u_n - u_m\| = \left\|(A-\lambda I)^{-1}(y_n - y_m)\right\| \leqslant \left|\frac{1}{b}\right| \cdot \|y_n - y_m\|.$$

这说明 $\{u_n\}$ 亦为 Cauchy 列. 令 $y_n \to y$, $u_n \to u$ $(n \to \infty)$, 则由于 A 是闭算子, 因此知 $y \in R_\lambda$, $u \in \mathscr{D}_A$, 且 $y = (A-\lambda I)u$, 这就证明 R_λ 是闭的. $R_{\bar{\lambda}}$ 的证明同理. 证毕.

定义 4.1.1 设 A 为对称算子, $\lambda = a + \mathrm{i}b$, $b \neq 0$. 映 $R_{\bar{\lambda}}$ 至 R_λ 的变换

$$V = (A-\lambda I)(A-\bar{\lambda} I)^{-1}$$

称为 A 的**Cayley 变换.**

定理 4.1.1 A 的 Cayley 变换 V 是映子空间 $R_{\bar{\lambda}}$ 至 R_λ 上的一对一的保范变换.

证明 令 y 为 $R_{\bar{\lambda}}$ 的任一元素,

$$z = Vy = (A-\lambda I)(A-\bar{\lambda} I)^{-1} y,$$

再令

$$(A-\bar{\lambda} I)^{-1} y = u,$$

则

$$(A-\bar{\lambda}I)u=y,\quad (A-\lambda I)u=z.$$

由于 $u\to y,\ u\to z$ 的映射都是一对一映上的, 所以 $y\to z$ 的映射也是一对一映上的. 同时

$$\begin{aligned}\|Vy\|^2&=\|z\|^2=((A-a-\mathrm{i}b)u,\ (A-a-\mathrm{i}b)u)\\&=\|(A-a)u\|^2+b^2\|u\|^2=\left\|(A-\bar{\lambda}I)u\right\|^2=\|y\|^2,\end{aligned}$$

亦即变换 V 是保范的. 证毕.

定理 4.1.1 指出从一个对称算子可以导出两个子空间之间的一个保范变换. 这个事实反过来也对, 即两个子空间之间若存在一对一的保范变换, 则必可导出空间 H 的一个对称算子.

定理 4.1.2 设 V 是映子空间 R' 到另一个子空间 R'' 上的保范算子, 并且 $\mathscr{R}(I-V)$ 是 H 内的一个稠密集, 则对于任一复数 $\lambda=a+\mathrm{i}b,\ b\neq 0$, 以 $\mathscr{R}(I-V)$ 为定义域的算子

$$A=(\lambda-\bar{\lambda}V)(I-V)^{-1}$$

是 H 内的闭对称算子, 且 A 的 Cayley 变换就是 V.

证明 分以下几步:

(1) $(I-V)^{-1}$ 存在. 若不然, 则存在 $y_0\in R',\ y_0\neq 0$, 使 $(I-V)y_0=0$, 任取 $y\in R'$, 则

$$\begin{aligned}((I-V)y,y_0)&=(y,y_0)-(Vy,y_0)\\&=(Vy,Vy_0)-(Vy,y_0)=(Vy,-(I-V)y_0)=0.\end{aligned}$$

由假设 $\mathscr{R}(I-V)$ 为稠密集, 所以必须 $y_0=0$, 这导致矛盾.

(2) A 为对称算子. 令 u_1,u_2 为 $\mathscr{D}_A$ 的任意两个元素,

$$u_1=(I-V)y_1,\quad u_2=(I-V)y_2,$$

则

$$\begin{aligned}(Au_1,\ u_2)&=((\lambda-\bar{\lambda}V)y_1,\ (I-V)y_2)\\&=\lambda(y_1,\ y_2)-\bar{\lambda}(Vy_1,\ y_2)-\lambda(y_1,\ Vy_2)+\bar{\lambda}(Vy_1,\ Vy_2),\\(u_1,Au_2)&=((I-V)y_1,\ (\lambda-\bar{\lambda}V)y_2)\\&=\bar{\lambda}(y_1,\ y_2)-\bar{\lambda}(Vy_1,\ y_2)-\lambda(y_1,\ Vy_2)\ +\lambda(Vy_1,\ Vy_2),\end{aligned}$$

利用 V 的保范性 $(Vy_1,\ Vy_2)=(y_1,\ y_2)$, 即得

$$(Au_1,\ u_2)=(u_1, Au_2).$$

(3) A 为闭算子. 设 $\{u_n\}$, $\{Au_n\}$ 均为收敛列, $u_n\to u$, $Au_n\to w(n\to\infty)$. 令

$$u_n=(I-V)y_n,\quad Au_n=(\lambda-\bar{\lambda}V)y_n,$$

则得 $(A-\bar{\lambda})u_n=(\lambda-\bar{\lambda})y_n$, 这说明了 $\{y_n\}$ 是 R' 内的收敛列. 令 $n\to\infty$, 并设 $y_n\to y\in R'$, 则得

$$u=(I-V)y,\quad w=(\lambda-\bar{\lambda}V)y\ .$$

这说明了 $u\in\mathscr{D}_A$ 且 $Au=w$, 所以 A 是闭算子.

(4) A 的 Cayley 变换是 V. 设 u 是 $\mathscr{D}_A$ 中的任一元素, y 是 R' 中相对应的元素, 则

$$u=(I-V)y,\quad Au=(\lambda-\bar{\lambda}V)y.$$

令 U 为 A 的 Cayley 变换, $R_{\bar{\lambda}}$, R_λ 为它的定义域与值域. 令 $z=(A-\bar{\lambda})u$, 则 $z\in R_{\bar{\lambda}}$, 利用上面的关系, 可得

$$z=(A-\bar{\lambda})u=(\lambda-\bar{\lambda}V)y-\bar{\lambda}(I-V)y=(\lambda-\bar{\lambda})y,$$

$$Uz=(A-\lambda)u=(\lambda-\bar{\lambda}V)y-\lambda(I-V)y=(\lambda-\bar{\lambda})Vy,$$

由关系式 $z=(\lambda-\bar{\lambda})y$, 即推出 $R_{\bar{\lambda}}=R'$. 同时可得

$$Vz=V(\lambda-\bar{\lambda})y=(\lambda-\bar{\lambda})Vy=Uz,$$

这就说明了 $V=U$. 证毕.

迄今建立了空间 H 中的闭对称算子与子空间 $R_{\bar{\lambda}}$, R_λ 之间的保范算子间的对应关系. 显然, 假如对称算子的定义域得到了扩张, 则保范算子的定义域也必然得到扩张, 反之亦然. 因此, 对称算子的扩张直接关联着相应的保范算子的扩张.

定理 4.1.3　设 A_1, A_2 是空间 H 内的两个闭对称算子, V_1, V_2 是它们的 Cayley 变换, 则 A_2 是 A_1 的对称扩张的充要条件是: V_2 是 V_1 的保范扩张.

为了能够从保范算子的扩张中得到对称算子扩张的条件以及这类扩张的描述, 需进一步考察与对称算子相联系的子空间 $R_{\bar{\lambda}}$, R_λ 以及它们的正交补空间. 称补空间 $M_{\bar{\lambda}}=R_{\bar{\lambda}}^{\perp}$, $M_\lambda=R_\lambda^{\perp}$ 为对称算子 A 的**亏空间**, 显然, 根据定义, 亏空间 $M_{\bar{\lambda}}$, M_λ 是与 λ 的选择相联系的. 为了叙述的统一, 以后恒约定复数 λ 满足 $\mathscr{I}\lambda>0$ (今后用 $\mathscr{I}$ 表示复数的虚部).

定理 4.1.4 亏空间的维数

$$d^- = \dim M_{\bar{\lambda}}, \quad d^+ = \dim M_\lambda$$

与 λ 的选择无关.

对本定理的证明留到稍后 (4.3 节) 进行.

根据定理的结论, 可知 $d^- = \dim M_{-\mathrm{i}}$, $d^+ = \dim M_{\mathrm{i}}$, 它们仅与算子 A 有关.

定义 4.1.2 (d^-, d^+) 称为对称算子 A 的**亏指数**.

常用符号 $\mathrm{def}^- A$ 和 $\mathrm{def}^+ A$ 来表示 A 的两个亏指数. 在一般的 Hilbert 空间中, 对称算子的亏指数可以取 ∞. 一个对称算子, 它是否为自伴算子或它能否扩张成为一个自伴算子, 完全由它的亏指数决定.

定理 4.1.5 一闭对称算子 A 为自伴算子的充要条件是: 它的亏指数为 $(0, 0)$.

证明 必要性: 根据定理 1.8.4 知, 自伴算子无剩余谱, 因此, $\mathscr{R}(A \pm \mathrm{i}I) = H$, 这说明亏空间 $M_{-\mathrm{i}} = M_{\mathrm{i}} = \{0\}$, 即 $d^- = d^+ = 0$.

充分性: 若 A 的亏指数为 $(0, 0)$, 则

$$\mathscr{R}(A + \mathrm{i}I) = H, \quad \mathscr{R}(A - \mathrm{i}I) = H,$$

根据此即可推出 $A = A^*$. 因若不然, 则存在 $h \neq 0$, $h \in \mathscr{D}_{A^*}$, 但 $h \bar{\in} \mathscr{D}_A$. 由于

$$\mathscr{R}(A - \mathrm{i}I) = H,$$

所以方程 $(A - \mathrm{i}I)y = (A^* - \mathrm{i}I)h$ 必有解, 设为 χ_0, 再根据 $A \subset A^*$, 得

$$(A^* - \mathrm{i}I)\chi_0 = (A^* - \mathrm{i}I)h,$$

即 $(A^* - \mathrm{i}I)(\chi_0 - h) = 0$. 然而根据 $\mathscr{R}(A + \mathrm{i}I) = H$ 知, $-\mathrm{i}$ 不属于 A 的剩余谱, 由定理 1.8.3 知, i 不为 A^* 的本征值, 这就推出 $\chi_0 - h = 0$, 从而得 $h = \chi_0 \in \mathscr{D}_A$, 导致矛盾. 证毕.

上述定理是判断一个算子是否为自伴的依据, 在实际应用中, 它常常表述成如下的形式, 应用起来更为方便.

定理 4.1.6 A 是 H 内的闭对称算子, 若存在复数 $\lambda(\mathscr{I}\lambda \neq 0)$, 使得对任何 $f \in H$, 非齐次方程 $(A - \lambda I)y = f$ 和 $(A - \bar{\lambda} I)y = f$ 恒有解, 则 A 为自伴算子.

若一个对称算子 A 不存在任何对称扩张, 则 A 称为**最大对称算子**. 于是对最大对称算子而言, 它的相应空间 $R_{\bar{\lambda}}$ 与 R_λ 之间的 Cayley 变换不存在任何保范扩张, 这说明了 $R_{\bar{\lambda}}$, R_λ 中至少有一个是全空间 H, 也即亏指数 d^-, d^+ 中至少有一个为 0. 若最大对称算子不是自伴算子, 则据定理 4.1.5 及上面的分析知, d^-, d^+ 中恰

有一个为 0. 若 d^+, d^- 无一为 0, 且 $d^- = d^+$, 则 $M_{\bar\lambda}$, M_λ 为同维的非零空间, 分别任取 $M_{\bar\lambda}$ 中的一组完全规一正交系 $\{\varphi_n\}$ 和 M_λ 中一组完全规一的正交系 $\{\psi_n\}$(它们的个数 d^- 可为有限数也可为无穷), 令 V' 为 $M_{\bar\lambda} \mapsto M_\lambda$ 的如下的线性算子

$$V'\varphi_n = \psi_n \quad (n = 1, 2, \cdots, d^-),$$

$$V'\left(\sum_{n=1}^{d^-} c_n\varphi_n\right) = \sum_{n=1}^{d^-} c_n\psi_n,$$

则 V' 为 $M_{\bar\lambda}$ 至 M_λ 的一对一映上的算子, 并且由 Parseval 等式, 进一步知 V' 必是保范的. 这说明了同维数的两个亏空间之间必存在保范算子, 反过来, 保范算子必映空间为同维数的空间. 现在再令 V 为 A 的 Cayley 变换, 并且对任一 $f \in H$, 令 $f = f_R + f_M$, 其中 $f_R \in R_{\bar\lambda}$, $f_M \in M_{\bar\lambda}$, 设 U 是 H 上如下的线性算子

$$Uf = Vf_R + V'f_M,$$

则根据 V, V' 的保范性可知, U 是 $H \mapsto H$ 的保范算子, 显然, 它是 Cayley 变换 V 的一个扩张, 根据定理 4.1.2 知, 它是某自伴算子 B 的 Cayley 变换, 由定理 4.1.3 知, B 是对称算子 A 的扩张. 综合以上分析, 可得如下定理.

定理 4.1.7 设 A 为 H 内的闭对称算子, 其亏指数为 (d^-, d^+), 则

(1) A 存在对称扩张的充要条件为 $d^-d^+ \neq 0$;

(2) A 存在自伴扩张的充要条件为 $d^- = d^+$;

(3) A 为最大对称算子但非自伴算子的充要条件为 d^-, d^+ 中恰有一个等于 0.

4.2 共轭算子与自伴扩张算子的构造

引理 4.2.1 若 $M_{\bar\lambda}$, M_λ 为对称算子 A 的非零亏空间, 则 λ, $\bar\lambda$ 为共轭算子 A^* 的本征值, 且 $M_{\bar\lambda}$, M_λ 分别为 A^* 对应于本征值 λ, $\bar\lambda$ 的本征元素所张成的空间.

证明见定理 1.8.3.

设 $\mathfrak{M}_1, \mathfrak{M}_2, \cdots, \mathfrak{M}_n$ 是 H 中的线性流形, 令

$$\mathfrak{M} = \left\{\sum_{k=1}^{n} u_k \,\middle|\, u_k \in \mathfrak{M}_k\right\},$$

若对于任一 $u \in \mathfrak{M}$, 表示式

$$u = u_1 + u_2 + \cdots + u_n \quad (u_k \in \mathfrak{M}_k)$$

是唯一的, 则称线性流形 $\mathfrak{M}_1, \mathfrak{M}_2, \cdots, \mathfrak{M}_n$ 是**线性独立**的, 并记

$$\mathfrak{M} = \mathfrak{M}_1 + \mathfrak{M}_2 + \cdots + \mathfrak{M}_n = \sum_{k=1}^{n} \mathfrak{M}_k.$$

显然, 若 $\mathfrak{M}_1, \mathfrak{M}_2, \cdots, \mathfrak{M}_n$ 是线性独立的, 则由

$$u_1 + u_2 + \cdots + u_n = 0$$

即可推出

$$u_1 = u_2 = \cdots = u_n = 0.$$

定理 4.2.1 设 A 为闭对称算子, $\mathscr{D}_A$, $\mathscr{D}_{A^*}$ 表示 A 与 A^* 的定义域, 则 $\mathscr{D}_A$, $M_{\bar{\lambda}}$, M_λ $(\mathscr{I}\lambda \neq 0)$ 是线性独立的, 且

$$\mathscr{D}_A + M_{\bar{\lambda}} + M_\lambda = \mathscr{D}_{A^*}.$$

证明 设 $u \in \mathscr{D}_A$, $v \in M_{\bar{\lambda}}$, $w \in M_\lambda$, 且 $u+v+w=0$, 证明 $u=v=w=0$. 因为 $A \subset A^*$, 再由引理 4.2.1 知, $\mathscr{D}_A$, $M_{\bar{\lambda}}$, M_λ 均包含于 $\mathscr{D}_{A^*}$, 现将 $(A^* - \lambda I)$ 作用于 $u+v+w=0$, 即得

$$(A-\lambda)u + (\bar{\lambda}-\lambda)w = 0,$$

由于

$$(A-\lambda)u \in R_\lambda, \quad (\bar{\lambda}-\lambda)w \in M_\lambda,$$

所以两者正交, 从而推知

$$(A-\lambda)u = 0, \quad (\bar{\lambda}-\lambda)w = 0,$$

由 $\mathscr{I}\lambda \neq 0$, 即知 $u=w=0$, 再由 $u+v+w=0$, 推出 $v=0$, 这就证明了 $\mathscr{D}_A$, $M_{\bar{\lambda}}$, M_λ 是线性独立的. 下面证明它们的和即为 $\mathscr{D}_{A^*}$. 根据上面已有的论证知, $\mathscr{D}_A + M_{\bar{\lambda}} + M_\lambda \subset \mathscr{D}_{A^*}$, 所以只需再证明反包含关系. 因为 $R_{\bar{\lambda}}$, $M_{\bar{\lambda}}$ 互为正交补空间, 所以对于任取的 $g \in \mathscr{D}_{A^*}$, 可将 $(A^*-\bar{\lambda})g$ 按 $R_{\bar{\lambda}}$ 和 $M_{\bar{\lambda}}$ 进行正交分解, 不妨令它在 $R_{\bar{\lambda}}$ 的投影为 $(A-\bar{\lambda})u$ $(u \in \mathscr{D}_A)$, 它在 $M_{\bar{\lambda}}$ 的投影为 $(\lambda-\bar{\lambda})v$, 因为 v 作为 $M_{\bar{\lambda}}$ 的元素, 它是 A^* 对应于本征值 λ 的本征元素, 所以 $(\lambda-\bar{\lambda})v = (A^*-\bar{\lambda})v$, 于是便得

$$(A^*-\bar{\lambda})g = (A-\bar{\lambda})u + (\lambda-\bar{\lambda})v = (A^*-\bar{\lambda})u + (A^*-\bar{\lambda})v,$$

即

$$(A^*-\bar{\lambda})(g-u-v) = 0.$$

这说明了 $g-u-v=w$ 是 A^* 对应于本征值 $\bar{\lambda}$ 的本征元素, 根据引理 4.2.1 知 $w\in M_\lambda$, 这就推出 $g=u+v+w$, 即得

$$\mathscr{D}_{A^*}\subset\mathscr{D}_A+M_{\bar{\lambda}}+M_\lambda,$$

从而得

$$\mathscr{D}_A+M_{\bar{\lambda}}+M_\lambda=\mathscr{D}_{A^*}.$$

证毕.

根据定理 4.2.1, 即可得到对称算子 A 的共轭算子 A^* 的一个构造性描述.

定理 4.2.2 设 A 为闭对称算子, $M_{\bar{\lambda}}$, M_λ 表示它的亏空间, 则对于任何 $g\in\mathscr{D}_{A^*}$, 有

$$g=u_A+u_{\bar{\lambda}}+u_\lambda,$$

$$A^*g=Au_A+\lambda u_{\bar{\lambda}}+\bar{\lambda}u_\lambda,$$

其中 $u_A\in\mathscr{D}_A$, $u_{\bar{\lambda}}\in M_{\bar{\lambda}}$, $u_\lambda\in M_\lambda$. 以上的表示式是唯一的.

由上述定理看出, 若 $A=A^*$, 则 $M_{\bar{\lambda}}=M_\lambda=\{0\}$. 这正是定理 4.1.5 的结论.

下面假设 A 的亏指数 $d^-=d^+$, 则此时 A 必存在自伴扩张 B, 并且它同时又是 A^* 的收缩. 如何描述自伴扩张 B? 为此, 仍采用 4.1 节中的记号: 令 V' 表示 A 的亏空间 $M_{\bar{\lambda}}$, M_λ 之间的任一保范算子, V 表示 A 的 Cayley 变换, U 表示由 V, V' 导出的 $H\mapsto H$ 上的保范算子, 其定义见 4.1 节.

定理 4.2.3 设 A 为闭对称算子, $M_{\bar{\lambda}}$, M_λ 为它的亏空间, 则 B 是 A 的自伴扩张的充要条件为: 存在 $M_{\bar{\lambda}}\mapsto M_\lambda$ 上的保范算子 V', 使得对任一 $u\in\mathscr{D}_B$, 有

$$u=u_A+u_{\bar{\lambda}}-V'u_{\bar{\lambda}},$$

$$Bu=Au_A+\lambda u_{\bar{\lambda}}-\bar{\lambda}V'u_{\bar{\lambda}},$$

其中 $u_A\in\mathscr{D}_A$, $u_{\bar{\lambda}}\in M_{\bar{\lambda}}$.

证明 若 B 是 A 自伴扩张, 并设 U 是 B 的 Cayley 变换, 则 U 是 $H\mapsto H$ 上的保范算子, 由定理 4.1.3 知, U 是 A 的 Cayley 变换 V 的保范扩张, 即在子空间 $R_{\bar{\lambda}}$ 上, $U=V$. 由于保范算子保持正交性, 所以在子空间 $M_{\bar{\lambda}}$ 上, U 必为 $M_{\bar{\lambda}}\mapsto M_\lambda$ 上的保范算子, 记 U 限制在 $M_{\bar{\lambda}}$ 上所得的算子为 V'. 于是根据对称算子与它的 Cayley 变换之间的关系 (定理 4.1.1 和定理 4.1.2), 可得 $\mathscr{D}_B=\{(I-U)y\mid y\in H\}$, 从而对任意 $u\in\mathscr{D}_B$, 可有 $y\in H$, 使

$$u=(I-U)y.$$

对 y 进行正交分解, 令

$$y=u_R+u_{\bar{\lambda}},$$

其中 $u_R \in R_{\bar{\lambda}}$, $u_{\bar{\lambda}} \in M_{\bar{\lambda}}$, 则得

$$u = (I-U)y = (I-U)u_R + (I-U)u_{\bar{\lambda}} = (I-V)u_R + (I-V')u_{\bar{\lambda}},$$

令 $(I-V)u_R = u_A \in \mathscr{D}_A$, 即得

$$u = u_A + u_{\bar{\lambda}} - V'u_{\bar{\lambda}}.$$

再利用引理 4.2.1, 即得

$$Bu = Bu_A + Bu_{\bar{\lambda}} - B(V'u_{\bar{\lambda}}) = Au_A + \lambda u_{\bar{\lambda}} - \bar{\lambda}V'u_{\bar{\lambda}}.$$

反过来, 若已知 $M_{\bar{\lambda}} \to M_\lambda$ 上的保范算子 V', 则将它与 A 的 Cayley 变换 V 相结合, 即可导出 V 的到全空间的保范扩张算子 U(见 4.1 节). 利用定理 4.1.2, 即可根据 U 得到 A 的一个自伴扩张 B', 与上面的论证方法相同, 即可证明 $B' = B$. 证毕.

现在来考虑亏指数为有限的情形. 令对称算子 A 的亏指数 $d^- = d^+ = n$, 在亏空间 $M_{\bar{\lambda}}$ 内任选一组规一的正交基 $\{e_1, \cdots, e_n\}$; 同时在 M_λ 内任选一组规一的正交基 $\{e'_1, \cdots, e'_n\}$, 则对于任一 $M_{\bar{\lambda}} \mapsto M_\lambda$ 的保范算子 V', 有

$$V'e_i = \sum_{j=1}^{n} \alpha_{ij} e'_j \quad (i = 1, 2, \cdots, n).$$

根据算子的保范性, 可推出矩阵 (α_{ij}) 是一酉矩阵.

设 $u_{\bar{\lambda}}$ 是 $M_{\bar{\lambda}}$ 中的任一元素, 则有

$$u_{\bar{\lambda}} = c_1 e_1 + \cdots + c_n e_n,$$

从而得

$$V'u_{\bar{\lambda}} = c_1 V'e_1 + \cdots + c_n V'e_n = c_1 \sum_{j=1}^{n} \alpha_{1j} e'_j + \cdots + c_n \sum_{j=1}^{n} \alpha_{nj} e'_j,$$

若 u 是 A 的自伴扩张域 $\mathscr{D}_B$ 中的任一元素, 则根据定理 4.2.3, 有

$$\begin{aligned} u &= u_A + (c_1 e_1 + \cdots + c_n e_n) - \sum_{i,j=1}^{n} c_i \alpha_{ij} e'_j \\ &= u_A + \sum_{i=1}^{n} c_i \left(e_i - \sum_{j=1}^{n} \alpha_{ij} e'_j \right), \end{aligned}$$

令 $\psi_i = e_i - \sum_{j=1}^{n} \alpha_{ij} e'_j$, $\mathfrak{N}$ 为由 $\psi_1, \cdots, \psi_n$ 所张成的 n 维线性流形, 则就可得到

$$\mathscr{D}_B = \mathscr{D}_A + \mathfrak{N}.$$

显然, $\mathfrak{N}$ 是 $M_{\bar{\lambda}} + M_\lambda$ 的子流形, 它与 $\mathscr{D}_A$ 仍是线性独立的. 综合上述, 即得如下定理.

定理 4.2.4 设 A 为闭对称算子, 它的亏指数 $d^- = d^+ = n$, 若 $\{e_i\}$, $\{e'_i\}(i = 1, 2, \cdots, n)$ 分别为亏空间 $M_{\bar{\lambda}}$, M_λ 的规一正交基, V' 为 $M_{\bar{\lambda}} \mapsto M_\lambda$ 上的保范算子,

$$V' e_i = \sum_{j=1}^{n} \alpha_{ij} e'_j \quad (i = 1,\ 2,\ \cdots,\ n),$$

其中 (α_{ij}) 为一酉矩阵. 令 $\mathfrak{N}$ 是由元素

$$\psi_i = e_i - \sum_{j=1}^{n} \alpha_{ij} e'_j \quad (i = 1, 2, \cdots, n)$$

所张成的线性流形, 则 A 的自伴扩张 B 的定义域

$$\mathscr{D}_B = \mathscr{D}_A + \mathfrak{N}.$$

由于微分算子的亏指数总是有限的, 所以定理 4.2.4 事实上将是今后讨论微分算子自伴域的构造的出发点.

4.3 Neumann 公式

本节要证明定理 4.1.4, 即对称算子的亏指数与 λ 的选择无关.

取 $\lambda = \mathrm{i}$, 则根据定理 4.2.2, 对任何 $u \in \mathscr{D}_{A^*}$, 可有唯一的分解式

$$u = u^0 + u^- + u^+, \tag{4.3.1}$$

其中 $u^0 \in \mathscr{D}_A$, $u^- \in M_{\mathrm{i}}$, $u^+ \in M_{-\mathrm{i}}$.

定理 4.3.1 (Neumann 公式)

$$\mathscr{I}(A^* u, u) = |u^+|^2 - |u^-|^2.$$

证明 利用分解式 (4.3.1), 可得

$$(A^* u, u) = (A^*(u^0 + u^- + u^+), u^0 + u^- + u^+)$$

$$
\begin{aligned}
&= (A^*u^0, u^0) + (A^*u^0, u^- + u^+) \\
&\quad + (A^*(u^- + u^+), u^0) + (A^*(u^- + u^+), u^- + u^+).
\end{aligned}
$$

但

$$(A^*u^0, u^- + u^+) = (Au^0, u^- + u^+) = (u^0, A^*(u^- + u^+)) = \overline{(A^*(u^- + u^+), u^0)},$$

又根据引理 4.2.1, 可有

$$A^*u^- = -\mathrm{i}u^-, \quad A^*u^+ = \mathrm{i}u^+,$$

从而得

$$
\begin{aligned}
(A^*(u^- + u^+), u^- + u^+) &= \mathrm{i}(-u^- + u^+, u^- + u^+) \\
&= -\mathrm{i}(u^-, u^-) + \mathrm{i}(u^+, u^+) - \mathrm{i}(u^-, u^+) + \mathrm{i}(u^+, u^-) \\
&= \mathrm{i}(|u^+|^2 - |u^-|^2) + 2\mathrm{Re}[\mathrm{i}(u^+, u^-)].
\end{aligned}
$$

于是可得

$$(A^*u, u) = (Au^0, u^0) + 2\mathrm{Re}(A^*(u^- + u^+), u^0) + 2\mathrm{Re}[\mathrm{i}(u^+, u^-)] + \mathrm{i}(|u^+|^2 - |u^-|^2).$$

上式右端前三项均为实数, 所以就得到所求的公式. 证毕.

根据上述已证明的公式, 就可将 A^* 的定义域 $\mathscr{D}_{A^*}$ 分为三部分:

$$\mathscr{D}_{A^*} = \mathscr{D}^+ \cup \mathscr{D}^0 \cup \mathscr{D}^-,$$

其中

$$
\begin{aligned}
\mathscr{D}^+ &= \{u \in \mathscr{D}_{A^*} \mid \mathscr{I}(A^*u, u) > 0\} \cup \{0\}, \\
\mathscr{D}^0 &= \{u \in \mathscr{D}_{A^*} \mid \mathscr{I}(A^*u, u) = 0\}, \\
\mathscr{D}^- &= \{u \in \mathscr{D}_{A^*} \mid \mathscr{I}(A^*u, u) < 0\} \cup \{0\}.
\end{aligned}
$$

根据以上定义, 显然有 $\mathscr{D}_A \subset \mathscr{D}^0$, $M_{-\mathrm{i}} \subset \mathscr{D}^+$, $M_{\mathrm{i}} \subset \mathscr{D}^-$. 令 $\mathfrak{M}$ 是包含于 $\mathscr{D}^+$ 或 $\mathscr{D}^-$ 内的任何线性流形, 定义 $\mathscr{D}^+$, $\mathscr{D}^-$ 的维数为

$$\dim \mathscr{D}^+ \equiv \sup_{\mathfrak{M} \subset \mathscr{D}^+} \{\dim \mathfrak{M}\}; \quad \dim \mathscr{D}^- \equiv \sup_{\mathfrak{M} \subset \mathscr{D}^-} \{\dim \mathfrak{M}\}.$$

它们都可以取 ∞.

定理 4.3.2

$$\dim \mathscr{D}^+ = \dim M_{-\mathrm{i}}, \quad \dim \mathscr{D}^- = \dim M_{\mathrm{i}}.$$

证明　设 $\dim M_{-\mathrm{i}}=m$, $\dim \mathscr{D}^+=m'$. 因为 $M_{-\mathrm{i}}\subset\mathscr{D}^+$, 所以 $m\leqslant m'$. 故若 $m=\infty$, 则 $m'=\infty$, 此时结论为真. 下设 $m<\infty$, 只需证明 $m'\leqslant m$. 用反证法, 若不然, 则 $m'>m$, 于是在 $\mathscr{D}^+$ 内存在由 $m+1$ 个线性独立的元素 $u_1, u_2, \cdots, u_{m+1}$ 张成的线性流形. 由于 $\mathscr{D}^+\subset\mathscr{D}_{A^*}$, 故对每个 u_i 可有分解式

$$u_i=u_i^0+u_i^++u_i^-\quad (i=1,2,\cdots,m+1),$$

其中 $u_i^0\in\mathscr{D}_A$, $u_i^+\in M_{-\mathrm{i}}$, $u_i^-\in M_{\mathrm{i}}$.

因为 $\dim M_{-\mathrm{i}}=m$, 所以必有 $m+1$ 个不全为 0 的常数 $c_1, c_2, \cdots, c_{m+1}$, 使得

$$c_1u_1^++c_2u_2^++\cdots+c_{m+1}u_{m+1}^+=0.$$

令

$$u=c_1u_1+c_2u_2+\cdots+c_{m+1}u_{m+1},$$

则知 $u\in\mathscr{D}^+$ 且 $u\neq 0$. 利用 u_i 的分解式, 得

$$u=\sum_{i=1}^{m+1}c_iu_i^0+\sum_{i=1}^{m+1}c_iu_i^-=u^0+u^-\quad (u^+=0).$$

由定理 4.3.1, 得

$$\mathscr{I}(A^*u,u)=|u^+|^2-|u^-|^2=-|u^-|^2\leqslant 0,$$

这说明 $u\bar{\in}\mathscr{D}^+$, 这导致矛盾. 因此必须 $m'=m$, 即

$$\dim\mathscr{D}^+=\dim M_{-\mathrm{i}}.$$

同理可证 $\dim\mathscr{D}^-=\dim M_{\mathrm{i}}$. 证毕.

定理 4.3.3　对于任何复数 $\lambda(\mathscr{I}\lambda>0)$,

$$\dim M_\lambda=\dim M_{\mathrm{i}},\quad \dim M_{\bar{\lambda}}=\dim M_{-\mathrm{i}}.$$

证明　令 $\lambda=\sigma+\mathrm{i}\tau\ (\tau>0)$, $B=\dfrac{1}{\tau}(A-\sigma)$, 则

$$\begin{aligned}R_\lambda(A)&\equiv\{(A-\lambda I)u\mid u\in\mathscr{D}_A\}=\{(A-\sigma-\mathrm{i}\tau)u\mid u\in\mathscr{D}_A\}\\&=\left\{\left(\frac{A-\sigma}{\tau}-\mathrm{i}\right)\tau u\mid u\in\mathscr{D}_A\right\}=\{(B-\mathrm{i})v\mid v\in\mathscr{D}_B\}\equiv R_{\mathrm{i}}(B),\end{aligned}$$

从而推知算子 A 与 B 相应的亏空间相等, 即

$$M_\lambda(A)=M_{\mathrm{i}}(B).$$

另一方面, 因为

$$B^* = \frac{1}{\tau}(A^* - \sigma),$$

故知 $\mathscr{D}_{B^*} = \mathscr{D}_{A^*}$. 于是对任意的 $u \in \mathscr{D}_{A^*}$, 有

$$\mathscr{I}(B^*u, u) = \mathscr{I}\left(\left(\frac{A^*}{\tau} - \frac{\sigma}{\tau}\right)u,\ u\right) = \frac{1}{\tau}\mathscr{I}(A^*u,\ u),$$

由此可知 $\mathscr{I}(B^*u,\ u)$ 与 $\mathscr{I}(A^*u,\ u)$ 同号. 这就可得到

$$\begin{aligned}\mathscr{D}^-(A) &\equiv \{u \in \mathscr{D}_{A^*} \mid \mathscr{I}(A^*u, u) < 0\} \cup \{0\} \\ &= \{u \in \mathscr{D}_{B^*} \mid \mathscr{I}(B^*u,\ u) < 0\} \cup \{0\} \equiv \mathscr{D}^-(B).\end{aligned}$$

于是应用定理 4.3.2, 即可得

$$\dim M_\lambda(A) = \dim M_{\mathrm{i}}(B) = \dim \mathscr{D}^-(B) = \dim \mathscr{D}^-(A) = \dim M_{\mathrm{i}}(A).$$

同理可证明

$$\dim M_{\bar{\lambda}}(A) = \dim M_{-\mathrm{i}}(A).$$

证毕.

本定理实际上完成了定理 4.1.4 的证明.

4.4 常型微分算子的亏指数与自伴扩张

本节来考虑定义在闭区间 $[a, b]$ 上的对称微分算式

$$l(y) = p_0(x)y^{(n)} + p_1(x)y^{(n-1)} + \cdots + p_n(x)y$$

所生成的对称算子的亏指数及自伴扩张问题. 这里的 $l(y)$ 假设满足 2.3 节中的条件. 沿用 2.5 节中的记号, 令 $\mathscr{L}_M$ 表示由 $l(y)$ 生成的最大算子, $\mathscr{D}_M$ 表示最大算子域; 以 $\mathscr{L}_0$ 表示由 $l(y)$ 生成的最小算子, $\mathscr{D}_0$ 表示最小算子域. 根据 2.5 节的讨论知, $\mathscr{L}_0$ 是闭对称算子, $\mathscr{L}_0^* = \mathscr{L}_M$, $\mathscr{L}_M^* = \mathscr{L}_0$. 再由引理 4.2.1 可知, $\mathscr{L}_0$ 的亏指数 d^-, d^+ 分别等于 $\mathscr{L}_M$ 对应于本征值 $\pm\mathrm{i}$ 的本征函数所张成的空间的维数, 也就是说, 等于微分方程 $l(y) = \mathrm{i}y$ 及 $l(y) = -\mathrm{i}y$ 属于 $L^2[a, b]$ 的线性独立解的个数. 然而, 因为 $l(y)$ 定义于闭区间 $[a, b]$ 上, 故上述方程的一切解均属于 $L^2[a, b]$, 从而可得如下定理.

定理 4.4.1 微分算子 $\mathscr{L}_0$ 的亏指数是 $(n,\ n)$.

结合定理 4.1.7, 又可得以下推论.

推论 4.4.1 $\mathscr{L}_0$ 必可扩张成自伴算子.

下面的问题就是给出 $\mathscr{L}_0$ 的一切自伴扩张的解析描述. 为叙述简便计, 把由 $\mathscr{L}_0$ 扩张而得的自伴算子的定义域称为 $\mathscr{L}_0$ **的自伴扩张域**, 或 $l(y)$ **的自伴域**.

令 $\psi_1,\psi_2,\cdots,\psi_n$ 是微分方程 $l(y)=\mathrm{i}y$ 的一组基; $\varphi_1,\varphi_2,\cdots,\varphi_n$ 是 $l(y)=-\mathrm{i}y$ 的一组基. 它们分别是 $\mathscr{L}_0$ 的亏空间 $M_{-\mathrm{i}}$ 和 M_{i} 的基. 令 $U=(\alpha_{ij})$ $(i,j=1,2,\cdots,n)$ 为任一酉矩阵 $(U^*=U^{-1})$, 再令

$$u_i=\varphi_i-\sum_{j=1}^{n}\alpha_{ij}\psi_j\quad(i=1,2,\cdots,n),\tag{4.4.1}$$

则 $\{u_i\}$ 是一组线性无关的函数. 令 $\mathscr{U}$ 是 $\{u_i\}$ 所张成的线性流形, $\mathscr{D}=\mathscr{D}_0+\mathscr{U}$, 则根据定理 4.2.4, 可有以下定理.

定理 4.4.2　$l(y)$ 为以 $\mathscr{D}=\mathscr{D}_0+\mathscr{U}$ 为定义域所生成的算子为自伴算子. 反之, $l(y)$ 所生成的任何自伴算子其定义域必具有 $\mathscr{D}_0+\mathscr{U}$ 的构造形式.

定理说明了 $\mathscr{L}_0$ 的任一自伴扩张都与一酉阵相对应. 下面将对 $\mathscr{L}_0$ 的自伴扩张域给出更为明确的描述.

定理 4.4.3　$\mathscr{D}$ 为 $\mathscr{L}_0$ 的自伴扩张域的充要条件为

$$\mathscr{D}=\{y\in\mathscr{D}_M\mid[y\,u_i]_a^b=0,\ i=1,2,\cdots,n\},$$

其中 u_i 的定义见式 (4.4.1).

证明　设 $\mathscr{D}$ 为 $\mathscr{L}_0$ 的任一自伴扩张域, y 为 $\mathscr{D}$ 的任一函数, 则根据定理 4.4.2, 可有

$$y=y_0+\sum_{i=1}^{n}c_iu_i,$$

其中 $y_0\in\mathscr{D}_0$, c_i 为常数. 于是

$$[yu_i]_a^b=\sum_{j=1}^{n}c_j[u_ju_i]_a^b+[y_0u_i]_a^b.$$

据定理 4.4.2, $u_i\in\mathscr{D}$, 因此

$$(l(u_j),\ u_i)-(u_j,l(u_i))=[u_ju_i]_a^b=0,$$

此外显然有 $[y_0u_i]_a^b=0$, 从而证明了 $[yu_i]_a^b=0$.

反之, 设 $y\in\mathscr{D}_M$, 并满足 $[yu_i]_a^b=0$, 再令 z 为自伴域 $\mathscr{D}$ 的任一函数. 由定理 4.4.2 知 $z=y_0+\sum\limits_{j=1}^{n}c_ju_j$, 与上面的论证同理, 有

$$(l(z),y)-(z,l(y))=[zy]_a^b=[y_0y]_a^b+\sum_{j=1}^{n}c_j[u_jy]_a^b=0.$$

这说明了 y 属于 $\mathscr{D}$ 的共轭域 $\mathscr{D}^*$, 但 $\mathscr{D}$ 是自伴域, 所以 $\mathscr{D}^* = \mathscr{D}$, 这就证明 $y \in \mathscr{D}$. 证毕.

上述定理表明, $\mathscr{L}_0$ 的自伴扩张域系是 $\mathscr{D}_M$ 内由边界条件 $[yu_i]_a^b = 0$ 所界定的线性流形. 由此可见, 边界条件的形式乃是微分算子自伴域描述的一般形式. 然而在定理中, 所给的边界条件是由函数组 $\{u_i\}$ 所决定的, 而它又依赖于亏空间的基与酉矩阵, 所以不便于进行计算和验证. 于是, 自然就产生了这样的问题: 能否给出自伴域的一种直接的描述? 这个问题, 对于常型的微分算子, 事实上已经有了解答 (见 2.5 节的讨论), 然而在这里, 将应用算子的观点和方法, 来重新处理这个问题. 这样, 不仅在常型微分算子自伴域的描述上, 给出了一种新的方法, 而且更重要的是, 它便于今后对奇型的微分算子去处理同样的问题. 下面将首先把定理 4.4.3 拓展成为一种更便于应用的形式.

令 $v_1, v_2, \cdots, v_n$ 为 $l(y)$ 的最大算子域 $\mathscr{D}_M$ 内任 n 个函数, 满足如下条件:

(1) 对于任何非平凡的常数组 $c_1, c_2, \cdots, c_n$, 有

$$\sum_{i=1}^{n} c_i v_i \bar{\in} \mathscr{D}_0;$$

(2) $[v_i v_j]_a^b = 0 \ (i, j = 1, 2, \cdots, n)$.

$\mathscr{D}_M$ 内满足以上条件的函数组 $\{v_i\}$ 是存在的, 如定理 4.4.3 中所描述的自伴边界条件的函数组 $\{u_i\}$ 便是. 下面的定理将说明: $l(y)$ 自伴域的边界条件可以通过比 $\{u_i\}$ 形式更一般的函数组 $\{v_i\}$ 来描述.

定理 4.4.4 $L^2[a, b]$ 内的线性流形 $\mathscr{D}$ 为 $l(y)$ 的自伴域的充要条件为: 存在 $\mathscr{D}_M$ 内的一组函数 $\{v_i\} \ (i = 1, 2, \cdots, n)$ 满足如上所述的条件 (1), (2), 使得

$$\mathscr{D} = \{y \in \mathscr{D}_M \mid [yv_i]_a^b = 0, \ i = 1, 2, \cdots, n\}.$$

证明 由于定理 4.4.3 中的函数组 $\{u_i\} \ (i = 1, 2, \cdots, n)$ 满足条件 (1), (2), 所以命题的必要性是明显的. 下面仅需证明充分性, 兹分以下步骤证明:

1° 边界条件 $[yv_i]_a^b = 0 \ (i = 1, 2, \cdots, n)$ 是独立的. 若不然, 则存在不全为 0 的常数组 $c_1, c_2, \cdots, c_n$, 使得

$$\sum_{j=1}^{n} c_j [yv_j]_a^b = \left[y \sum_{j=1}^{n} \overline{c}_j v_j \right]_a^b = 0$$

对一切 $y \in \mathscr{D}_M$ 成立. 于是根据命题 2.5.1 知, $\sum\limits_{j=1}^{n} \overline{c}_j v_j$ 属于 $\mathscr{L}_M^* = \mathscr{L}_0$ 的定义域 $\mathscr{D}_0$, 这与假设矛盾.

2° 令 $\mathscr{D}'$ 表示一切形如 $y_0+\sum\limits_{j=1}^{n}c_jv_j$ 的函数所组成的集, 其中 $y_0\in\mathscr{D}_0$. 证明 $\mathscr{D}'=\mathscr{D}$. 根据定理的条件 (2), 显然有 $\mathscr{D}'\subset\mathscr{D}$. 所以下面只需证明 $\mathscr{D}\subset\mathscr{D}'$. 由定理 4.2.1 知

$$\mathscr{D}_M=\mathscr{D}_0+M_{-\mathrm{i}}+M_{\mathrm{i}};$$

设 $\varphi_1,\cdots,\varphi_n$ 是为 $M_{-\mathrm{i}}$ 的一组基, $\varphi_{n+1},\cdots,\varphi_{2n}$ 为 M_{i} 的一组基, 则任一 $y\in\mathscr{D}_M$ 可唯一地表为

$$y=y_0+\sum_{j=1}^{2n}c_j\varphi_j,$$

将它代入边界条件, 即得

$$[yv_i]_a^b=\sum_{j=1}^{2n}c_j[\varphi_jv_i]_a^b\quad(i=1,2,\cdots,n).$$

因为根据 1° 的证明, 边界条件 $[yv_i]_a^b=0$ 是独立的, 因此 $2n\times n$ 矩阵 $([\varphi_jv_i]_a^b)$ 的秩必为 n. 这就说明了 y 若属于 $\mathscr{D}$, 则表示式中的常数 $c_1, c_2, \cdots, c_{2n}$ 有 n 个 (不妨设为 $c_1, c_2, \cdots, c_n$) 是独立的, 其余 n 个可以唯一地表示成它们的线性组合. 于是 y 就可以表示成

$$y=y_0+\sum_{j=1}^{n}c_j\psi_j,$$

其中 $\{\psi_{\mathrm{j}}\}$ 是 $M_{-\mathrm{i}}+M_i$ 中 n 个线性无关的函数. 因显然 $v_i\in\mathscr{D}$, 故应用以上的讨论, 就有

$$v_i=y_i^0+\sum_{j=1}^{n}\alpha_{ij}\psi_j\quad(i=1,2,\cdots,n),$$

其中 $y_i^0\in\mathscr{D}_0$, 矩阵 (α_{ij}) 的秩必为 n. 否则, 就有 $\{v_i\}$ 的一个非平凡的线性组合属于 $\mathscr{D}_0$, 这导致与假设矛盾. 于是就可从上式中解出 ψ_j, 得

$$\psi_j=z_i^0+\sum_{j=1}^{n}\beta_{ij}v_j\quad(i=1,2,\cdots,n),$$

其中 $z_i^0\in\mathscr{D}_0$. 将上面 ψ_j 的表达式代回到 y 的表达式中, 即知 $y\in\mathscr{D}'$. 从而证明了 $\mathscr{D}\subset\mathscr{D}'$, 亦即得 $\mathscr{D}'=\mathscr{D}$.

3° $\mathscr{D}'$ 是 $l(y)$ 的自伴域. 因为 $\mathscr{D}_0\subset\mathscr{D}'\subset\mathscr{D}_M$, 故 $\mathscr{D}'$ 为稠密集. 令 $\mathscr{L}$ 为 $l(y)$ 定义在 $\mathscr{D}'$ 上的算子, 则由定理的条件 (2), 可推知对任何 $y,z\in\mathscr{D}'$, 有

$$(\mathscr{L}y,z)-(y,\mathscr{L}z)=[yz]_a^b=0,$$

所以 $\mathscr{L}$ 是 $\mathscr{L}_0$ 的对称扩张. 下面证明 $\mathscr{L}$ 是自伴算子. 运用定理 2.5.2, 假设 $z \in \mathscr{D}_M$, 若对于一切 $y \in \mathscr{D}'$, 有

$$[yz]_a^b = 0,$$

则可知对于任一 $v_i \in \mathscr{D}'$, $[v_i z]_a^b = 0$, 由此推知 $z \in \mathscr{D} = \mathscr{D}'$. 这就证明了 $\mathscr{L}$ 为自伴算子. 证毕.

定理 4.4.4 将定理 4.4.3 中用以描述自伴边界条件的亏空间 $M_{-\mathrm{i}} + M_{\mathrm{i}}$ 中的函数组 $\{u_i\}$ 易为商流形 $\mathscr{D}_M/\mathscr{D}_0$ 中满足定理条件 (2) 的任意 n 个线性无关函数, 这就大大增加了应用的灵活程度. 事实证明, 定理 4.4.4 对于给出微分算子自伴域的直接描述, 是十分有效的. 这在以后处理奇型微分算子的同一问题时, 更显得如此. 下面将利用定理 4.4.4, 对于常型微分算子自伴域的直接描述给出一个新颖的证明 (原命题见定理 2.5.5).

定理 4.4.5 线性流形 $\mathscr{D} \subset \mathscr{D}_M$ 是 n 阶常型对称微分算式 $l(y)$ 的一个自伴域的充要条件是, 它的任何函数 y 都满足 n 个独立的边界条件

$$\sum_{j=1}^{n} \alpha_{ij} y^{(j-1)}(a) + \sum_{j=1}^{n} \beta_{ij} y^{(j-1)}(b) = 0 \quad (i = 1, 2, \cdots, n), \tag{4.4.2}$$

其中系数矩阵 $A = (\alpha_{ij})$, $B = (\beta_{ij})$ 满足条件

$$AQ^{-1}(a)A^* = BQ^{-1}(b)B^*, \tag{4.4.3}$$

$Q(x)$ 是 $l(y)$ 的契合矩阵.

证明 必要性: 设 $\mathscr{D}$ 为 $l(y)$ 的一个自伴域, $y \in \mathscr{D}$, 则根据定理 4.4.3, y 满足独立的边界条件

$$[yu_i]_a^b = 0 \quad (i = 1, 2, \cdots, n).$$

其中 $\{u_i\}$ 是由式 (4.4.1) 确定的函数组. 沿用 2.3 节中的记号, 上述边界条件可写成

$$R(\bar{u}_i)_a Q(a) c(y)_a - R(\bar{u}_i)_b Q(b) c(y)_b = 0.$$

若令 $U(x)$ 表示以 $c(u_i)$ 为列矢量的矩阵, 则上述边界条件组可写成矢量矩阵形式

$$U^*(a)Q(a)c(y)_a - U^*(b)Q(b)c(y)_b = 0.$$

令

$$U^*(a)Q(a) = A, \quad -U^*(b)Q(b) = B, \tag{4.4.4}$$

则边界条件就化成

$$AC(y)_a + BC(y)_b = 0,$$

即为定理所求的形式. 下面证明 A, B 满足关系式 (4.4.3).

由于 $\{u_i\}$ 满足关系

$$[u_i u_j]_a^b = 0 \quad (i, j = 1, 2, \cdots, n),$$

将它写成矩阵形式, 即得

$$U^*(b)Q(b)U(b) = U^*(a)Q(a)U(a); \tag{4.4.5}$$

另一方面, 由式 (4.4.4) 可得

$$U^*(a) = AQ^{-1}(a), \quad U^*(b) = -BQ^{-1}(b).$$

两端取共轭, 并注意到 $[Q^{-1}(x)]^* = -Q^{-1}(x)$ (见定理 2.3.2), 得

$$U(a) = -Q^{-1}(a)A^*, \quad U(b) = Q^{-1}(b)B^*.$$

将它们代入式 (4.4.5) 即得式 (4.4.3).

充分性: 下面来证明 $\mathscr{D}_M$ 内由边界条件 (4.4.2) 所界定的线性流形 $\mathscr{D}$, 当系数矩阵满足式 (4.4.3) 时, 为 $l(y)$ 的自伴域. 为此, 根据定理 4.4.4, 作出满足定理 4.4.4 条件的函数组 $\{v_i\}$.

令

$$Q^{-1}(a)A^* = (\alpha_{ij}), \quad -Q^{-1}(b)B^* = (\beta_{ij}) \quad (i,\ j = 1, 2, \cdots, n).$$

根据引理 2.5.2 知, 存在函数 $v_i \in \mathscr{D}_M$, 满足

$$v_i^{(j-1)}(a) = \alpha_{ji}, \quad v_i^{(j-1)}(b) = \beta_{ji} \quad (i,\ j = 1, 2, \cdots, n).$$

令

$$V(x) = \begin{pmatrix} v_1 & v_2 & \cdots & v_n \\ v_1' & v_2' & \cdots & v_n' \\ \vdots & \vdots & & \vdots \\ v_1^{(n-1)} & v_2^{(n-1)} & \cdots & v_n^{(n-1)} \end{pmatrix},$$

则

$$Q^{-1}(a)A^* = V(a), \quad -Q^{-1}(b)B^* = V(b),$$

从而有

$$A = -V^*(a)Q(a), \quad B = V^*(b)Q(b),$$

于是

$$AC(y)_a + BC(y)_b = V^*(b)Q(b)C(y)_b - V^*(a)Q(a)C(y)_a.$$

注意到上式右端矢量的第 i 个元素正是 $[yv_i]_a^b$, 这样通过所引进的函数组 $\{v_i\}$, 把边界条件 (4.4.2) 转化成了 $[yv_i]_a^b = 0$ 的形式. 余下需要证明 $\{v_i\}$ 满足定理 4.4.4 的条件 (1) 和 (2). 首先根据假定, 边界条件组 (4.4.2) 是独立的, 所以边界条件组 $[yv_i]_a^b = 0$ 也是独立的, 这就可以推断 $\{v_i\}$ 一定满足定理 4.4.4 的条件 (1). 否则, 就存在非平凡的线性组合

$$\sum_{i=1}^{n} c_i v_i \in \mathscr{D}_0,$$

于是对任何 $y \in \mathscr{D}_M$, 有

$$\left[y\sum_{i=1}^{n} c_i v_i\right]_a^b = 0,$$

这就与边界条件组 $[yv_i]_a^b = 0$ 的独立性矛盾.

现在进一步证明 $\{v_i\}$ 满足定理 4.4.4 的条件 (2). 因为

$$[v_i v_j]_a^b = R(\bar{v}_j)_b Q(b) c(v_i)_b - R(\bar{v}_j)_a Q(a) c(v_i)_a,$$

写成矢量矩阵记号, 即得

$$\begin{aligned}\left([v_i v_j]_a^b\right) &= V^*(b)Q(b)V(b) - V^*(a)Q(a)V(a)\\ &= -BQ^{-1}(b)B^* + AQ^{-1}(a)A^*.\end{aligned}$$

于是根据定理的假设, 即得

$$[v_i v_j]_a^b = 0 \quad (i, j = 1, 2, \cdots, n).$$

从而知 $\{v_i\}$ 满足定理 4.4.4 的条件 (2). 综合以上分析, 利用定理 4.4.4 即知 $\mathscr{D}$ 是 $l(y)$ 的自伴域. 证毕.

第 5 章　奇型对称微分算子的谱分解

5.1　奇型微分算式所生成的算子

在近代的量子物理学及许多工程技术问题中，需要我们考虑奇型的微分算子，本章及第 6 章将论述这类算子的若干一般问题.

令

$$l(y)=p_0(x)y^{(n)}+p_1(x)y^{(n-1)}+\cdots+p_n(x)y$$

为定义在 (a,b) 上的微分算式. 若 $a=-\infty$ 或在 (a,b) 的任何子区间 $(a,\beta]$ 上，$p_0(x)^{-1},p_1(x),\cdots,p_n(x)$ 不全为 L 可积，则称端点 a 为 $l(y)$ 的奇端点. 同样可定义奇端点 b. $l(y)$ 的定义区间 (a,b) 若至少有一个端点为奇端点，则称它为**奇型的微分算式**. 由奇型的微分算式在 $L^2(a,b)$ 内所生成的算子，称为**奇型微分算子**. 因为有穷的奇端点常可变换成 ∞ 的奇端点，所以在一般讨论中，为叙述统一起见，恒假定奇端点为 ∞ 端点. 于是对奇型的 $l(y)$ 而言，其定义区间为 $(-\infty,b],[a,\infty)$ 或 $(-\infty,\infty)$ 三者之一. 由于 $(-\infty,\infty)$ 上的微分算子的问题恒可转化为仅有一个奇端点的微分算子的问题来讨论，所以本章的讨论恒假定 $l(y)$ 的定义区间为 $[a,\infty)$.

奇型的微分算子与常型的相比较，有许多本质上的不同之处. 对于这类算子，其亏指数有什么特征？它们的自伴域应当怎样描述？它们的谱又具有什么性质？这都将是本章及第 6 章要探讨的问题.

令 $\mathscr{D}_M$ 表示 $L^2[a,\infty)$ 内满足下述性质的函数所组成的线性流形：

(1) $y^{(n-1)}$ 在 $[a,\infty)$ 的任何紧子集上绝对连续;

(2) $l(y)\in L^2[a,\infty)$.

称 $\mathscr{D}_M$ 为 $l(y)$ **的最大算子域**，相应地，$l(y)$ 以 $\mathscr{D}_M$ 为定义域所生成的算子记为 $\mathscr{L}_M$，称为 $l(y)$ **所生成的最大算子**. 以 $\mathscr{D}_0'$ 表示 $\mathscr{D}_M$ 的如下的子集：它的任何函数在 (a,∞) 的紧子集外为 0. $l(y)$ 以 $\mathscr{D}_0'$ 为定义域所生成的算子记为 $\mathscr{L}_0'$.

引理 5.1.1　对于任何 $y,z\in\mathscr{D}_M$，有

(1) $[yz]_a^\infty=\lim\limits_{b\to\infty}[yz]_a^b$ 存在;

(2) 若 y,z 中之一属于 $\mathscr{D}_0'$，则

$$[yz]_a^\infty=0.$$

证明只需在 $[a,b]$ 上应用 Green 公式，然后令 $b\to\infty$ 即得.

引理 5.1.2 $\mathscr{D}_0'$ 在 $L^2[a,\infty)$ 内稠密, $\mathscr{L}_0'$ 是 $L^2[a,\ \infty)$ 内的对称算子.

证明 设 $h\in L^2[a,\infty)$, 且对一切 $y\in\mathscr{D}_0', (y,h)=0$. 任取 $\varDelta=[\alpha,\beta]\subset(a,\infty)$, 令 $\mathscr{D}_0(\varDelta)$ 表示 $\mathscr{D}_M$ 内所有在 $\varDelta$ 外取值为 0 的函数组成的集合, 并令 $h_\varDelta$ 表示 h 限制于 $\varDelta$ 上的部分. 根据第 2 章的讨论 (见推论 2.2.1), $\mathscr{D}_0(\varDelta)$ 在 $L^2[\alpha,\ \beta]$ 内稠密, 但 $h_\varDelta\in\mathscr{D}_0(\varDelta)^\perp$, 故几乎处处 $h_\varDelta=0$, 由于 $\varDelta$ 的任意选择, 所以在 $[a,\infty)$ 上几乎处处 $h=0$ $(p\cdot p)$, 这就证明 $\mathscr{D}_0'$ 在 $L^2[a,\infty)$ 内稠密. 再据引理 5.1.1 的 (2), 即知 $\mathscr{L}_0'$ 为对称算子. 证毕.

定理 5.1.1 $\mathscr{L}_0'^*=\mathscr{L}_M$.

证明 根据引理 5.1.1 的 (2), 运用 Green 公式, 即可推得 $\mathscr{L}_M\subset\mathscr{L}_0'^*$. 余下仅需证明 $\mathscr{L}_0'^*\subset\mathscr{L}_M$, 即证明: 若有 $z,z^*\in L^2[a,\infty)$, 使对一切 $y\in\mathscr{D}_0'$ 有

$$(l(y),z)=(y,z^*),$$

则 $z\in\mathscr{D}_M$ 且 $l(z)=z^*$. 若在上式中限制 $y\in\mathscr{D}_0(\varDelta)\subset\mathscr{D}_0'$(这里 $\mathscr{D}_0(\varDelta)$ 的定义见引理 5.1.2), 并令 $z_\varDelta, z_\varDelta^*$ 表示 z,z^* 限制于 $\varDelta=[\alpha,\beta]$ 的部分, 则等式

$$(l(y),z_\varDelta)=(y,z_\varDelta^*)$$

对一切 $y\in\mathscr{D}_0(\varDelta)$ 成立. 于是根据 2.5 节对常型算子所作的讨论知, $z_\varDelta\in\mathscr{D}_M(\varDelta)$ 且 $l(z_\varDelta)=z_\varDelta^*$. 因 $\varDelta$ 是 $[a,\infty)$ 上任选的闭区间, 故知 $z\in\mathscr{D}_M$, 且 $l(z)=z^*$. 证毕.

令 $\mathscr{L}_0=\mathscr{L}_M^*=\mathscr{L}_0'^{**}$, 则根据定理 1.7.1 知, $\mathscr{L}_0$ 是 $\mathscr{L}_0'$ 的闭对称扩张, 且 $\mathscr{L}_0^*=\mathscr{L}_M$. 以 $\mathscr{D}_0$ 表示 $\mathscr{L}_0$ 的定义域, 则可得 $\mathscr{D}_0$ 的解析描述如下.

定理 5.1.2 $y\in\mathscr{D}_0$ 的充要条件为:

(1) $y\in\mathscr{D}_M$;

(2) $[yz](a)=[yz](\infty)=0$ 对一切 $z\in\mathscr{D}_M$ 成立.

证明 由于 $\mathscr{L}_0$ 与 $\mathscr{L}_M$ 互为共轭, 故与命题 2.5.1 的论证类同, 可证 $y\in\mathscr{D}_0$ 的充要条件为 $y\in\mathscr{D}_M$, 且 $[yz]_a^\infty=0$ 对一切 $z\in\mathscr{D}_M$ 成立. 今任取点 $b,c,a<b<c<\infty$. 在 $[b,c]$ 上找函数 v, 满足

$$v^{(j-1)}(b)=z^{(j-1)}(b),\quad v^{(j-1)}(c)=0\quad(j=1,2,\cdots,n),$$

且 $v^{(n-1)}(x)$ 在 $[b,c]$ 绝对连续. 按引理 2.5.2 知, 如上的 v 是存在的. 令

$$z_1(x)=\begin{cases}z(x), & a\leqslant x\leqslant b,\\ v(x), & b<x\leqslant c,\\ 0, & c<x<\infty,\end{cases}$$

则 $z_1(x)\in\mathscr{D}_M$, 于是有 $[yz_1]_a^\infty=0$, 但

$$[yz_1]_a^\infty=-[yz](a),$$

这就证明 $[yz](a)=0$. 再由 $[yz]_a^\infty=0$, 同时导出 $[yz](\infty)=0$. 证毕.

事实上, 上述定理中的条件 (2), 还可以得到加强, 可有如下定理.

定理 5.1.2′ $y\in\mathscr{D}_0$ 的充要条件为:

(1) $y\in\mathscr{D}_M$;

(2) $y(a)=y'(a)=\cdots=y^{(n-1)}(a)=0$;

(3) $[yz](\infty)=0$ 对一切 $z\in\mathscr{D}_M$ 成立.

证明 仅需证明 $y^{(j-1)}(a)=0\ (j=1,2,\cdots,n)$ 与条件 $[yz](a)=0$ 等价. 根据式 (2.3.6), 有

$$[yz](a)=R(\bar{z})_aQ(a)C(y)_a.$$

任选 $\mathscr{D}_M$ 中的 n 个函数 $z_j\ (j=1,2,\cdots,n)$, 满足

$$z_j^{(k-1)}(a)=\delta_{jk},$$

则得

$$[yz_j](a)=R(\bar{z}_j)_aQ(a)C(y)_a=0,$$

其中 $R(\bar{z}_j)_a$ 为除了第 j 个分量不为 0 的单位矢量. 综合以上 n 个等式, 即可得

$$(\delta_{jk})Q(a)C(y)_a=Q(a)C(y)_a=0.$$

因为 $Q(a)$ 是非奇矩阵, 可推知 $C(y)_a=0$. 证毕.

因为 $\mathscr{L}_0^*=\mathscr{L}_M$, 所以 $\mathscr{L}_0$ 的亏空间 $M_{-\mathrm{i}},M_{\mathrm{i}}$ 即为 $\mathscr{L}_M$ 对应于本征值 i, $-$i 的本征函数空间 (引理 4.2.1), 从而可得如下定理.

定理 5.1.3 设 $\mathscr{L}_0$ 的亏指数为 (d^-,d^+), 则 d^- 等于微分方程 $l(y)=\mathrm{i}y$ 的属于 $L^2[a,\infty)$ 的线性无关解的个数; d^+ 等于微分方程 $l(y)=-\mathrm{i}y$ 的属于 $L^2[a,\infty)$ 的线性无关解的个数.

在定理叙述中, 若把 $\pm\mathrm{i}$ 易为一般的复数 $\lambda,\bar{\lambda}(\mathscr{I}\lambda>0)$, 则定理仍然成立. 与常型算子的情形类似, 把 $\mathscr{L}_0$ 称为 **$l(y)$ 在 $[a,\infty)$ 上生成的最小算子**, 相应地, $\mathscr{D}_0$ 称为**最小算子域**. 由于最小算子是由 $l(y)$ 所唯一确定的, 所以 $\mathscr{L}_0$ 的亏指数也可称为是**微分算式 $l(y)$ 的亏指数**.

因为 n 阶微分方程的线性独立解的个数是 n, 所以可得如下推论.

推论 5.1.1 最小算子 $\mathscr{L}_0$ 的亏指数 (d^-,d^+) 满足

$$0\leqslant d^-\leqslant n,\quad 0\leqslant d^+\leqslant n.$$

设 $l(y)$ 为实系数的对称微分算式, 则若 φ 为 $l(y)=\mathrm{i}y$ 的解, $\bar{\varphi}$ 就必为 $l(y)=-\mathrm{i}y$ 的解, 而若 $\varphi\in L^2[a,\infty),\bar{\varphi}$ 亦然. 于是又可得如下推论.

推论 5.1.2 对实的对称微分算式 $l(y)$ 而言, $\mathscr{L}_0$ 的亏指数 $(d^-,\ d^+)$ 满足 $d^-=d^+$. 因而实对称微分算式必可在 $L^2[a,\infty)$ 内生成自伴算子.

5.2 二阶对称微分算式的点型与圆型

本节讨论定义于 $[0,\infty)$ 上的二阶对称微分算式

$$l(y)=-(p(t)y')'+q(t)y \quad \left('=\frac{\mathrm{d}}{\mathrm{d}t}\right) \tag{5.2.1}$$

所生成的算子, 其中

$$p(t)\in C^1[0,\infty),\quad q(t)\in C[0,\infty),\quad p(t)>0,$$

p,q 均为实函数.

先来考虑有限区间 $[0,b]$ 上的常型算子, 然后令 $b\to\infty$, 以求得奇型算子相应的性质.

考虑 $[0,b]$ 上的算子

$$\mathscr{L}_b:\begin{cases} l(y)=-(py')+qy \quad \left('=\dfrac{\mathrm{d}}{\mathrm{d}t}\right), \\ U_1(y)=y(0)\sin\alpha-p(0)y'(0)\cos\alpha=0, & (5.2.2)\\ U_2(y)=y(b)\cos\beta+p(b)y'(b)\sin\beta=0, & (5.2.3)\end{cases}$$

其中, $0\leqslant\alpha,\beta<\pi$. 显然 $\mathscr{L}_b$ 是 S-L 算子, 因此是自伴算子.

令 $\varphi(t,\lambda),\psi(t,\lambda)$ 是 $l(y)=\lambda(y)(\mathscr{I}\lambda\neq 0)$ 的两个线性独立解, 满足初值

$$\begin{aligned}&\varphi(0,\lambda)=\sin\alpha,\quad p(0)\varphi'(0,\lambda)=-\cos\alpha,\\ &\psi(0,\lambda)=\cos\alpha,\quad p(0)\psi'(0,\lambda)=\sin\alpha.\end{aligned} \tag{5.2.4}$$

记 $W(\varphi,\psi)$ 为 φ,ψ 的 Wronski 行列式, 则由上面规定的初值可知 $pW(\varphi,\psi)=1$. 此外, 由微分方程的解对参数的依赖性质知, $\varphi(t,\lambda),\psi(t,\lambda)$ 对于固定的 t 是 λ 的整函数.

令方程 $l(y)=\lambda y$ 的解

$$\chi(t,\lambda)=\varphi(t,\lambda)+m(\lambda)\psi(t,\lambda) \tag{5.2.5}$$

满足边界条件 (5.2.3), 将它代入边界条件即可解得

$$m(\lambda)=-\frac{U_2(\varphi)}{U_2(\psi)}=-\frac{\cot\beta\varphi(b,\lambda)+p(b)\varphi'(b,\lambda)}{\cot\beta\psi(b,\lambda)+p(b)\psi'(b,\lambda)}\,. \tag{5.2.6}$$

由以上表示式可知, 对于固定的 $b,\beta,m(\lambda)$ 是 λ 的半纯函数, 且 $m(\bar{\lambda})=\overline{m(\lambda)}$. 由 $pW(\varphi,\psi)=1$, 故知式 (5.2.6) 的分子、分母不能同时为 0, 因此, λ 为 $m(\lambda)$ 的极点

的充要条件是：它为 $U_2(\psi)$ 的零点. 注意到初始条件 (5.2.4) 的选取, 知 ψ 满足边界条件 (5.2.2), 因此 $U_2(\psi)$ 的零点即为 $\mathscr{L}_b$ 的本征值. 根据常型自伴算子本征值的分布性质知, $m(\lambda)$ 有可数个实的单重极点.

称 $m(\lambda)$ 为算子 $\mathscr{L}_b$ 的 Weyl 函数, 相应的解 (5.2.5) 称为方程 $l(y) = \lambda y$ 的 Weyl 解.

以下讨论固定端点 b, 为叙述简便计, 令

$$\cot\beta = z, \quad \varphi(b,\lambda) = A, \quad p(b)\varphi'(b,\lambda) = B,$$
$$\psi(b,\lambda) = C, \quad p(b)\psi'(b,\lambda) = D,$$

则式 (5.2.6) 可写成

$$m(\lambda) = -\frac{Az + B}{Cz + D}. \tag{5.2.7}$$

式 (5.2.7) 表示了一个 z 平面到 m 平面的分式线性变换, 其系数行列式

$$\begin{vmatrix} A & B \\ C & D \end{vmatrix} = p(b)W(\varphi,\psi)(b) = 1.$$

注意到 β 在 $(0,\pi)$ 上变化时, z 在实轴上从 $+\infty$ 单调地变到 $-\infty$. 因此变换 (5.2.7) 在 m 平面上的像必为一圆, 记为 C_b. 显然, C_b 上任一点唯一地对应 $[0,\pi)$ 上一个 β 值, 因此它唯一地对应着一个边界条件 (5.2.3).

C_b 称为算子 $\mathscr{L}_b$ 的 Weyl 圆, 下面给出它的解析描述.

定理 5.2.1　对于 Weyl 圆 C_b,

(1) 圆心为

$$O_b = -\frac{[\varphi\psi](b)}{[\psi\psi](b)};$$

(2) 半径为

$$r_b = \frac{1}{|[\psi\psi](b)|} = \frac{1}{2|\mathscr{I}\lambda|\displaystyle\int_0^b |\psi|^2 \mathrm{d}t};$$

(3) 圆方程为

$$\int_0^b |\varphi + m\psi|^2 \mathrm{d}t = \frac{\mathscr{I}m}{\mathscr{I}\lambda} \quad (\mathscr{I}\lambda \neq 0);$$

(4) 圆内部为

$$\int_0^b |\varphi + m\psi|^2 \mathrm{d}t < \frac{\mathscr{I}m}{\mathscr{I}\lambda}^{①}.$$

① $\mathscr{I}$ 代表复数的虚部.

证明 从式 (5.2.7) 中解出 z, 得

$$z = -\frac{B+Dm}{A+Cm}.$$

因为 $m \in C_b$ 的充要条件是 z 为实数, 即 $\mathscr{I} z = 0$. 从而得

$$\mathscr{I} z = \frac{1}{2\mathrm{i}}\left(-\frac{B+Dm}{A+Cm} + \frac{\bar{B}+\bar{D}\bar{m}}{\bar{A}+\bar{C}\bar{m}}\right) = 0.$$

由此即得 C_b 的方程为

$$(\bar{A}+\bar{C}\bar{m})(B+Dm) - (A+Cm)(\bar{B}+\bar{D}\bar{m}) = 0 \tag{5.2.8}$$

或

$$m\bar{m} + \left(\frac{\overline{A}D - \overline{B}C}{\overline{C}D - C\overline{D}}\right) m - \left(\frac{A\overline{D} - B\overline{C}}{\overline{C}D - C\overline{D}}\right)\bar{m} = \frac{A\overline{B} - \overline{A}B}{\overline{C}D - C\overline{D}}. \tag{5.2.8$'$}$$

另一方面, 若设 C_b 的中心为 O_b, 半径为 r_b, 则它的方程应为

$$|m - O_b|^2 = r_b^2$$

或

$$m\bar{m} - \bar{O}_b m - O_b\bar{m} = r_b^2 - |O_b|^2.$$

与式 (5.2.8) 比较, 即得

$$O_b = \frac{A\overline{D} - B\overline{C}}{\overline{C}D - C\overline{D}} = \frac{p[\varphi\bar{\psi}' - \varphi'\bar{\psi}](b)}{p[\bar{\psi}\psi' - \psi\bar{\psi}'](b)} = -\frac{[\varphi\psi](b)}{[\psi\psi](b)},$$

$$r_b^2 = |O_b|^2 + \frac{A\overline{B} - \overline{A}B}{\overline{C}D - C\overline{D}} = \left|\frac{AD - BC}{\overline{C}D - C\overline{D}}\right|^2 = \left(\frac{[\varphi\bar{\psi}](b)}{[\psi\psi](b)}\right)^2.$$

应用 Green 公式, 可得

$$\begin{aligned}
[\varphi\bar{\psi}](b) &= [\varphi\bar{\psi}](0) + \int_0^b (l(\varphi)\psi - \varphi l(\psi))\mathrm{d}t \\
&= pW(\varphi\bar{\psi})(0) + (\lambda - \lambda)\int_0^b \varphi\psi\mathrm{d}t = 1, \\
[\psi\psi](b) &= [\psi\psi](0) + \int_0^b (l(\psi)\bar{\psi} - \psi\overline{l(\psi)})\mathrm{d}t \\
&= 2\mathrm{i}\mathscr{I}\lambda\int_0^b |\psi|^2\mathrm{d}t,
\end{aligned}$$

这就推出

$$r_b = \left|\frac{1}{[\psi\psi](b)}\right| = \left(2|\mathscr{I}\lambda|\int_0^b |\psi|^2\mathrm{d}t\right)^{-1}.$$

从而证得 (1), (2).

另一方面, 因为

$$A + Cm = \varphi(b, \lambda) + m\psi(b, \lambda) = \chi(b, \lambda),$$
$$B + Dm = p(b)\varphi'(b, \lambda) + mp(b)\psi'(b, \lambda) = p(b)\chi'(b, \lambda),$$

于是方程 (5.2.8) 就可写成

$$[\chi\chi](b) = 0,$$

方程 (5.2.8)′ 就可写成

$$\frac{[\chi\chi](b)}{[\psi\psi](b)} = 0.$$

因为方程 (5.2.8)′ 的首项系数为 1, 这就推出圆 C_b 的内部应为

$$\frac{[\chi\chi](b)}{[\psi\psi](b)} < 0.$$

与上面同样原理, 可算出

$$[\chi\chi](b) = [\chi\chi](0) + 2\mathrm{i}\mathscr{I}\lambda\int_0^b |\chi|^2 \mathrm{d}t,$$

再根据初值条件 (5.2.4), 可算出 $[\chi\chi](0) = -2\mathrm{i}\mathscr{I}m$, 将上述结果代入到上面的等式和不等式, 即得圆 C_b 的方程为

$$\int_0^b |\chi|^2 \mathrm{d}t = \frac{\mathscr{I}m}{\mathscr{I}\lambda} \quad (\mathscr{I}\lambda \neq 0),$$

圆 C_b 的内部为

$$\int_0^b |\chi|^2 \mathrm{d}t < \frac{\mathscr{I}m}{\mathscr{I}\lambda}.$$

证毕.

推论 5.2.1 若 $b' > b$, 则 $C_{b'}$ 包含于 C_b 内部.

证明 任取 $m \in C_{b'}$, 则

$$\int_0^b |\varphi + m\psi|^2 \mathrm{d}t < \int_0^{b'} |\varphi + m\psi|^2 \mathrm{d}t = \frac{\mathscr{I}m}{\mathscr{I}\lambda},$$

根据定理 5.2.1 的 (4), 即知 m 在 C_b 的内部, 从而证明 $C_{b'}$ 在 C_b 内部.

由上述推论可知, 当 $b \to \infty$ 时, C_b 的极限集合有两种可能的情况: ① 极限集合是一个圆, 记为 C_∞, 称为**极限圆**; ② 极限集合是一个点, 记为 m_∞, 称为**极限点**.

定理 5.2.2 对任何复数 λ ($\mathscr{I}\lambda \neq 0$), 方程 $l(y) = \lambda y$ 至少有一个属于 $L^2[0, \infty)$ 的线性独立解. 方程 $l(y) = \lambda y$ 仅有一个 $L^2[0, \infty)$ 的线性独立解的充要条件是: C_b 趋于极限点; 有两个 $L^2[0, \infty)$ 的线性独立解的充要条件是: C_b 趋于极限圆.

证明　在 C_b 的极限集合上任取一点 m', 则由推论知, m' 在一切 C_b 内部, 根据定理 5.2.1 的 (4), 即可得

$$\int_0^b |\varphi+m'\psi|^2\mathrm{d}t<\frac{\mathscr{I}m'}{\mathscr{I}\lambda}.$$

不等式右端与 b 无关, 因此令 $b\to\infty$, 即证明

$$\varphi+m'\psi\in L^2[0,\infty).$$

为证明定理的结论, 只需证明 C_b 的极限集合为圆时, 与 $\varphi+m'\psi$ 线性无关的解 $\psi\in L^2[0,\infty)$; 当 C_b 的极限集合为点时, $\psi\bar{\in}L^2[0,\infty)$ 就够了. 而这由定理 5.2.1 的 (2) 中的公式

$$r_b=\left(2|\mathscr{I}\lambda|\int_0^b|\psi|^2\mathrm{d}t\right)^{-1}$$

可知是明显的. 证毕.

注意定理中 $l(y)=\lambda y$ 至少有一个属于 $L^2[0,\infty)$ 的线性独立解的结论, 当 λ 为实数 ($\mathscr{I}\lambda=0$) 时并不一定成立. 例如, $l(y)=-y''=0$, 两独立解 1, t 均不属于 $L^2[0,\infty)$.

根据定理 5.1.3 知, 方程 $l(y)=\lambda y(\mathscr{I}\lambda\neq 0)$ 属于 $L^2[0,\infty)$ 的线性独立解的个数即为 $l(y)$ 的亏指数, 而 $l(y)$ 的亏指数不随 λ 而变, 因此结合定理 5.2.2, 可知 C_b 的极限集合的点、圆的属性亦并不因 λ 而异, 它是由微分算子 $l(y)$ 所唯一决定的. 因此, 可以把 C_b 的极限集合为极限点或极限圆这两种情形分别称之为 $l(y)$ 是属于**极限点型**(简称**点型**) 的或属于**极限圆型**(简称**圆型**) 的. 这样, 可把定理 5.2.2 等价地叙述成如下定理.

定理 5.2.2′　二阶实对称微分算式 $l(y)$ 的亏指数或为 (1, 1), 或为 (2, 2), $l(y)$ 的亏指数为 (1, 1) 的充要条件为 $l(y)$ 属于点型; $l(y)$ 的亏指数为 (2, 2) 的充要条件为 $l(y)$ 属于圆型.

下面的定理, 对于鉴别 $l(y)$ 的点、圆属性是很重要的, 它同时也指出了 C_b 的极限集合是点、圆与 λ 的取值无关.

定理 5.2.3　若存在 λ_0 (可为实数), 使 $l(y)=\lambda_0 y$ 的一切解均属于 $L^2[0,\infty)$, 则对于任何复数或实数 λ, $l(y)=\lambda y$ 的一切解均属于 $L^2[0,\infty)$.

证明　设 φ_0,ψ_0 为 $l(y)=\lambda_0 y$ 的两个线性独立解, 满足

$$pW(\varphi_0,\psi_0)=1,$$

$\chi(t,\lambda)$ 是 $l(y)=\lambda y$ 的任一解. 显然, $\chi(t,\lambda)$ 满足微分方程

$$l(y)-\lambda_0 y=(\lambda-\lambda_0)\chi.$$

由熟知的常数变易公式, 可将上述方程转化成积分方程

$$\begin{aligned}\chi = & A\varphi_0 + B\psi_0 + (\lambda - \lambda_0) \\ & \times \int_c^t (\varphi_0(t)\psi_0(\tau) - \varphi_0(\tau)\psi_0(t))\chi(\tau)\mathrm{d}\tau,\end{aligned} \tag{5.2.9}$$

其中 A, B 为常数. 记

$$\|\chi\|_c^t = \left(\int_c^t |\chi|^2 \mathrm{d}t\right)^{\frac{1}{2}},$$

又令

$$\gamma_c = \max\{\|\varphi_0\|_c^\infty, \|\psi_0\|_c^\infty\},$$

根据 $\varphi_0, \psi_0 \in L^2[0,\infty)$ 的假设知, 当 $c \to \infty$ 时, $\gamma_c \to 0$. 于是可选择 c 充分大, 使得

$$|\lambda - \lambda_0|\gamma_c^2 \leqslant \frac{1}{4}.$$

由 Schwarz 不等式知, 对一切 $t \geqslant c \geqslant 0$, 有

$$\left|\int_c^t (\varphi_0(t)\psi_0(\tau) - \varphi_0(\tau)\psi_0(t))\chi(\tau)\mathrm{d}\tau\right| \leqslant \gamma_c(|\varphi_0(t)| + |\psi_0(t)|)\,\|\chi\|_c^t,$$

再对式 (5.2.9) 运用三角不等式, 并注意当 $\tau \leqslant t$ 时, $\|\chi\|_c^\tau \leqslant \|\chi\|_c^t$ 以及 c 的选择, 可得

$$\|\chi\|_c^t \leqslant (|A| + |B|)\gamma_c + 2|\lambda - \lambda_0|\gamma_c^2\,\|\chi\|_c^t \leqslant (|A| + |B|)\gamma_c + \frac{1}{2}\,\|\chi\|_c^t,$$

从而得

$$\|\chi\|_c^t \leqslant 2(|A| + |B|)\gamma_c,$$

不等式右端与 t 无关, 令 $t \to \infty$, 即得 $\chi \in L^2[0,\infty)$. 证毕.

推论 5.2.2　若存在 λ_0, 使 $l(y) = \lambda_0 y$ 有一个不属于 $L^2[0,\infty)$ 的非平凡解, 则对于一切 λ ($\mathscr{I}\lambda \neq 0$), $l(y) = \lambda y$ 仅有一个属于 $L^2[0,\infty)$ 的线性独立解.

5.3　Weyl 函数与 Weyl 解

微分算式点、圆型的属性区分, 与微分算子谱的研究有密切的关系. 这里提出了两个两方面的问题: ① 研究微分算式点、圆型属性与算子谱的联系, 从而求得一条处理算子谱分解问题的途径; ② 对于给定的微分算式, 确定它点、圆的型别. 后一个问题是微分算子亏指数理论中的一个重要方面, 我们要在第 6 章作简要的介绍. 对于前一个问题的探究, 自然引导我们去讨论由式 (5.2.6) 所确定的函数 $m(\lambda, b, \beta)$ 的极限函数的性质.

先假设 $l(y)$ 属于点型, 此时对于任何 λ ($\mathscr{I}\lambda \neq 0$) 以及任何序列 $\{b_n\}, \{\beta_n\}$, 均有

$$\lim_{n\to\infty} m(\lambda, b_n, \beta_n) = m_\infty(\lambda),$$

所得极限函数是唯一的, 与 b_n, β_n 的选取无关. 此时即称函数 $m_\infty(\lambda)$ 为奇型 $l(y)$ 的 Weyl 函数. 相应地, $l(y) = \lambda y$ 的解 $\chi = \varphi + m_\infty\psi$ 称为 Weyl 解.

定理 5.3.1 若 $l(y)$ 属于点型, 则它的 Weyl 函数在 λ 的上半平面 ($\mathscr{I}\lambda > 0$) 及下半平面 ($\mathscr{I}\lambda < 0$) 上解析, 且满足:

(1) $\mathscr{I}\lambda$ 及 $\mathscr{I}m_\infty$ 同号;

(2) $m_\infty(\bar{\lambda}) = \overline{m_\infty(\lambda)}$;

(3) 若 $m_\infty(\lambda)$ 在实轴上有零点或极点, 则它们必都是单重的.

证明 根据定理 5.2.1 知,

$$C_b \text{ 的圆心 } O_b = -\frac{[\varphi\psi](b)}{[\psi\psi](b)}, \quad \text{半径 } r_b = \left|\frac{1}{[\psi\psi](b)}\right|,$$

对于固定的 b, 它们都是变量 λ 在 $\mathscr{I}\lambda > 0$ (或 $\mathscr{I}\lambda < 0$) 上的连续函数. 又根据

$$\frac{\mathscr{I}m}{\mathscr{I}\lambda} = \int_0^b |\chi|^2 \mathrm{d}t > 0$$

知, $\mathscr{I}m$ 与 $\mathscr{I}\lambda$ 同号, 因此, 当 λ 在 $\mathscr{I}\lambda > 0$ (或 $\mathscr{I}\lambda < 0$) 上变化时, C_b 处在 m 的上半平面 $\mathscr{I}m > 0$ (或下半平面 $\mathscr{I}m < 0$). 今令 S 表示 λ 的上半平面的任一有界闭域, 以 $D_b(\lambda)$ 表示圆周 C_b 及其内部, 则 $\bigcup\limits_{\lambda\in S} D_1(\lambda)$ 是 m 上半平面的一个有界闭域. 由于当 $b > 1$ 时, $C_b(\lambda) \subset D_1(\lambda)$, 所以,

$$\bigcup_{\lambda\in S} D_b(\lambda) \subset \bigcup_{\lambda\in S} D_1(\lambda).$$

这就说明了 $m = m(\lambda, b, \beta)$ 当 $\lambda \in S, b \geqslant 1$ 时, 是一致有界的. 于是根据 Vitali 定理 (Vitali 定理: 一个在区域 D 上一致有界的解析函数列必可抽取一个在 D 上一致收敛的子列) 可知, 存在序列 $\{b_n, \beta_n\} (n = 1, 2, \cdots)$ 使 $m(\lambda, b_n, \beta_n)$ 在 S 上一致收敛. 由极限函数的唯一性知, 必须

$$\lim_{n\to\infty} m(\lambda, b_n, \beta_n) = m_\infty(\lambda).$$

这说明 $m_\infty(\lambda)$ 在 S 上是解析函数列的一致收敛极限, 从而 $m_\infty(\lambda)$ 在 S 上解析, 由于 S 是 $\mathscr{I}\lambda > 0$ 上任选的紧集, 所以 $m_\infty(\lambda)$ 为 $\mathscr{I}\lambda > 0$ 上的解析函数. 同理可以证明 $m_\infty(\lambda)$ 是在 $\mathscr{I}\lambda < 0$ 上的解析函数.

由式 (5.2.7), $m(\bar{\lambda})=\overline{m(\lambda)}$, 故知必可推断 $m_\infty(\bar{\lambda})=\overline{m_\infty(\lambda)}$. 又因 $m_\infty(\lambda)$ 包含于任何 $C_b(\lambda)$ 的内部, 因此根据定理 5.2.1, 有

$$0<\int_0^b|\varphi+m_\infty\psi|^2\mathrm{d}t<\frac{\mathscr{I}m_\infty}{\mathscr{I}\lambda},$$

所以 $\mathscr{I}m_\infty$ 与 $\mathscr{I}\lambda$ 同号. 现设 $m_\infty(\lambda)$ 在实轴上有一个零点 (或极点)λ_0, 则可有 $\delta>0$, 使在 $|\lambda-\lambda_0|<\delta$ 内

$$m_\infty(\lambda)=(\lambda-\lambda_0)^kF(\lambda),$$

其中 $F(\lambda)$ 在 λ_0 连续且 $F(\lambda_0)\neq0$, 根据前面的讨论知, $F(\lambda_0)$ 为实数. 令 $\lambda-\lambda_0=r\mathrm{e}^{\mathrm{i}\theta}$, 则

$$m_\infty(\lambda)=r^k\mathrm{e}^{\mathrm{i}k\theta}[F(\lambda_0)+o(1)],$$

若取 r 充分小, 可使 $F(\lambda_0)+o(1)\neq0$. 于是得

$$\mathscr{I}m_\infty(\lambda)=r^k\sin k\theta[F(\lambda_0)+o(1)],$$

由此即知仅当 $k=\pm1$ 时, 才可能有 $\dfrac{\mathscr{I}m_\infty(\lambda)}{\mathscr{I}\lambda}>0$, 证毕.

下面讨论 $l(y)$ 属极限圆的情形. 此时当 $b\to\infty$ 时, $m(\lambda,b,\beta)$ 的极限集合是圆 $C_\infty(\lambda)$, 在此情况下, 如何去规定一个极限函数?

引理 5.3.1 若 $l(y)$ 属圆型, $\chi(t,\lambda)$ 为方程 $l(y)=\lambda y$ 的任一解, 则 $\|\chi\|_0^\infty$ 在 λ 平面的任一有界闭域上有界.

证明 对于固定的 $c>0$, $\|\chi\|_0^\infty\leqslant\|\chi\|_0^c+\|\chi\|_c^\infty$. $\|\chi\|_0^c$ 显然在 S 上有界. 又根据定理 5.2.3 的证明,

$$\|\chi\|_c^\infty\leqslant2(|A|+|B|)\gamma_c,$$

现在只需证明 A,B 在 S 上有界. 根据式 (5.2.9), 可得

$$\chi(c,\lambda)=A\varphi_0(c)+B\psi_0(c),$$
$$\chi'(c,\lambda)=A\varphi_0'(c)+B\psi_0'(c).$$

从中解出

$$A=p(c)\begin{vmatrix}\chi(c,\lambda)&\psi_0(c)\\\chi'(c,\lambda)&\psi_0'(c)\end{vmatrix},$$

$$B=p(c)\begin{vmatrix}\varphi_0(c)&\chi(c,\lambda)\\\varphi_0'(c)&\chi'(c,\lambda)\end{vmatrix}.$$

这说明 A,B 都是 λ 的整函数, 故当 $\lambda\in S$ 时, 它们都是有界的. 证毕.

引理 5.3.2 设 $l(y)$ 属圆型, φ_0, ψ_0, χ 同上, S 为 λ 平面上的任一有界闭域, 则当 $b \to \infty$ 时, $[\chi\varphi_0](b), [\chi\psi_0](b)$ 在 S 上一致收敛.

证明 对任意的 $0 < a < b < \infty$, 运用 Green 公式, 得

$$(\lambda - \bar{\lambda}_0) \int_a^b \chi(t, \lambda)\bar{\varphi}_0(t)\mathrm{d}t = [\chi\varphi_0](b) - [\chi\varphi_0](a).$$

由此得

$$|[\chi\varphi_0](b) - [\chi\varphi_0](a)| \leqslant |\lambda - \bar{\lambda}_0| \, \|\chi\|_a^b \, \|\varphi_0\|_a^b \leqslant |\lambda - \bar{\lambda}_0| \, \|\chi\|_0^\infty \, \|\varphi_0\|_a^b .$$

根据引理 5.3.1, 在 S 上可有

$$|\lambda - \lambda_0| \, \|\chi\|_0^\infty \leqslant M \quad (M\text{为常数}),$$

此外, 根据假设, $\|\varphi_0\|_0^\infty$ 存在, 于是由 Cauchy 收敛准则知, 当 $b \to \infty$ 时, $[\chi\varphi_0](b)$ 一致收敛. 关于 $[\chi\psi_0](b)$ 的证明同理. 证毕.

为了在 $l(y)$ 属于圆型的情况下确定出 $m(\lambda, b, \beta)$ 的极限函数, 采取下述方法: 取定一个固定的 λ_0 ($\mathscr{I}\lambda_0 \neq 0$) 及 $C_\infty(\lambda_0)$ 上的一点 M_0, 可找到序列 $\{b_n\}, \{\beta_n\}$, 使

$$\lim_{n\to\infty} m(\lambda_0, b_n, \beta_n) = M_0.$$

为叙述简便计, 采用如下简要写法:

$$\varphi_0 = \varphi(t, \lambda_0), \quad \psi_0 = \psi(t, \lambda_0),$$
$$\chi_0 = \varphi_0 + m(\lambda_0)\psi_0, \quad m_n(\lambda) = m(\lambda, b_n, \beta_n).$$

因为 $\varphi + m(\lambda, b, \beta)\psi$ 和 $\varphi_0 + m(\lambda_0, b, \beta_n)\psi_0$ 在 b 点满足同样的边界条件, 因此可得

$$[\varphi + m(\lambda)\psi, \overline{\varphi_0 + m(\lambda_0)\psi_0}](b) = 0.$$

由此导出

$$m(\lambda) = -\frac{[\varphi\bar{\varphi}_0](b) + m(\lambda_0)[\varphi\bar{\psi}_0](b)}{[\psi\varphi_0](b) + m(\lambda_0)[\psi\bar{\psi}_0](b)} = -\frac{[\varphi\bar{\chi}_0](b)}{[\psi\bar{\chi}_0](b)}. \tag{5.3.1}$$

这是一个 $C_b(\lambda_0) \mapsto C_b(\lambda)$ 的解析映射. 现在要通过它得到一个 $C_\infty(\lambda_0) \mapsto C_\infty(\lambda)$ 的解析映射, 且保持圆上的点 m 对 λ 的解析依赖性. 为此, 在式 (5.3.1) 中限定 $\lambda \in S, b, \beta$ 取序列 $\{b_n\}, \{\beta_n\}$ 的值, 则当 $n \to \infty$ 时, 根据引理 5.3.2, 在 S 上

$$[\varphi\bar{\varphi}_0](b_n) + m_n(\lambda_0)[\varphi\bar{\psi}_0](b_n)$$

一致收敛到

$$[\varphi\bar{\varphi}_0](\infty) + M_0[\varphi\bar{\psi}_0](\infty) = [\varphi\bar{\Psi}_0](\infty),$$

其中 $\Psi_0=\varphi_0+M_0\psi_0$. 同理, 式 (5.3.1) 的分母部分在 S 上一致收敛到

$$[\psi\bar{\varphi}_0](\infty)+M_0[\psi\bar{\psi}_0](\infty)=[\psi\bar{\Psi}_0](\infty),$$

从而知 $[\varphi\Psi_0](\infty)$ 和 $[\psi\Psi_0](\infty)$ 都是 S 上的解析函数. 注意到 S 是 λ 平面上的任意有界闭域, 因此, $[\varphi\bar{\Psi}_0](\infty)$ 和 $[\psi\bar{\Psi}_0](\infty)$ 都是 λ 的整函数, 于是知式 (5.3.1) 的右端收敛到一个 λ 的半纯函数, 记为 $M(\lambda)$:

$$M(\lambda)=-\frac{[\varphi\bar{\varphi}_0](\infty)+M_0[\varphi\bar{\psi}_0](\infty)}{[\psi\bar{\varphi}_0](\infty)+M_0[\psi\bar{\psi}_0](\infty)}=-\frac{[\varphi\bar{\Psi}_0](\infty)}{[\psi\bar{\Psi}_0](\infty)}. \tag{5.3.2}$$

因为 $M(\lambda)$ 是 $m(\lambda,b_n,\beta_n)\in C_{b_n}$ 的极限, 所以属于 C_b 的极限集合, 故必为 $C_\infty(\lambda)$ 上的一点. 这样, 式 (5.3.2) 就给出极限圆 $C_\infty(\lambda_0)\mapsto C_\infty(\lambda)$ 的解析映射. 经过简单计算, 可证明分式线性变换的行列式

$$\begin{vmatrix}[\varphi\bar{\varphi}_0] & [\varphi\bar{\psi}_0]\\ [\psi\bar{\varphi}_0] & [\psi\bar{\psi}_0]\end{vmatrix}(\infty)=[\varphi\bar{\psi}](\infty)[\varphi_0\bar{\psi}_0](\infty)^{①}=1, \tag{5.3.3}$$

这说明式 (5.3.2) 是 $C_\infty(\lambda_0)\mapsto C_\infty(\lambda)$ 上的一对一的映射.

式 (5.3.2) 所定义的半纯函数 $M(\lambda)$ 称为**极限圆型 $l(y)$ 的 Weyl 函数**. 显然, $M(\lambda)$ 取决于 $C_\infty(\lambda_0)$ 上点 M_0 的选择 (试与常型情况下的 Weyl 函数 (5.2.6) 比较), 与此相应, 函数

$$\varphi+M(\lambda)\psi=\Psi(t,\lambda)$$

称为$l(y)=\lambda y$ **的一个 Weyl 解**. 综合以上分析, 可得如下结论.

定理 5.3.2 $l(y)$ 在圆型下的任一 Weyl 函数 $M(\lambda)$ 是 λ 平面上的半纯函数, 并且满足定理 5.3.1 的性质 (1), (2), (3), λ_0 是 $M(\lambda)$ 的极点的充要条件为: 它是 $[\psi\bar{\Psi}_0](\infty)$ 的零点.

证明 $M(\lambda)$ 为半纯函数, 上面已证明. 它满足定理 5.3.1 的性质 (1), (2), (3), 证明与定理 5.3.1 相同. 再根据式 (5.3.3) 知, 式 (5.3.2) 的分子分母不能同时为 0, 故 λ_0 为 $M(\lambda)$ 极点的充要条件为: 它是 $[\psi\bar{\Psi}_0](\infty)$ 的零点. 证毕.

定理 5.3.3 (E. C. Titchmarsh) 设 $\Psi(t,\lambda),\Psi(t,\lambda')$ 分别为 $l(y)=\lambda y$ 及 $l(y)=\lambda' y$ 的 Weyl 解, 则

$$[\Psi(t,\lambda)\Psi(t,\lambda')](\infty)=0.$$

证明 证明分别按 $l(y)$ 属于点型和属于圆型两种情况来进行.

---

① $\begin{vmatrix}[f\bar{u}] & [fv]\\ [\bar{g}\bar{u}] & [\bar{g}v]\end{vmatrix}=[fg][uv]$.

先设 $l(y)$ 属于点型. 令 $M(\lambda)$ 为 $l(y)$ 的 Weyl 函数, $\chi(t,\lambda), m(\lambda)$ 为 $l(y)=\lambda y$ 在 $[0,b]$ 上的 Weyl 解和 Weyl 函数 (见式 (5.2.5), 式 (5.2.6)). 因为 $\chi(t,\lambda)$ 和 $\chi(t,\bar{\lambda}')(=\overline{\chi(t,\lambda')})$ 在端点 b 满足同一边界条件 (5.2.3), 所以

$$[\chi(t,\lambda)\overline{\chi(t,\bar{\lambda}')}](b)=[\chi(t,\lambda)\chi(t,\lambda')](b)=0.$$

但

$$\begin{aligned}
\text{左式}&=[\varphi(t,\lambda)+m(\lambda)\psi(t,\lambda),\varphi(t,\lambda')+m(\lambda')\psi(t,\lambda')](b)\\
&=[\Psi(t,\lambda)+(m(\lambda)-M(\lambda))\psi(t,\lambda),\ \Psi(t,\lambda')+(m(\lambda')-M(\lambda'))\psi(t,\lambda')](b)\\
&=[\Psi(t,\lambda),\ \Psi(t,\lambda')](b)+(m(\lambda)-M(\lambda))[\psi(t,\lambda)\Psi(t,\lambda')](b)\\
&\quad+\overline{(m(\lambda')-M(\lambda'))}[\Psi(t,\lambda)\psi(t,\lambda')](b)\\
&\quad+(m(\lambda)-M(\lambda))\overline{(m(\lambda')-M(\lambda'))}\times[\psi(t,\lambda)\psi(t,\lambda')](b).
\end{aligned}$$

利用 Green 公式并注意定理 5.2.1 的 (2), (3) 得到

$$\begin{aligned}
&[\psi(t,\lambda)\Psi(t,\lambda')](b)\\
&=[\psi(t,\lambda)\Psi(t,\lambda')](0)+(\lambda-\bar{\lambda}')\times\int_0^b\psi(t,\lambda)\overline{\Psi(t,\lambda')}\mathrm{d}t\\
&=\ -1+(\lambda-\bar{\lambda}')\int_0^b\psi(t,\lambda)\overline{\Psi(t,\lambda')}\mathrm{d}t\\
&=\ -1+O(\|\psi\|_0^b)=-1+O\left(r_b^{-\frac{1}{2}}\right),
\end{aligned}$$

但是 $|m(\lambda)-M(\lambda)|=O(r_b)$, 由此得

$$(m(\lambda)-M(\lambda))[\psi(t,\lambda)\Psi(t,\lambda')](b)=O\left(r_b^{\frac{1}{2}}\right)\to 0\qquad(b\to\infty).$$

同理可估计上式中的后两项, 于是令 $b\to\infty$, 即得

$$[\Psi(t,\lambda)\Psi(t,\lambda')](\infty)=0.$$

现在设 $l(y)$ 属于圆型. 与等式 (5.3.3) 相同, 可有

$$\begin{aligned}
&\begin{vmatrix}[\Psi(t,\lambda)\psi(t,\lambda_0)](b) & [\Psi(t,\lambda)\Psi(t,\lambda_0)](b)\\ [\Psi(t,\bar{\lambda}')\psi(t,\lambda_0)](b) & [\Psi(t,\bar{\lambda}')\Psi(t,\lambda_0)](b)\end{vmatrix}\\
&=[\Psi(t,\lambda)\Psi(t,\lambda')](b)\ \cdot\ [\psi(t,\bar{\lambda}_0)\Psi(t,\lambda_0)](b)\ .
\end{aligned}$$

根据式 (5.3.2) 知

$$[\Psi(t,\lambda)\Psi(t,\lambda_0)](\infty)=0,$$

$$[\Psi(t,\bar{\lambda}'),\ \Psi(t,\lambda_0)](\infty)=0,$$

再由引理 5.1.1 知

$$[\Psi(t,\lambda)\psi(t,\lambda_0)](\infty),\quad [\Psi(t,\bar{\lambda}')\psi(t,\lambda_0)](\infty)$$

存在, 故知上式左端当 $b\to\infty$ 时为 0, 此外, 不难求出

$$[\psi(t,\bar{\lambda}_0)\Psi(t,\lambda_0)](\infty)=-1.$$

这就证明 $[\Psi(t,\lambda)\Psi(t,\lambda')](\infty)=0$. 证毕.

推论 5.3.1 (1) $\displaystyle\int_0^\infty \Psi(t,\lambda)\Psi(t,\lambda')\mathrm{d}t=\frac{M(\lambda)-M(\lambda')}{\lambda-\lambda'}$;

(2) $\displaystyle\int_0^\infty |\Psi(t,\lambda)|^2\mathrm{d}t=\mathscr{I}M(\lambda)/\mathscr{I}\lambda(\mathscr{I}\lambda\neq 0)$.

证明 (2) 仅是 (1) 当 $\lambda'=\bar{\lambda}$ 的特殊情况, 因此仅需证明 (1). 应用 Green 公式, 可得

$$\begin{aligned}&(\lambda-\lambda')\int_0^\infty \Psi(t,\lambda)\Psi(t,\lambda')\mathrm{d}t\\&=[\Psi(t,\lambda)\Psi(t,\bar{\lambda}')](\infty)-[\Psi(t,\lambda)\Psi(t,\bar{\lambda}')](0)\\&=-[\varphi(t,\lambda)+M(\lambda)\psi(t,\lambda),\ \varphi(t,\bar{\lambda}')+M(\lambda')\psi(t,\bar{\lambda}')](0)\\&=M(\lambda)-M(\lambda').\end{aligned}$$

证毕.

5.4 Weyl-Titchmarsh 自伴域

对于奇型的实对称微分算式 $l(y)$, 根据推论 5.1.2 可断言, 必可生成自伴算子. 那么应怎样去界定自伴算子的定义域呢? 这个问题的回答, 显然随着亏指数的不同而异. 下面分点型与圆型两种情况来讨论.

定理 5.4.1 设 $l(y)$ 为 $[0,\infty)$ 上的二阶对称微分算式, 亏指数为 (1, 1). 令

$$\mathscr{D}=\{y\in\mathscr{D}_M\mid y(0)\sin\alpha-p(0)y'(0)\cos\alpha=0\},$$

则 $l(y)$ 以 $\mathscr{D}$ 为定义域所生成的微分算子 $\mathscr{L}$ 为 $L^2[0,\infty)$ 内的自伴算子.

证明 令 λ_0 为任一复数, $\mathscr{I}\lambda_0\neq 0$; $\varphi(t,\lambda_0),\psi(t,\lambda_0)$ 为 $l(y)=\lambda_0 y$ 的解, 满足初始条件 (5.2.4); $\Psi(t,\lambda_0)$ 为 Weyl 解. 再令

$$G(t,\tau,\lambda_0)=\begin{cases}\psi(t,\lambda_0)\Psi(\tau,\lambda_0), & 0\leqslant t\leqslant\tau<\infty,\\ \psi(\tau,\lambda_0)\Psi(t,\lambda_0), & 0\leqslant\tau\leqslant t<\infty,\end{cases}$$

则通过直接验算, 可证对于任何 $f \in L^2[0,\infty)$,

$$y(t) = \int_0^\infty G(t,\tau,\lambda_0)f(\tau)\mathrm{d}\tau$$

是非齐次边值问题

$$\begin{cases} l(y) - \lambda_0 y = f(t), \\ y(0)\sin\alpha - p(0)y'(0)\cos\alpha = 0 \end{cases}$$

的解. 以上论证将 λ_0 易为 $\bar{\lambda}_0$ 亦然. 这说明了算子 $\mathscr{L} - \lambda_0 I$ 及 $\mathscr{L} - \bar{\lambda}_0 I$ 的值域均为全空间. 根据定理 4.1.6 即知, $\mathscr{L}$ 为自伴算子. 证毕.

定理 5.4.1 告诉我们, 对亏指数为 (1, 1), 即属于极限点型的二阶微分算式而言, 为了得到自伴算子, 只需在 $\mathscr{D}_M$ 上附加一个有限端点的边界条件就行了. 以后可以把这个结论推广到高阶的属于极限点型的微分算式上.

下面考虑 $l(y)$ 属于极限圆型的情形.

定义 5.4.1 $\mathscr{D}_M$ 内由满足条件:

(1) $y(0)\sin\alpha - p(0)y'(0)\cos\alpha = 0$;

(2) $[y\,\Psi(t,\lambda_0)](\infty) = 0$

的函数 y 所组成的线性流形称为**Weyl-Titchmarsh 域**, 简记为 W-T 域, 其中 λ_0 为任一复数, $\mathscr{I}\lambda_0 \neq 0$, $\Psi(t,\lambda_0)$ 为 $l(y) = \lambda_0 y$ 的任一个 Weyl 解.

定理 5.4.2 W-T 域与 λ_0 的选择无关.

证明 任取 $\lambda_1 \neq \lambda_0$, $\mathscr{I}\lambda_1 \neq 0$. 简记 $\Psi_0(t) = \Psi(t,\lambda_0)$, $\Psi_1(t) = \Psi(t,\lambda_1)$, $\psi_0(t) = \psi(t,\lambda_0)$, 则由恒等式 (参考式 (5.3.3))

$$\begin{vmatrix} [y\Psi_0](\infty) & [y\psi_0](\infty) \\ [\bar{\Psi}_1\Psi_0](\infty) & [\bar{\Psi}_1\psi_0](\infty) \end{vmatrix} = [y\Psi_1](\infty)[\bar{\Psi}_0\psi_0](\infty),$$

并应用定理 5.3.3, 即可知 $[y\Psi_1](\infty) = 0$ 的充要条件为

$$[y\Psi_0](\infty) = 0.$$

这说明了上述 W-T 域定义中的条件 (2) 若换为 $[y\Psi_1](\infty) = 0$, 所得到的线性流形相同. 证毕.

为了探讨在极限圆型情形下 $l(y)$ 的自伴域的描述, 需要将定理 4.4.4 推广到奇型算子上.

定理 5.4.3 若将区间 $[a,\ b]$ 易为无穷区间 $[a,\ \infty)$, 定理 4.4.4 仍然成立.

原定理的证明, 在 $[a,\infty)$ 的情况下, 不需作实质性的变动, 仍可成立, 在此不再赘述.

定理 5.4.4　设 $l(y)$ 为 $[0,\ \infty)$ 上的二阶对称微分算式, 亏指数为 (2, 2), 则 $l(y)$ 以 W-T 域为定义域所生成的算子是 $L^2[0,\infty)$ 内的自伴算子.

证明　任取实数 a,b $(0<a<b<\infty)$. ψ_0,Ψ_0 的含义见定理 5.4.2. 选取 $v_1(t)\in\mathscr{D}_M$ 如下:

1° $v_1^{(j-1)}(0)=\psi_0^{j-1}(0), v_1^{(j-1)}(a)=0\ (j=1,2)$;

2° $v_1(t)=0\ (t>a)$.

同时选取 $v_2(t)\in\mathscr{D}_M$ 如下:

1° $v_2(t)=0\ (0\leqslant t<a)$;

2° $v_2^{(j-1)}(a)=0, v_2^{(j-1)}(b)=\Psi_0^{(j-1)}(b)\ (j=1,2)$;

3° $v_2(t)=\Psi_0(t)\ (t>b)$.

根据引理 2.5.2 知, 如上的 $v_1(t),v_2(t)$ 是存在的. 由它们的构造, 即可推知:

(1) v_1,v_2 的任何非平凡线性组合 $c_1v_1+c_1v_2$ 不属于 $\mathscr{D}_0$, 这由定理 5.1.2 是明显的.

(2) $[v_iv_j]_0^\infty=0\ (i=1,2)$. 由 v_1,v_2 的作法, 可有

$$[v_1v_1](\infty)=[v_1v_2](\infty)=0,$$
$$[v_2v_2](0)=[v_2v_1](0)=0.$$

此外再由定理 5.3.3, 即得

$$[v_2v_2](\infty)=[\Psi_0\Psi_0](\infty)=0.$$

以上论述说明了 v_1,v_2 满足定理 4.4.4 的条件. 再观察由 v_1,v_2 所构成的边界条件, 可得

$$[yv_1]_0^\infty=-y(0)p(0)\psi_0'(0)+p(0)y'(0)\psi(0)=-(y(0)\sin\alpha-p(0)y'(0)\cos\alpha)=0,$$
$$[yv_2]_0^\infty=[y\Psi_0](\infty)=0.$$

这说明了由 v_1,v_2 构成的边条件即为 W-T 域的条件 (1) 和 (2). 于是根据定理 5.4.3 即知, 在圆型情况下, W-T 域为 $l(y)$ 的自伴域.

我们注意到, 在定理 5.4.4 与定理 5.4.1 的证明中用了不同的方法. 定理 5.4.4 的证明是用了定理 4.4.4 的原理, 而定理 5.4.1 的证明则是用了定理 4.1.6 的原理. 事实上, 也可以用定理 4.1.6 去证明定理 5.4.4, 也可以用定理 4.4.4 去证明定理 5.4.1, 读者不妨可自行练习一下. 在这两种方法中, 应用定理 4.1.6, 需要构造出算子的 Green 函数, 而这在一般的边界条件情况下 (特别是当微分算子的阶数较高而边界条件又不是分离的情况下) 是很困难的. 因此, 与定理 4.1.6 比较, 定理 4.4.4 的原

理就显得更为有效. 这一点在第 6 章解决 n 阶极限圆型微分算子自伴域的完全描述问题中, 将显得很清楚.

下面指出, W-T 域也是点型的 $l(y)$ 的自伴域.

引理 5.4.1 设二阶对称微分算式 $l(y)$ 属于极限点型, 则对于任何 $y, z \in \mathscr{D}_M$, 有

$$[yz](\infty) = 0.$$

证明 根据假设, $l(y)$ 的亏指数为 (1, 1), 令 u_1, u_2 分别为 $l(y) = -\mathrm{i}y$ 及 $l(y) = \mathrm{i}y$ 的属于 $L^2[0, \infty)$ 的非平凡解, 则知它们是亏空间 $M_{-\mathrm{i}}$ 及 M_{i} 的基. 根据定理 4.2.1 可知, 对于任何 $y \in \mathscr{D}_M$, 有唯一的表示式

$$y = y_0 + c_1u_1 + c_2u_2,$$

其中 $y_0 \in \mathscr{D}_0, c_1, c_2$ 是常数. 今任取 $a > 0$, 再命 y_1, y_2 为 $\mathscr{D}_M$ 内满足如下条件的函数

$$\begin{aligned} &y_i^{(j-1)}(0) = \delta_{ij}, \quad y_i^{(j-1)}(a) = 0 \quad (i, j = 1, 2), \\ &y_i = 0 \quad (t > a) \quad (i = 1, 2). \end{aligned}$$

根据引理 2.5.2 知, 以上的 y_1, y_2 是存在的, 并且它们的任何非平凡的线性组合不属于 $\mathscr{D}_0$(见定理 5.1.2). 将它们按定理 4.2.1 分解, 可得

$$y_1 = y_{10} + c_{11}u_1 + c_{12}u_2,$$

$$y_2 = y_{20} + c_{21}u_1 + c_{22}u_2,$$

其中 $y_{10}, y_{20} \in \mathscr{D}_0$. 由于 y_1, y_2 的任何非平凡线性组合不属于 $\mathscr{D}_0$, 即可推出

$$\begin{vmatrix} c_{11} & c_{12} \\ c_{21} & c_{22} \end{vmatrix} \neq 0,$$

于是可从上式中解得

$$\begin{aligned} u_1 &= u_{10} + b_{11}y_1 + b_{12}y_2, \\ u_2 &= u_{20} + b_{21}y_1 + b_{22}y_2, \end{aligned}$$

其中 $u_{10}, u_{20} \in \mathscr{D}_0$. 综合以上分析, 可知对于任何 $y \in \mathscr{D}_M$ 可有 $y = y_0^* + \alpha y_1 + \beta y_2$, 其中 $y_0^* \in \mathscr{D}_0, \alpha, \beta$ 是常数. 于是对于任何 $z \in \mathscr{D}_M$, 得到

$$[yz](\infty) = [y_0^*z](\infty) + \alpha[y_1z](\infty) + \beta[y_2z](\infty) = 0.$$

证毕.

根据引理的结论可知，当 $l(y)$ 为点型的情况下，W-T 域中的条件 $[y\Psi_0](\infty)=0$ 是一个多余的恒等式，因此

$$\text{W-T 域}=\{y\in\mathscr{D}_M \mid y(0)\sin\alpha-p(0)y'(0)\cos\alpha=0\}.$$

于是定理 5.4.1 也就说明了 W-T 域也是点型的 $l(y)$ 的自伴域. 这样，综合上面的分析，即可有结论：对任何二阶对称的微分算式而言，W-T 域都是自伴域.

现在产生一个问题：W-T 域是否就是二阶 $l(y)$ 最小算子 $\mathscr{L}_0$ 的自伴扩张的完全描述. 即它是否包罗了一切 $\mathscr{L}_0$ 的自伴扩张域？若不然，那么又将怎样给出 $\mathscr{L}_0$ 自伴扩张的完全描述呢？

定理 5.4.5　对极限点型的二阶 $l(y)$ 而言，最小算子 $\mathscr{L}_0$ 的一切自伴扩张域均为 W-T 域.

证明　设 $\mathscr{D}$ 为 $\mathscr{L}_0$ 的任一自伴扩张域，则由定理 5.4.3 知，存在 $v\in\mathscr{D}_M, v\bar{\in}\mathscr{D}_0$ 且 $[vv]_0^\infty=0$，使得

$$\mathscr{D}=\{y\in\mathscr{D}_M \mid [yv]_0^\infty=0\}.$$

由引理 5.4.1 知

$$[yv]_0^\infty=-[yv](0)=-y(0)p(0)\bar{v}'(0)+p(0)y'(0)\bar{v}(0),$$

因为 $v\bar{\in}\mathscr{D}_0$，所以必须 $v(0),v'(0)$ 不同时为 0. 此外，

$$[vv]_0^\infty=-[vv](0)=-v(0)p(0)\bar{v}'(0)+p(0)v'(0)\bar{v}(0)=2p(0)\mathscr{I}(\bar{v}(0)v'(0))=0.$$

令

$$v(0)=\sigma+\mathrm{i}\delta,\quad v'(0)=\sigma'+\mathrm{i}\delta',$$

则

$$\mathscr{I}(\bar{v}(0)v'(0))=\sigma\delta'-\sigma'\delta=0.$$

由此即可导出

$$\sigma=\sigma'=0\quad\text{或}\quad\delta=\delta'=0$$

或

$$\frac{\delta}{\sigma}=\frac{\delta'}{\sigma'}=k\neq0.$$

不论哪种情况，都可将边界条件 $[yv]_0^\infty=0$ 化成为如下的等价形式：

$$y(0)\sin\alpha-p(0)y'(0)\cos\alpha=0.$$

这就说明 $\mathscr{D}$ 为 W-T 域. 证毕.

现在自然要问: 在极限圆型的情况下, W-T 域是不是 $\mathscr{L}_0$ 的自伴扩张域的完全描述呢? 在此情况下, 事情比极限点型的情况要复杂得多. 下面的定理就是本问题的回答.

定理 5.4.6[6] 设 $l(y)$ 为二阶圆型的微分算式, 令 φ,ψ 为 $l(y)=0$ 的两个实解, 满足初始条件 $[\varphi\psi](0)=1$. 令 $\mathscr{D}$ 为 $l(y)$ 的任一自伴域, 则存在常数

$$\{a_i, b_i, \alpha_i, \beta_i\} \quad (i=1,2),$$

满足条件:

(A) $\text{Rank}\begin{pmatrix} a_1 & b_1 & \alpha_1 & \beta_1 \\ a_2 & b_2 & \alpha_2 & \beta_2 \end{pmatrix} = 2;$

(B) $\begin{vmatrix} a_i & b_i \\ \bar{a}_j & \bar{b}_j \end{vmatrix} = \begin{vmatrix} \alpha_i & \beta_i \\ \bar{\alpha}_j & \bar{\beta}_j \end{vmatrix} \quad (i,\ j=1,2),$

并使得 $\mathscr{D}$ 内任何函数 y 均满足

(C) $-a_i y(0) + b_i p(0) y'(0) + \alpha_i [y\varphi](\infty) - \beta_i [y\psi](\infty) = 0 \ \ (i=1,2).$

反过来, 若已知 $\{a_i,\ b_i,\ \alpha_i,\ \beta_i\}(i=1,2)$ 为满足条件 (A), (B) 的两组常数, 则在 $\mathscr{D}_M$ 内由边界条件 (C) 所界定的线性流形组成 $l(y)$ 的一个自伴域.

证明 设 $\mathscr{D}$ 为 $l(y)$ 的一个自伴域, 则据定理 5.4.3, 可有 $v_1, v_2 \in \mathscr{D}_M$, 满足

(i) v_1, v_2 的任何非平凡线性组合不属于 $\mathscr{D}_0$;

(ii) $[v_i v_j]_0^\infty = 0 \ (i,j=1,2)$

使得

$$\mathscr{D} = \{y \in \mathscr{D}_M \mid [yv_j]_0^\infty = 0,\ j=1,2\}.$$

注意到恒等式 (参阅式 (5.3.3) 的注)

$$\begin{aligned} [yv_j](\infty) &= \begin{vmatrix} [y\varphi](\infty) & [y\psi](\infty) \\ [\bar{v}_j\varphi](\infty) & [\bar{v}_j\psi](\infty) \end{vmatrix} \\ &= [\bar{v}_j\psi](\infty)[y\varphi](\infty) - [\bar{v}_j\varphi](\infty)[y\psi](\infty), \end{aligned}$$

以及

$$[yv_j](0) = p(0)[y(0)\bar{v}_j'(0) - y'(0)\bar{v}_j(0)].$$

因此若令

$$\begin{aligned} \alpha_j &= [\bar{v}_j\psi](\infty), \quad \beta_j = [\bar{v}_j\varphi](\infty), \\ a_j &= p(0)\bar{v}_j'(0), \quad b_j = \bar{v}_j(0), \end{aligned}$$

即得

$$[yv_j]_0^\infty = \alpha_j[y\varphi](\infty) - \beta_j[y\psi](\infty) - a_j y(0) + b_j p(0) y'(0),$$

于是边界条件 $[yv_j]_0^\infty = 0$ 即转化成为定理条件 (C) 的形式. 下面证明以上系数满足条件 (A), (B).

先证明 (A). 假设不然, 则有

$$\mathrm{Rank}\begin{pmatrix} a_1 & b_1 & \alpha_1 & \beta_1 \\ a_2 & b_2 & \alpha_2 & \beta_2 \end{pmatrix} \leqslant 1,$$

这产生两种可能:

(1) $\mathrm{Rank}\begin{pmatrix} a_1 & b_1 & \alpha_1 & \beta_1 \\ a_2 & b_2 & \alpha_2 & \beta_2 \end{pmatrix} = 0.$

此时 $a_j = b_j = \alpha_j = \beta_j = 0 \ (j = 1, 2)$. 这等价于

$$v_j(0) = v_j'(0) = [v_j\varphi](\infty) = [v_j\psi](\infty) = 0.$$

由此即可推出对于任何 $z \in \mathscr{D}_M$, 有

$$[v_j z](\infty) = \begin{vmatrix} [v_j\varphi](\infty) & [v_j\psi](\infty) \\ [\bar{z}\varphi](\infty) & [\bar{z}\psi](\infty) \end{vmatrix} = 0.$$

从而知 $v_j \in \mathscr{D}_0 \ (j = 1, 2)$, 这就与 v_j 所满足的条件 (i) 矛盾.

(2) $\mathrm{Rank}\begin{pmatrix} a_1 & b_1 & \alpha_1 & \beta_1 \\ a_2 & b_2 & \alpha_2 & \beta_2 \end{pmatrix} = 1.$

在此情况下方程组

$$\begin{cases} a_1c_1 + a_2c_2 = b_1c_1 + b_2c_2 = 0, \\ \alpha_1c_1 + \alpha_2c_2 = \beta_1c_1 + \beta_2c_2 = 0 \end{cases} \tag{5.4.1}$$

有非平凡解 (c_1, c_2). 令 $u = c_1v_1 + c_2v_2$, 则得

$$u(0) = u'(0) = [u\varphi](\infty) = [u\psi](\infty) = 0,$$

与以上推证同理, 可知 $u \in \mathscr{D}_0$, 同样与 (i) 矛盾. 这就说明了系数条件 (A) 满足. 下面证明条件 (B).

注意到

$$[v_iv_j](\infty) = \begin{vmatrix} [v_i\varphi](\infty) & [v_i\psi](\infty) \\ [\bar{v}_j\varphi](\infty) & [\bar{v}_j\psi](\infty) \end{vmatrix} = \begin{vmatrix} \bar{\beta}_i & \bar{\alpha}_i \\ \beta_j & \alpha_j \end{vmatrix},$$

另一方面又可有

$$[v_iv_j](0) = \begin{vmatrix} [v_i\varphi](0) & [v_i\psi](0) \\ [\bar{v}_j\varphi](0) & [\bar{v}_j\psi](0) \end{vmatrix}$$

$$= \begin{vmatrix} \bar{b}_i p(0)\varphi'(0) - \bar{a}_i\varphi(0) & \bar{b}_i p(0)\psi'(0) - \bar{a}_i\psi(0) \\ b_j p(0)\varphi'(0) - a_j\varphi(0) & b_j p(0)\psi'(0) - a_j\psi(0) \end{vmatrix} = \begin{vmatrix} \bar{b}_i & \bar{a}_i \\ b_j & a_j \end{vmatrix},$$

将上述结果代入 $v_j(j=1,2)$ 满足的等式 (ii), 即得等式 (B).

下面证明本定理中的逆命题. 设 $\{a_j, b_j, \alpha_j, \beta_j\}$ $(j=1,2)$ 为满足条件 (A), (B) 的两组复数, 令 $\mathscr{D}'$ 表示 $\mathscr{D}_M$ 内由条件 (C) 所界定的线性流形，我们证明 $\mathscr{D}'$ 为 $l(y)$ 的自伴域. 根据定理 5.4.3, 仅需证明存在 $v_1, v_2 \in \mathscr{D}_M$, 满足条件 (i), (ii), 且使得

$$\mathscr{D}' = \{y \in \mathscr{D}_M \mid [yv_j]_0^\infty = 0, j = 1, 2\}.$$

为此, 应用引理 2.2.2, 作出在 [0, 1] 上二次可导并满足如下条件的函数 $u_j(j=1,2)$:

$$p(0)u_j'(0) = \bar{a}_j, \quad u_j(0) = \bar{b}_j,$$
$$u_j'(1) = \bar{\alpha}_j\varphi'(1) - \bar{\beta}_j\psi'(1), \quad u_j(1) = \bar{\alpha}_j\varphi(1) - \bar{\beta}_j\psi(1),$$

并令

$$v_j = \begin{cases} u_j, & 0 \leqslant t \leqslant 1, \\ \bar{\alpha}_j\varphi - \bar{\beta}_j\psi, & 1 < t < \infty, \end{cases}$$

则显然 $v_j \in \mathscr{D}_M$, 且有

$$p(0)\bar{v}_j'(0) = p(0)\bar{u}_j'(0) = a_j,$$
$$\bar{v}_j(0) = \bar{u}_j(0) = b_j,$$

$$[\bar{v}_j\psi](\infty) = [\alpha_j\varphi - \beta_j\psi, \psi](\infty) = \alpha_j,$$
$$[\bar{v}_j\varphi](\infty) = [\alpha_j\varphi - \beta_j\psi, \varphi](\infty) = \beta_j,$$

于是可得

$$-a_jy(0) + b_jp(0)y'(0) + \alpha_j[y\varphi](\infty) - \beta_j[y\psi](\infty) = [yv_j]_0^\infty.$$

从而边界条件 (C) 就转化成了 $[yv_j]_0^\infty = 0$ 的形式. 余下仅需证明 v_1, v_2 满足条件 (i), (ii). 根据条件 (A) 知

$$\text{Rank}\begin{pmatrix} a_1 & b_1 & \alpha_1 & \beta_1 \\ a_2 & b_2 & \alpha_2 & \beta_2 \end{pmatrix} = 2.$$

由此即可推出方程 (5.4.1) 没有非平凡解, 这也说明了对于任何不同时为 0 的 (c_1, c_2), $c_1v_1 + c_2v_2 \bar{\in} \mathscr{D}_0$, 从而知 (i) 成立. 至于 (ii) 的证明, 只需将前面由 (ii) 推证 (B) 的步骤倒推回去即得, 在此从略. 定理证毕.

定理 5.4.6 给出了圆型条件下 $l(y)$ 的自伴域所满足的充分必要条件, 因而它是 $\mathscr{L}_0$ 的自伴扩张的完全描述. 可以看到, 这种描述已经消除了 W-T 域中那种奇端点与常端点的边界条件分离的特征, 并且奇端点的边界值并不需要通过 Weyl 解来表现. 这种对于自伴域的完全而直接的描述, 无论在理论或应用上, 自然是更为方便的.

作为定理 5.4.6 的一种特殊情况, 可以证明, W-T 域满足定理 5.4.6 的条件, 从而是 $l(y)$ 的一类特殊的自伴域.

推论 5.4.1 W-T 域 (参阅 5.4 节的定义) 是 $l(y)$ 的自伴域.

证明 参阅 5.3 节中式 (5.3.3), 可得恒等式

$$\begin{aligned}[y\Psi_0](\infty) &= \begin{vmatrix} [y\varphi](\infty) & [y\psi](\infty) \\ [\bar{\Psi}_0\varphi](\infty) & [\bar{\Psi}_0\psi](\infty) \end{vmatrix} \\ &= [\bar{\Psi}_0\psi](\infty)[y\varphi](\infty) - [\bar{\Psi}_0\varphi](\infty)[y\psi](\infty).\end{aligned}$$

于是对 W-T 域来说, 系数矩阵

$$\begin{pmatrix} a_1 & b_1 & \alpha_1 & \beta_1 \\ a_2 & b_2 & \alpha_2 & \beta_2 \end{pmatrix} = \begin{pmatrix} -\sin\alpha & -\cos\alpha & 0 & 0 \\ 0 & 0 & [\bar{\Psi}_0\psi](\infty) & [\bar{\Psi}_0\varphi](\infty) \end{pmatrix}.$$

注意等式 (5.3.2) 与 (5.3.3), 即知 $[\bar{\Psi}_0\psi](\infty), [\bar{\Psi}_0\varphi](\infty)$ 不能同时为 0, 因此矩阵的秩为 2, 定理的条件 (A) 满足. 至于条件 (B), 当 $(i,\ j) \neq (2,\ 2)$ 时, 是显然的. 而当 $(i,\ j) = (2,\ 2)$ 时可得

$$\begin{vmatrix} \alpha_2 & \beta_2 \\ \bar{\alpha}_2 & \bar{\beta}_2 \end{vmatrix} = \begin{vmatrix} [\bar{\Psi}_0\psi](\infty) & [\bar{\Psi}_0\varphi](\infty) \\ [\Psi_0\psi](\infty) & [\Psi_0\varphi](\infty) \end{vmatrix} = -[\bar{\Psi}_0\ \bar{\Psi}_0](\infty).$$

根据定理 5.3.3 知, 上式为 0. 另一方面, 显然有

$$\begin{vmatrix} a_2 & b_2 \\ \bar{a}_2 & \bar{b}_2 \end{vmatrix} = 0.$$

于是可知定理的条件 (B) 亦得到满足. 因此, 根据定理的结论可知 W-T 域为 $l(y)$ 的自伴域. 证毕.

5.5 谱函数与广义 Fourier 变换 (一)

对常型的自伴微分算子来说, 根据第 3 章的讨论知, 它的谱点均属点谱, 且算子的谱分解式

$$\mathscr{L} = \int_{-\infty}^{\infty} \lambda \mathrm{d}E_\lambda$$

具有无穷级数的形式.

对奇型的自伴微分算子而言, 情况又是怎样呢? 以 $L^2[0,\infty)$ 内的算子

$$\begin{cases} l(y) = -y'', \\ y(0) = 0 \end{cases}$$

为例, 因为 $-y''=0$ 的任何非平凡解均不属于 $L^2[0,\infty)$, 故根据推论 5.2.2 知, $l(y) = -y''$ 属于极限点型, 再由定理 5.4.1, 可知上述算子是自伴算子. 但是显然, 方程 $l(y)=\lambda y$ 满足条件 $y(0)=0$ 的一切解均不属于 $L^2[0,\infty)$, 因此, 算子不存在任何本征值, 即无点谱. 由此可见, 此时算子的谱分解, 就不可能与常型的自伴算子具有相同的形式, 情况比较复杂.

于是, 在奇型的情况下, 自伴微分算子的谱可能是怎样的情况? 算子的谱分解又将具有什么形式? 如何去判断各种不同的情况并求得算子的谱分解? 这些就是本章下面部分所要讨论的问题.

为了探讨上述问题, 我们从有限区间 $[0, b]$ 上的常型自伴算子

$$\mathscr{L}_b : \begin{cases} l(y) = -(py')' + qy, \\ y(0)\sin\alpha - p(0)y'(0)\cos\alpha = 0, \\ y(b)\cos\beta + p(b)y'(b)\sin\beta = 0 \end{cases}$$

出发, 然后再令 $b\to\infty$, 考察它的极限结果.

由第 3 章的讨论知, $\mathscr{L}_b$ 具有可数个实本征值 $\{\lambda_{bn}\}$ 及相应的规一本征函数系 $\{\gamma_{bn}\psi(t,\lambda_{bn})\}(n=1,2,\cdots)$, 其中

$$\gamma_{bn} = \left(\int_0^\infty |\psi(t,\lambda_{bn})|^2 \mathrm{d}t\right)^{-\frac{1}{2}}.$$

对于任一 $f\in L^2[0,\infty)$, 可有本征展开式及 Parseval 等式

$$f(t) = \sum_{n=1}^\infty \gamma_{bn}^2 \int_0^b f(\tau)\psi(\tau,\lambda_{bn})\mathrm{d}\tau \cdot \psi(t,\lambda_{bn}),$$

$$\int_0^b |f(t)|^2 \mathrm{d}t = \sum_{n=1}^\infty \gamma_{bn}^2 \left|\int_0^b f(t)\psi(t,\lambda_{bn})\mathrm{d}t\right|^2.$$

由于奇型的自伴算子的谱分解, 不一定具有离散的级数和的形式, 所以以上的本征展开式及 Parseval 等式的形式, 就不能简单地推广到奇型算子上. 于是, 为了能够

从常型算子谱分解式过渡到奇型算子的谱分解, 需要对常型自伴算子的本征展开式赋予新的形式, 并且用新的观点来考察问题.

令

$$g(\lambda)=\int_0^b f(t)\psi(t,\lambda)\mathrm{d}t, \tag{5.5.1}$$

并令 $\rho_b(\lambda)$ 为如下的单调非减阶梯函数:

(1) $\rho_b(0)=0$, $\rho_b(\lambda+0)=\rho_b(\lambda)$;

(2) λ_{bn} 是 $\rho_b(\lambda)$ 的间断点, 且 $\rho_b(\lambda_{bn})-\rho_b(\lambda_{bn}-0)=|\gamma_{bn}|^2$, 其他 λ 的点均为 $\rho_b(\lambda)$ 的常值点, 函数 $\rho_b(\lambda)$ 称为算子 $\mathscr{L}_b$ 的**谱函数**.

借助于谱函数, f 的本征展开式及 Parseval 等式就可以写成 Stieltjes 积分① 的形式:

$$f(t)=\int_{-\infty}^{\infty} g(\lambda)\psi(t,\lambda)\mathrm{d}\rho_b(\lambda), \tag{5.5.2}$$

$$\int_0^b |f|^2\mathrm{d}t=\int_{-\infty}^{\infty}|g(\lambda)|^2\mathrm{d}\rho_b(\lambda). \tag{5.5.3}$$

对于 $\mathscr{L}_b$ 的定义域 $\mathscr{D}_b$ 内的函数 f, 根据定理 3.8.2, 可得

$$\mathscr{L}f=\int_{-\infty}^{\infty}\lambda g(\lambda)\psi(t,\lambda)\mathrm{d}\rho_b(\lambda). \tag{5.5.4}$$

同样根据上述定理, 对于任何 $f\in L^2[0,b)$, 有

$$(\mathscr{L}_b-\mu I)^{-1}f=\int_{-\infty}^{\infty}\frac{g(\lambda)}{\lambda-\mu}\psi(t,\lambda)\mathrm{d}\rho_b(\lambda)\quad(\mathscr{I}\mu\neq 0). \tag{5.5.5}$$

若令 $L^2(\rho_b)$ 表示一切满足条件

$$\int_{-\infty}^{\infty}|g(\lambda)|^2\mathrm{d}\rho_b(\lambda)<\infty$$

的函数 $g(\lambda)$ 的全体, 并在 $L^2(\rho_b)$ 内定义内积为

$$(g(\lambda),h(\lambda))=\int_{-\infty}^{\infty}g(\lambda)\overline{h(\lambda)}\mathrm{d}\rho_b(\lambda),$$

则与 1.1 节中的讨论相同, 容易证明 $L^2(\rho_b)$ 构成 Hilbert 空间, 并且与 l^2 同构.

由于空间 $L^2(\rho_b)$ 的引入, 就可将式 (5.5.1) 视为 $L^2[0,b)\mapsto L^2(\rho_b)$ 的线性变换, 记为 $\mathscr{F}_b$, 式 (5.5.2) 则表示 $\mathscr{F}_b$ 的逆变换. 由式 (5.5.3) 知, 变换 $\mathscr{F}_b$ 是保范的. 因为 $L^2[0,b)$ 与 l^2 是同构的, 所以 $\mathscr{F}_b$ 的逆变换定义在 $L^2(\rho_b)$ 全空间, 即式 (5.5.1) 是 $L^2[0,b)\mapsto L^2(\rho_b)$ 上的变换. 根据式 (5.5.4) 和 (5.5.5) 知, 变换 $\mathscr{F}_b$ 具有如下性质:

① 关于 Stieltjes 积分参阅文献 [3] 第八章.

若

$$f(t) \xrightarrow{\mathscr{F}_b} g(\lambda),$$

则

$$\mathscr{L}_b f(t) \xrightarrow{\mathscr{F}_b} \lambda g(\lambda) \quad (f \in \mathscr{D}(\mathscr{L}_b)),$$

$$(\mathscr{L}_b - \mu I)^{-1} f \xrightarrow{\mathscr{F}_b} \frac{g(\lambda)}{\lambda - \mu} \quad (\mathscr{I}\mu \neq 0).$$

综合上面的分析, 可知自伴微分算子 $\mathscr{L}_b$ 的谱分解相当于一个空间 $L^2[0,b) \mapsto L^2(\rho_b)$ 上的积分变换 $\mathscr{F}_b$, 在这个变换之下, 微分算子 $\mathscr{L}_b$ 对 f 的作用, 在 $L^2(\rho_b)$ 内相当于变换函数 $g(\lambda)$ 乘 λ, 积分算子 $(\mathscr{L}_b - \mu I)^{-1}$ 对 f 的作用就相当于变换函数 $g(\lambda)$ 除以 $(\lambda - \mu)$. 这样, 就通过保范同构变换 $\mathscr{F}_b$, 将 $L^2[0, \infty)$ 内微分算子 $\mathscr{L}_b$ 及其预解算子 $(\mathscr{L}_b - \mu I)^{-1}$ 的运算转化为空间 $L^2(\rho_b)$ 内变换函数 $g(\lambda)$ 的一些简单乘除运算. 这就是应用微分算子谱分解方法去解决数学物理方程中各种定解问题的主要原理.

下面要将上述事实推广到奇型的自伴微分算子上.

5.6 谱函数与广义 Fourier 变换 (二)

引理 5.6.1 (Helly 选择定理)① 设 $\{\rho_n(\lambda)\}(n = 1, 2, \cdots)$ 为 $(-\infty, \infty)$ 上实的非减函数的序列, 若在任何有界区间 $[a, b]$ 上, $\{\rho_n(\lambda)\}$ 一致有界, 则可以找到它的一个子列 $\{\rho_{n_k}(\lambda)\}$ 和非减函数 $\rho(\lambda)$, 使

$$\lim_{k\to\infty} \rho_{n_k}(\lambda) = \rho(\lambda) \quad (-\infty < \lambda < \infty).$$

推论 5.6.1 $\{\rho_n(\lambda)\}$ 为 $(-\infty, \infty)$ 上的非减函数列, 若存在 $(-\infty, \infty)$ 上的连续函数 $H(\lambda)$, 使对任何 n 有

$$|\rho_n(\lambda)| \leqslant H(\lambda),$$

则 $\{\rho_n(\lambda)\}$ 存在收敛子列 $\{\rho_{n_k}(\lambda)\}$ 及非减函数 $\rho(\lambda)$, 使

$$\lim_{k\to\infty} \rho_{n_k}(\lambda) = \rho(\lambda),$$

且

$$|\rho(\lambda)| \leqslant H(\lambda).$$

引理 5.6.2 设 $\{\rho_n(\lambda)\}$ 是 $[a, b]$ 上的一个一致有界的非减函数列, 且

$$\lim_{n\to\infty} \rho_n(\lambda) = \rho(\lambda).$$

① 引理 5.6.1、引理 5.6.2 及其证明参阅文献 [3] 第八章.

又设 $f(\lambda)$ 为 $[a,\ b]$ 上任一连续函数, 则

$$\lim_{n\to\infty}\int_a^b f(\lambda)\mathrm{d}\rho_n(\lambda)=\int_a^b f(\lambda)\mathrm{d}\rho(\lambda).$$

推论 5.6.2　设 $\rho_n(\lambda),\rho(\lambda)$ 为 $(-\infty,\ \infty)$ 上的非减函数,

$$\lim_{n\to\infty}\rho_n(\lambda)=\rho(\lambda).$$

又设 $f(\lambda)$ 为 $(-\infty,\ \infty)$ 上的连续函数, 满足性质: 对任给的 $\varepsilon>0$, 存在 $A>0$, 使 $a>A$ 时, 对一切自然数 n, 有

$$\int_{-\infty}^{-a}|f(\lambda)|\mathrm{d}\rho_n(\lambda)<\varepsilon,\quad \int_a^{\infty}|f(\lambda)|\mathrm{d}\rho_n(\lambda)<\varepsilon,$$

则

$$\lim_{n\to\infty}\int_{-\infty}^{\infty}f(\lambda)\mathrm{d}\rho_n(\lambda)=\int_{-\infty}^{\infty}f(\lambda)\mathrm{d}\rho(\lambda).$$

引理 5.6.3　设 $\rho_b(\lambda)$ 为算子 $\mathscr{L}_b$ 的谱函数, $m_b(\lambda)$ 为相应的 Weyl 函数 (见式 (5.2.6)), 则

$$\int_{-\infty}^{\infty}\frac{\mathrm{d}\rho_b(\sigma)}{|\sigma-\lambda|^2}=\frac{\mathscr{I}m_b(\lambda)}{\mathscr{I}\lambda}\quad(\mathscr{I}\lambda>0).$$

证明　将 Parseval 等式应用于 $l(y)=\lambda y$ 的 Weyl 解 $\chi_b=\varphi+m_b\psi$, 则得

$$\int_0^b|\chi_b|^2\mathrm{d}t=\sum_{n=1}^{\infty}|\gamma_{bn}|^2\left|\int_0^b\chi_b(t)\psi(t,\lambda_{bn})\mathrm{d}t\right|^2. \tag{5.6.1}$$

再将 Green 公式应用于 χ_b 和 $\psi(t,\lambda_{bn})$, 并注意 χ_b 和 $\psi(t,\lambda_{bn})$ 在 b 点满足同一边界条件, 可得

$$(\lambda-\lambda_{bn})\int_0^b\chi_b(t)\psi(t,\lambda_{bn})\mathrm{d}t=[\chi_b\psi(t,\lambda_{bn})]_0^b=-1,$$

于是应用谱函数 $\rho_b(\sigma)$, 式 (5.6.1) 右端就可写成 $\displaystyle\int_{-\infty}^{\infty}\frac{\mathrm{d}\rho_b(\lambda)}{|\sigma-\lambda|^2}$. 此外, 因为 $m_b(\lambda)$ 是 Weyl 圆上的一点, 由定理 5.2.1 知

$$\int_0^b|\chi_b|^2\mathrm{d}t=\frac{\mathscr{I}m_b(\lambda)}{\mathscr{I}\lambda},$$

这就得到引理所要求的结论. 证毕.

定理 5.6.1　存在 $(-\infty,\infty)$ 上的非减函数 $\rho(\lambda)$, 使得对任一 $f\in L^2[0,\ \infty)$, 必对应存在 $g(\lambda)\in L^2(\rho)$①, 满足:

① $L^2(\rho)$ 的定义与上节中 $L^2(\rho_b)$ 的定义相同, 在同样内积的定义下, 它构成 Hilbert 空间.

(1) $\lim\limits_{A\to\infty}\int_{-\infty}^{\infty}\left|g(\lambda)-\int_0^A f(t)\psi(t,\lambda)\mathrm{d}t\right|^2\mathrm{d}\rho(\lambda)=0$, 且

$$\int_0^\infty |f(t)|^2\mathrm{d}t=\int_{-\infty}^{\infty}|g(\lambda)|^2\mathrm{d}\rho(\lambda);$$

(2) $\lim\limits_{\Delta\to(-\infty,\infty)}\int_0^\infty\left|f(t)-\int_\Delta g(\lambda)\psi(t,\lambda)\mathrm{d}\rho(\lambda)\right|^2\mathrm{d}t=0$,

其中 Δ 表示任意有限区间.

证明 根据 5.2 节中的讨论, 当 $b>1$ 时, $m_b(\lambda)$ 均落于圆 $C_1(\lambda)$ 的内部, 故知可有常数 $K>0$, 使 $\mathscr{I}m_b(\lambda)<K$. 在引理 5.6.3 中, 取 $\lambda=\mathrm{i}$, 则得

$$\int_{-\infty}^{\infty}\frac{\mathrm{d}\rho_b(\sigma)}{1+\sigma^2}=\mathscr{I}m_b(\mathrm{i})<K.$$

注意 $\rho_b(0)=0$, 于是由上式推得

$$K>\int_0^\lambda\frac{\mathrm{d}\rho_b(\sigma)}{1+\sigma^2}\geqslant\frac{1}{1+\lambda^2}\int_0^\lambda\mathrm{d}\rho_b(\sigma)=\frac{\rho_b(\lambda)}{1+\lambda^2},$$

由此得 $\rho_b(\lambda)<K(1+\lambda^2)$. 于是根据推论 5.6.1 知, 存在子列 $\{\rho_{bn}(\lambda)\}$ $(n=1,2,\cdots)$ 和非减函数 $\rho(\lambda)$, 使

$$\lim_{n\to\infty}\rho_{bn}(\lambda)=\rho(\lambda).$$

下面证明 (1), 兹分别按下列情况逐步进行:

① $f(t)\in C^2[0,\infty)$, 且在 $(0,\infty)$ 内的闭区间 $[\delta,\gamma]$ 外为 0. 此时令

$$g(\lambda)=\int_0^\infty f(t)\psi(t,\lambda)\mathrm{d}t,$$

经简单计算 (注意这时积分实际上为一有穷积分) 可得

$$\int_0^\infty l(f)\psi(t,\lambda)\mathrm{d}t=\lambda g(\lambda),$$

对 $l(f)$ 运用 Parseval 等式, 即得

$$\int_0^\infty|l(f)|^2\mathrm{d}t=\int_{-\infty}^{\infty}\left|\int_0^\infty l(f)\psi(t,\lambda)\mathrm{d}t\right|^2\mathrm{d}\rho_b(\lambda)=\int_{-\infty}^{\infty}\lambda^2|g(\lambda)|^2\mathrm{d}\rho_b(\lambda).$$

令 A 为任一大于 0 的常数, 则

$$\int_0^\infty|l(f)|^2\mathrm{d}t\geqslant\int_A^\infty\lambda^2|g(\lambda)|^2\mathrm{d}\rho_b(\lambda)\geqslant A^2\int_A^\infty|g(\lambda)|^2\mathrm{d}\rho_b(\lambda),$$

由此导出

$$\int_A^\infty |g(\lambda)|^2 \mathrm{d}\rho_b(\lambda) \leqslant \frac{1}{A^2}\int_0^\infty |l(f)|^2 \mathrm{d}t,$$

同理可有

$$\int_{-\infty}^{-A} |g(\lambda)|^2 \mathrm{d}\rho_b(\lambda) \leqslant \frac{1}{A^2}\int_0^\infty |l(f)|^2 \mathrm{d}t.$$

上述不等式说明 $\int_{-\infty}^\infty |g(\lambda)|^2 \mathrm{d}\rho_{bn}(\lambda)$ 满足推论 5.6.2 中的条件, 于是在 Parseval 等式

$$\int_0^{b_n} |f(t)|^2 \mathrm{d}t = \int_{-\infty}^\infty |g(\lambda)|^2 \mathrm{d}\rho_{b_n}(\lambda)$$

的两端令 $b_n \to \infty$, 即得 (1) 所要求的结论.

② $f(t) \in L^2[0,c]$. 令 f_n 为满足①性质的函数：$f_n(t) \in C^2[0,c]$, 在 $[\delta_n, c]$ 外为 0 $(0 < \delta_n < c)$, 且有

$$\int_0^c |f - f_n|^2 \mathrm{d}t \to 0 \quad (n \to \infty).$$

显然这样的函数列 $\{f_n\}$ 是存在的 (读者可自行证明). 现在令

$$g_n(\lambda) = \int_0^\infty f_n(t)\psi(t,\lambda)\mathrm{d}t,$$
$$g(\lambda) = \int_0^\infty f(t)\psi(t,\lambda)\mathrm{d}t.$$

它们事实上均为有限区间上的积分, 因此均为 λ 的连续函数. 应用 Schwarz 不等式, 可得

$$\begin{aligned}|g_n(\lambda) - g(\lambda)| &\leqslant \int_0^c |f_n - f|\,|\psi(t,\lambda)|\mathrm{d}t \\ &\leqslant \left(\int_0^c |f_n - f|^2 \mathrm{d}t\right)^{\frac{1}{2}} \left(\int_0^c |\psi(t,\lambda)|^2 \mathrm{d}t\right)^{\frac{1}{2}} \to 0 \quad (n \to \infty),\end{aligned}$$

另一方面, 对 $f_n - f_m$ 应用①的结论, 即得

$$\int_0^\infty |f_n - f_m|^2 \mathrm{d}t = \int_{-\infty}^\infty |g_n(\lambda) - g_m(\lambda)|^2 \mathrm{d}\rho(\lambda),$$

这说明 $\{g_n(\lambda)\}$ 是 $L^2(\rho)$ 内的 Cauchy 列, 根据上面的讨论, $g_n(\lambda)$ 点收敛于 $g(\lambda)$, 因此其平均收敛的极限亦必为 $g(\lambda)$. 此外, 根据①, 可有等式

$$\int_0^\infty |f_n|^2 \mathrm{d}t = \int_{-\infty}^\infty |g_n(\lambda)|^2 \mathrm{d}\rho(\lambda),$$

两端取极限, 即得 (1) 所需的结论.

③ $f(t)\in L^2[0,\infty)$. 取 $f(t)$ 的截段函数

$$f_k(t)=\begin{cases} f(t), & 0\leqslant t\leqslant k,\\ 0, & t>k.\end{cases}$$

并令

$$g_k(\lambda)=\int_0^{\infty}f_k(t)\psi(t,\lambda)\mathrm{d}t.$$

应用② 的结论, 可得

$$\int_0^{\infty}|f_k-f_j|^2\mathrm{d}t=\int_{-\infty}^{\infty}|g_k-g_j|^2\mathrm{d}\rho(\lambda),$$

这说明了 $\{g_k(\lambda)\}$ 是 $L^2(\rho)$ 内的 Cauchy 列, 因此存在 $L^2(\rho)$ 内的极限函数 $g(\lambda)$, 即

$$\lim_{k\to\infty}\int_{-\infty}^{\infty}\left|g(\lambda)-\int_0^k f(t)\psi(t,\lambda)\mathrm{d}t\right|^2\mathrm{d}\rho(\lambda)=0.$$

再由② 可得等式

$$\int_0^{\infty}|f_k(t)|^2\mathrm{d}t=\int_{-\infty}^{\infty}|g_k(\lambda)|^2\mathrm{d}\rho(\lambda),$$

两端令 $k\to\infty$, 即得 (1) 所需的结论.

下面证明 (2): 设 $f_1,f_2\in L^2[0,\infty)$, 它们在 $L^2(\rho)$ 内所对应的函数分别为 $g_1(\lambda),g_2(\lambda)$, 则由 (1) 的结论可推知

$$\int_0^{\infty}f_1\bar{f}_2\mathrm{d}t=\int_{-\infty}^{\infty}g_1(\lambda)\overline{g_2(\lambda)}\,\mathrm{d}\rho(\lambda)^{①}. \tag{5.6.2}$$

令 $P(t)\in L^2[0,\infty)$, 且在 $t>A>0$ 处为 0, $Q(\lambda)$ 是 $P(t)$ 在 $L^2(\rho)$ 内对应的函数. 又令 $\varDelta$ 为 λ 的任一有限区间,

$$f_{\varDelta}(t)=\int_{\varDelta}g(\lambda)\psi(t,\lambda)\mathrm{d}\rho(\lambda).$$

根据 Fubini 定理, 可得

$$\int_0^A f_{\varDelta}(t)\bar{P}(t)\mathrm{d}t=\int_0^A\left(\int_{\varDelta}g(\lambda)\psi(t,\lambda)\mathrm{d}\rho(\lambda)\right)\bar{P}(t)\mathrm{d}t$$

① 利用恒等式

$$4f_1\bar{f}_2=|f_1+f_2|^2-|f_1-f_2|^2+\mathrm{i}|f_1+\mathrm{i}f_2|^2-\mathrm{i}|f_1-\mathrm{i}f_2|^2.$$

$$= \int_{\Delta} g(\lambda) \left(\int_0^A \bar{P}(t)\psi(t,\lambda)\mathrm{d}t \right) \mathrm{d}\rho(\lambda) = \int_{\Delta} g(\lambda)\bar{Q}(\lambda)\mathrm{d}\rho(\lambda),$$

同时根据式 (5.6.2), 又有

$$\int_0^{\infty} f\bar{P}\mathrm{d}t = \int_{-\infty}^{\infty} g(\lambda)\bar{Q}(\lambda)\mathrm{d}\rho(\lambda).$$

记 $c\Delta = (-\infty,\ \infty)\backslash\Delta$, 则得

$$\int_0^{\infty} (f - f_{\Delta})\bar{P}\mathrm{d}t = \int_{c\Delta} g(\lambda)\overline{Q(\lambda)}\mathrm{d}\rho(\lambda).$$

再应用 Schwarz 不等式, 得

$$\begin{aligned} &\left|\int_0^{\infty} (f - f_{\Delta})\bar{P}\mathrm{d}t\right|^2 \leqslant \int_{c\Delta} |g(\lambda)|^2\mathrm{d}\rho(\lambda) \int_{-\infty}^{\infty} |Q(\lambda)|^2\mathrm{d}\rho(\lambda) \\ = &\int_{c\Delta} |g(\lambda)|^2\mathrm{d}\rho(\lambda) \int_0^{\infty} |P|^2\mathrm{d}t, \end{aligned}$$

在上述不等式中, 令

$$P(t) = \begin{cases} f(t) - f_{\Delta}(t), & 0 \leqslant t \leqslant A, \\ 0, & t > A, \end{cases}$$

则得

$$\int_0^A |f - f_{\Delta}|^2\mathrm{d}t \leqslant \int_{c\Delta} |g(\lambda)|^2\mathrm{d}\rho(\lambda).$$

上式右端与 A 无关, 故可令左端 $A \to \infty$. 再令 $\Delta \to (-\infty,\ \infty)$, 即得定理中 (2) 所要求的结论. 证毕.

定理中的函数 $\rho(\lambda)$ 称为**谱函数**, $g(\lambda)$ 称为$f(t)$ **的广义 Fourier 变换**, $f(t)$ 则称为$g(\lambda)$ **的逆变换**. 由于我们所采用的数学处理方法, 无论是谱函数或广义 Fourier 变换, 现在都尚未与奇型的微分算子相联系, 这将留待到 5.7 节去解决. 为了叙述简便起见, 常常把 $g(\lambda)$ 与逆变换写成如下常见的积分形式:

$$g(\lambda) = \int_0^{\infty} f(t)\psi(t,\lambda)\mathrm{d}t, \tag{5.6.3}$$

$$f(t) = \int_{-\infty}^{\infty} g(\lambda)\psi(t,\lambda)\mathrm{d}\rho(\lambda). \tag{5.6.4}$$

但以上的无穷积分分别是在 $L^2(\rho)$ 及 $L^2[0,\ \infty)$ 的度量意义下的极限, 即

$$\int_0^\infty f(t)\psi(t,\lambda)\mathrm{d}t=\lim_{A\to\infty}\int_0^A f(t)\psi(t,\lambda)\mathrm{d}t$$

是在 $L^2(\rho)$ 内平均收敛;

$$\int_{-\infty}^\infty g(\lambda)\psi(t,\lambda)\mathrm{d}\rho(\lambda)=\lim_{\Delta\to(-\infty,\ \infty)}\int_\Delta g(\lambda)\psi(t,\lambda)\mathrm{d}\rho(\lambda)$$

是在 $L^2[0,\ \infty)$ 内平均收敛.

定理 5.6.1 给出了 $L^2[0,\ \infty)\mapsto L^2(\rho)$ 的一个保范线性变换, 下面证明这个变换是 "满" 的, 即变换的像集合是 $L^2(\rho)$ 全空间, 从而证明了广义 Fourier 变换是 $L^2[0,\ \infty]\mapsto L^2(\rho)$ 的保范同构变换.

定理 5.6.2 设 $g(\lambda)$ 为 $L^2(\rho)$ 内的任一函数, Δ 为任何有限区间, 则当 $\Delta\to(-\infty,\ \infty)$ 时,

$$\int_\Delta g(\lambda)\psi(t,\lambda)\mathrm{d}\rho(\lambda)$$

收敛. 若令

$$f(t)=\lim_{\Delta\to(-\infty,\ \infty)}\int_\Delta g(\lambda)\psi(t,\lambda)\mathrm{d}\rho(\lambda),$$

则 $f\in L^2[0,\ \infty)$ 且

$$\lim_{A\to\infty}\int_0^A f(t)\psi(t,\lambda)\mathrm{d}t=g(\lambda).$$

证明 令

$$f_\Delta(t)=\int_\Delta g(\lambda)\psi(t,\lambda)\mathrm{d}\rho(\lambda),$$

取 $\Delta_1\supset\Delta_2$, 与定理 5.6.2 中 (2) 的证明相同, 可有

$$\int_0^\infty|f_{\Delta_1}-f_{\Delta_2}|^2\mathrm{d}t\leqslant\int_{\Delta_1\backslash\Delta_2}|g(\lambda)|^2\mathrm{d}\rho(\lambda).$$

这就证明了 f_Δ 满足 Cauchy 准则, 因此当 $\Delta\to(-\infty,\ \infty)$ 时, 有

$$\lim f_\Delta=f\in L^2[0,\ \infty).$$

下面证明 f 的广义 Fourier 变换为 $g(\lambda)$, 即

$$\int_0^\infty f(t)\psi(t,\lambda)\mathrm{d}t=g(\lambda).$$

先假设 $l(y)$ 属于极限点型. 若令

$$\int_0^\infty f(t)\psi(t,\lambda)\mathrm{d}t=\tilde{g}(\lambda),$$

于是只需证明

$$\int_{-\infty}^{\infty}|g(\lambda)-\tilde{g}(\lambda)|^2\mathrm{d}\rho(\lambda)=0.$$

令 $r(\lambda)=g(\lambda)-\tilde{g}(\lambda)$,

$$\tilde{f}_\Delta(t)=\int_\Delta \tilde{g}(\lambda)\psi(t,\lambda)\mathrm{d}\rho(\lambda),$$

$h_\Delta(t)=f_\Delta-\tilde{f}_\Delta$, 则得

$$h_\Delta(t)=\int_\Delta r(\lambda)\psi(t,\lambda)\mathrm{d}\rho(\lambda).$$

因为当 $\Delta\to(-\infty,\ \infty)$ 时, f_Δ 与 $\tilde{f}_\Delta$ 均平均收敛于 $f(t)$, 所以 $f_\Delta-\tilde{f}_\Delta\to 0$, 即

$$\lim_{\Delta\to(-\infty,\infty)}\int_0^{\infty}|h_\Delta(t)|^2\mathrm{d}t=0.$$

下面证明 $h_\Delta(t)=0$.

设 l 为任一复数, $\mathscr{I}l\neq 0$. 令

$$H_\Delta(t,l)=\int_\Delta \frac{r(\lambda)}{\lambda-l}\psi(t,\lambda)\mathrm{d}\rho(\lambda),$$

经过简单计算, 可知 $H_\Delta(t,l)$ 为非齐次问题

$$\begin{cases} l(y)=ly+h_\Delta(t),\\ y(0)\sin\alpha-p(0)y'(0)\cos\alpha=0\end{cases}$$

的解. 于是根据常数变异法, 可有

$$H_\Delta(t,\lambda)=\int_0^t[\varphi(t,l)\psi(\tau,l)-\varphi(\tau,l)\psi(t,l)]h_\Delta(\tau)\mathrm{d}\tau+C_\Delta\psi(t,l),$$

其中 C_Δ 依赖于 Δ, 但不依赖于 t. 因为 $r(\lambda)\in L^2(\rho)$, 故

$$\frac{r(\lambda)}{\lambda-l}\in L^2(\rho),$$

因此

$$\int_\Delta \frac{r(\lambda)}{\lambda-l}\psi(t,\lambda)\mathrm{d}\rho(\lambda)=H_\Delta(t,l).$$

当 $\Delta\to(-\infty,\infty)$ 时, 在 $L^2(0,\infty)$ 内平均收敛到极限函数 $H(t,l)$. 注意到 $\Delta\to(-\infty,\infty)$ 时, $h_\Delta\to 0$, 于是由上式得

$$H(t,l)=c\psi(t,l),$$

其中 c 为常数. 但根据 $l(y)$ 属于极限点型的假设, $\psi(t,l)\,\bar{\in}\, L^2[0,\infty)$, 故必须 $c=0$, 即证明了 $H_\Delta(t,l)\to H(t,l)=0$.

令

$$\Gamma_s(\lambda) = \int_0^s \psi(t,\lambda)\mathrm{d}t,$$

它是 $[0,s]$ 的特征函数的广义 Fourier 变换, 故 $\Gamma_s(\lambda) \in L^2(\rho)$.

对 $H_\Delta(t,l)$ 按变量 t 在 $[0,t]$ 上的积分, 并利用 $H_\Delta \to H$ 的事实, 即可得

$$\int_{-\infty}^{\infty} \frac{r(\lambda)}{\lambda - l}\Gamma_s(\lambda)\mathrm{d}\rho(\lambda) = 0.$$

易证明上式左端的积分是绝对收敛的. 下面不妨设 $r(\lambda)$ 为实函数 (否则, 可令 $r(\lambda) = r_1(\lambda) + \mathrm{i}r_2(\lambda)$ 分别处理). 令

$$l = v + \mathrm{i}\varepsilon, \quad \Delta = (\mu, \sigma],$$

取上式的虚部并对 v 在 Δ 上积分, 再令 $\varepsilon \to 0$, 得

$$\begin{aligned}
&\lim_{\varepsilon\to 0^+}\int_\mu^\sigma\int_{-\infty}^{\infty}\frac{\varepsilon}{(\lambda - v)^2 + \varepsilon^2}r(\lambda)\Gamma_s(\lambda)\mathrm{d}\rho(\lambda)\mathrm{d}v\\
=&\int_{-\infty}^{\infty} r(\lambda)\Gamma_s(\lambda)\lim_{\varepsilon\to 0^+}\left[\tan^{-1}\left(\frac{\sigma-\lambda}{\varepsilon}\right) - \tan^{-1}\left(\frac{\mu-\lambda}{\varepsilon}\right)\right]\mathrm{d}\rho(\lambda)\\
=&\,\pi\int_\mu^\sigma r(\lambda)\Gamma_s(\lambda)\mathrm{d}\rho(\lambda) = \pi\int_\Delta r(\lambda)\int_0^s \psi(t,\lambda)\,\mathrm{d}t\mathrm{d}\rho(\lambda)\\
=&\int_0^s\left(\int_\Delta r(\lambda)\psi(t,\lambda)\mathrm{d}\rho(\lambda)\right)\mathrm{d}t = 0.
\end{aligned}$$

将上式对 s 求导, 得

$$h_\Delta(t) = \int_\Delta r(\lambda)\psi(t,\lambda)\mathrm{d}\rho(\lambda) = 0.$$

利用 $\psi(0,\lambda) = \cos\alpha$, $p(0)\psi'(0,\lambda) = -\sin\alpha$ 即导出

$$\int_\Delta r(\lambda)\mathrm{d}\rho(\lambda) = 0.$$

因为 Δ 是任意的, 故可推知对任何 $A > 0$ 及任何阶梯函数 $\gamma(\lambda)$, 有

$$\int_{-A}^{A}\gamma(\lambda)r(\lambda)\mathrm{d}\rho(\lambda) = 0.$$

由于阶梯函数在 $L^2(\rho)$ 内是稠密的, 故可推出

$$\int_{-A}^{A}|r(\lambda)|^2\mathrm{d}\rho(\lambda) = 0,$$

又因 A 是任取的, 从而导出 $r(\lambda) = 0$. 这样, 对于 $l(y)$ 在极限点型的情况下证明了命题. 至于 $l(y)$ 属于极限圆型的情形, 读者可参阅定理 5.8.1(此时广义 Fourier

逆变式是按本征函数系的展开式). 由于圆型情况下算子的本征函数系是完备的, 所以本命题是显然的. 读者在阅读定理 5.8.1 之后, 即可自行补足这部分的论证. 证毕.

上述定理指出了 $L^2[0,\ \infty)$ 与 $L^2(\rho)$ 是保范同构的, 在 5.8 节中将进一步讨论由式 (5.6.3) 和 (5.6.4) 给出的保范同构变换的运算性质 (见定理 5.8.2 和定理 5.8.3).

5.7 Titchmarsh 公 式

本节将给出谱函数与 Weyl 函数的联系, 并通过 Weyl 函数, 将谱函数与奇型的自伴微分算子联系起来, 我们要指出, 对于任一自伴微分算子, 其谱函数是唯一的. 此外, 本节所给的公式, 也为实际计算微分算子的谱函数提供了工具.

由 5.6 节的讨论可知, 任一谱函数 $\rho(\lambda)$ 必是某常型算子列 $\mathscr{L}_{b_n}$ 所对应的谱函数列 ρ_{b_n} 的极限. 但每一常型算子 $\mathscr{L}_{b_n}$ 又对应有一个 Weyl 函数 $m_{b_n}(\lambda)$, 它们在圆 $C_{b_n}(\lambda)$ 上, 于是可以找到 $\{b_n\}$ 的一个子列, 不妨仍记为 $\{b_n\}$, 使得 $m_{b_n}(\lambda)$ 收敛到一个 Weyl 函数 $M(\lambda)$(参阅 5.3 节). 这样, 对于任一谱函数 $\rho(\lambda)$, 必对应存在着 Weyl 函数 $M(\lambda)$, 它们分别是同一个常型算子列 $\mathscr{L}_{b_n}$ 所对应的谱函数列 ρ_{b_n} 与 Weyl 函数列 m_{b_n} 的极限. 为简便起见, 以 ρ_n 和 m_n 表示 ρ_{b_n} 和 m_{b_n}, 因此

$$\rho(\lambda)=\lim_{n\to\infty}\rho_n(\lambda),\quad M(\lambda)=\lim_{n\to\infty}m_n(\lambda).$$

定理 5.7.1 (E. C. Titchmarsh)　设 $\rho(\lambda)$ 为谱函数, λ_1,λ_2 为它的任两个连续点, $M(\lambda)$ 为对应的 Weyl 函数, 则

$$\rho(\lambda_2)-\rho(\lambda_1)=\lim_{v\to0^+}\frac{1}{\pi}\int_{\lambda_1}^{\lambda_2}\mathscr{I}M(u+\mathrm{i}v)\mathrm{d}u.$$

证明　令 $\lambda=u+\mathrm{i}v\ (v>0)$. 根据引理 5.6.3, 有

$$\int_{-\infty}^{\infty}\frac{\mathrm{d}\rho_n(\sigma)}{|\sigma-\lambda|^2}=\mathscr{I}m_n(\lambda)/v,$$

若令 $\lambda=\mathrm{i}$, 则得

$$\int_{-\infty}^{\infty}\frac{\mathrm{d}\rho_n(\sigma)}{1+\sigma^2}=\mathscr{I}m_n(\mathrm{i}).$$

两式相减, 得到

$$\int_{-\infty}^{\infty}\left(\frac{1}{|\sigma-\lambda|^2}-\frac{1}{1+\sigma^2}\right)\mathrm{d}\rho_n(\sigma)=\mathscr{I}m_n(\lambda)/v-\mathscr{I}m_n(\mathrm{i}).$$

因为对固定的 λ 而言, 当 $\sigma \to \infty$ 时,

$$\frac{1}{|\sigma-\lambda|^2}-\frac{1}{\sigma^2+1}=O\left(\frac{1}{\sigma^3}\right).$$

所以, 对于充分大的 σ_0, 有

$$\int_{|\sigma|\geqslant\sigma_0}\left(\frac{1}{|\sigma-\lambda|^2}-\frac{1}{\sigma^2+1}\right)\mathrm{d}\rho_n(\sigma)=O\left(\int_{|\sigma|\geqslant\sigma_0}\frac{1}{\sigma^3}\mathrm{d}\rho_n(\sigma)\right)$$
$$=O\left(\int_{|\sigma|\geqslant\sigma_0}\frac{1+\sigma^2}{\sigma^3}\cdot\frac{\mathrm{d}\rho_n(\sigma)}{1+\sigma^2}\right)=O\left(\frac{1}{\sigma_0}\right).$$

这说明了上述积分式满足推论 5.6.2 的条件, 令 $n\to\infty$, 即得

$$\int_{-\infty}^{\infty}\left(\frac{1}{|\sigma-\lambda|^2}-\frac{1}{\sigma^2+1}\right)\mathrm{d}\rho(\lambda)=\mathscr{I}M(\lambda)/v-\mathscr{I}M(\mathrm{i}). \tag{5.7.1}$$

另一方面, 因为

$$\int_{-\infty}^{\infty}\frac{v\mathrm{d}\rho_n(\sigma)}{|\sigma-\lambda|^2}=\mathscr{I}m_n(\lambda)<K,$$

其中 K 是与 n 无关的常数, 可知对任何 $A>0$, 有

$$\int_{-A}^{A}\frac{v\mathrm{d}\rho_n(\sigma)}{|\sigma-\lambda|^2}<K,$$

先令 $n\to\infty$, 因为不等式右端与 A 无关, 再令 $A\to\infty$, 即得

$$\int_{-\infty}^{\infty}\frac{v\mathrm{d}\rho(\sigma)}{|\sigma-\lambda|^2}\leqslant K.$$

于是由式 (5.7.1), 即可得

$$\int_{-\infty}^{\infty}\frac{v\mathrm{d}\rho(\sigma)}{|\sigma-\lambda|^2}=\mathscr{I}M(\lambda)+v\left(\int_{-\infty}^{\infty}\frac{\mathrm{d}\rho(\sigma)}{1+\sigma^2}-\mathscr{I}M(\mathrm{i})\right).$$

令

$$\int_{-\infty}^{\infty}\frac{\mathrm{d}\rho(\sigma)}{1+\sigma^2}-\mathscr{I}M(\mathrm{i})=C,$$

上式可写为

$$\int_{-\infty}^{\infty}\frac{v\mathrm{d}\rho(\sigma)}{(\sigma-u)^2+v^2}=\mathscr{I}M(u+\mathrm{i}v)+vC. \tag{5.7.2}$$

设 λ_1, λ_2 为 $\rho(\sigma)$ 的任意两个连续点, 限定 $u \in [\lambda_1, \lambda_2], v > 0$. 取 $\delta > 0$, 则式 (5.7.2) 左端可分为

$$\int_{-\infty}^{\lambda_1-\delta} \frac{v\mathrm{d}\rho(\sigma)}{(\sigma-u)^2+v^2} + \int_{\lambda_2+\delta}^{\infty} \frac{v\mathrm{d}\rho(\sigma)}{(\sigma-u)^2+v^2} + \int_{\lambda_1-\delta}^{\lambda_2+\delta} \frac{v\mathrm{d}\rho(\sigma)}{(\sigma-u)^2+v^2}$$

三部分, 因为

$$\int_{-\infty}^{\lambda_1-\delta} \frac{\mathrm{d}\rho(\sigma)}{(\sigma-u)^2+v^2} < \int_{-\infty}^{\lambda_1-\delta} \frac{\mathrm{d}\rho(\sigma)}{(\sigma-\lambda_1)^2} < \infty,$$

于是

$$\int_{-\infty}^{\lambda_1-\delta} \frac{\mathrm{d}\rho(\sigma)}{(\sigma-u)^2+v^2} = O(1)$$

对 $u \in [\lambda_1, \lambda_2]$ 一致; 同理

$$\int_{\lambda_2+\delta}^{\infty} \frac{\mathrm{d}\rho(\sigma)}{(\sigma-u)^2+v^2} = O(1)$$

对 $u \in [\lambda_1, \lambda_2]$ 一致. 将等式 (5.7.2) 按变量 u 在 $[\lambda_1, \lambda_2]$ 上积分, 并运用上面的结果, 便得到

$$\int_{\lambda_1}^{\lambda_2} \left(\int_{\lambda_1-\delta}^{\lambda_2+\delta} \frac{v\mathrm{d}\rho(\sigma)}{(\sigma-u)^2+v^2} \right) \mathrm{d}u = \int_{\lambda_1}^{\lambda_2} \mathscr{I} M(u+\mathrm{i}v)\mathrm{d}u + O(v).$$

等式左端应用 Fubini 定理, 得

$$\begin{aligned}
\text{左式} &= \int_{\lambda_1-\delta}^{\lambda_2+\delta} \left(\int_{\lambda_1}^{\lambda_2} \frac{v\mathrm{d}u}{(\sigma-u)^2+v^2} \right) \mathrm{d}\rho(\sigma) \\
&= \int_{\lambda_1-\delta}^{\lambda_2+\delta} \left[\tan^{-1}\left(\frac{\lambda_2-\sigma}{v}\right) - \tan^{-1}\left(\frac{\lambda_1-\sigma}{v}\right) \right] \mathrm{d}\rho(\sigma) \\
&= \int_{\lambda_1-\delta}^{\lambda_1+\delta} \left[\tan^{-1}\left(\frac{\lambda_2-\sigma}{v}\right) - \tan^{-1}\left(\frac{\lambda_1-\sigma}{v}\right) \right] \mathrm{d}\rho(\sigma) \\
&\quad + \int_{\lambda_1+\delta}^{\lambda_2-\delta} \left[\tan^{-1}\left(\frac{\lambda_2-\sigma}{v}\right) - \tan^{-1}\left(\frac{\lambda_1-\sigma}{v}\right) \right] \mathrm{d}\rho(\sigma) \\
&\quad + \int_{\lambda_2-\delta}^{\lambda_2+\delta} \left[\tan^{-1}\left(\frac{\lambda_2-\sigma}{v}\right) - \tan^{-1}\left(\frac{\lambda_1-\sigma}{v}\right) \right] \mathrm{d}\rho(\sigma),
\end{aligned}$$

其中

$$\begin{aligned}
&\left| \int_{\lambda_1-\delta}^{\lambda_1+\delta} \left[\tan^{-1}\left(\frac{\lambda_2-\sigma}{v}\right) - \tan^{-1}\left(\frac{\lambda_1-\sigma}{v}\right) \right] \mathrm{d}\rho(\sigma) \right| \\
&< \pi[\rho(\lambda_1+\delta+0) - \rho(\lambda_1-\delta-0)].
\end{aligned}$$

同理

$$\left|\int_{\lambda_2-\delta}^{\lambda_2+\delta}\left[\tan^{-1}\left(\frac{\lambda_2-\sigma}{v}\right)-\tan^{-1}\left(\frac{\lambda_1-\sigma}{v}\right)\right]\mathrm{d}\rho(\sigma)\right|$$
$$<\pi[\rho(\lambda_2+\delta+0)-\rho(\lambda_2-\delta-0)].$$

根据 λ_1,λ_2 为 $\rho(\sigma)$ 的连续点的假设知, 只需 δ 充分小, 即可使以上两式小于任意给定的值. 而对于选定的 δ, 当 $v\to 0^+$ 时,

$$\int_{\lambda_1+\delta}^{\lambda_2-\delta}\left[\tan^{-1}\left(\frac{\lambda_2-\sigma}{v}\right)-\tan^{-1}\left(\frac{\lambda_1-\sigma}{v}\right)\right]\mathrm{d}\rho(\sigma)$$
$$\to\pi\int_{\lambda_1+\delta}^{\lambda_2-\delta}\mathrm{d}\rho(\sigma)=\pi[\rho(\lambda_2-\delta)-\rho(\lambda_1+\delta)].$$

而根据 δ 的选择, 上式与 $\pi[\rho(\lambda_2)-\rho(\lambda_1)]$ 的差亦可小于任意给定的值. 综合上面讨论, 即得

$$\lim_{v\to 0^+}\frac{1}{\pi}\int_{\lambda_1}^{\lambda_2}\mathscr{I}M(u+\mathrm{i}v)\mathrm{d}u=\rho(\lambda_2)-\rho(\lambda_1).$$

证毕.

由 5.3 节的讨论知, 当 $l(y)$ 属于极限点型时, $M(\lambda)=m_\infty(\lambda)$, Weyl 函数是唯一的. 于是由定理 5.7.1(常称为 Titchmarsh 公式) 可知谱函数 $\rho(\lambda)$ 除去可数个间断点上的值外, 是唯一确定的. 假如我们将谱函数按 $\rho(0)=0$ 及 $\rho(\lambda+0)=\rho(\lambda)$ 规范, 则此时规范的谱函数是由 Weyl 函数唯一确定的. 但是在 $l(y)$ 属于极限点的情形, Weyl 函数又是由奇型微分算子 $\mathscr{L}$ 所唯一确定的, 因此谱函数也是由 $\mathscr{L}$ 唯一确定的. 我们可以说 $\rho(\lambda)$ 是自伴算子 $\mathscr{L}$ 的谱函数. 当 $l(y)$ 属于极限圆型时, Weyl 函数 $M(\lambda)=M(\lambda,M_0)$, 它取决于极限圆 $C_\infty(\lambda_0)$ 上的点 M_0 的选择 (见 5.3 节). 此时一个如上规范的谱函数按照 Titchmarsh 公式是由某一个 Weyl 函数 $M(\lambda,M_0)$ 所唯一决定的. 而任一 Weyl 函数又唯一地确定一个 Weyl-Titchmarsh 自伴域. 因而决定一个自伴微分算子 $\mathscr{L}_{M_0}$, 所以我们可以说, 任一谱函数都是某一奇型自伴算子 $\mathscr{L}_{M_0}$ 的谱函数.

对于定理 5.7.1, 可有如下的推论, 它们在实际计算与推证中, 是很有价值的.

推论 5.7.1 (1) 若 $M(\lambda)$ 在 $a\leqslant u\leqslant b,\ 0\leqslant v\leqslant\delta$ 上连续, 则

$$\rho'(u)=\frac{1}{\pi}\mathscr{I}M(u),\quad u\in[a,\ b];$$

(2) 若 $M(\lambda)$ 在 $a\leqslant u\leqslant b,\ -\delta<v<\delta$ 上连续, 则

$$\rho(u)=\mathrm{const},\quad u\in[a,\ b];$$

(3) 若 $M(\lambda)$ 在 $a<u<b,-\delta<v<\delta$ 上半纯, 则 $M(\lambda)$ 的每一极点 u_0 为 $\rho(u)$ 的间断点, 且跃度等于 $M(\lambda)$ 在 u_0 处的留数. 在 $M(\lambda)$ 的相邻极点间,

$$\rho(u)=\text{const.}$$

证明　(1) 由定理 5.7.1 及连续性的假设, 得

$$\rho(u)-\rho(u_1)=\lim_{v\to 0^+}\frac{1}{\pi}\int_{u_1}^{u}\mathscr{I}M(u+\mathrm{i}v)\mathrm{d}u=\frac{1}{\pi}\int_{u_1}^{u}\mathscr{I}M(u)\mathrm{d}u.$$

等式两端求导即得所要求的结论.

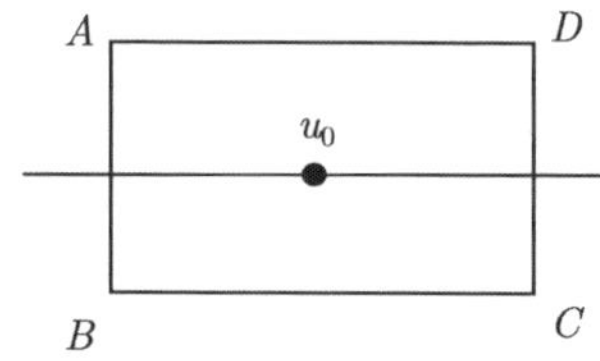

(2) 根据 Weyl 函数的性质 $M(\bar{\lambda})=\overline{M(\lambda)}$ 及连续性假设, 即得 $\mathscr{I}M(u)=0$, 再由 (1) 即得所要求的结论.

(3) 取一包围 u_0 的闭路 $ABCD$, 其四边分别为 $u=u_1,\ u=u_2,\ v=\pm\delta$(如左图), 其内部不再包含 $M(\lambda)$ 的其他极点, 则

$$\begin{aligned}\text{Res } M(\lambda)|_{u_0}&=\frac{1}{2\pi\mathrm{i}}\int_{ABCD}M(\lambda)\mathrm{d}\lambda\\&=\frac{1}{2\pi\mathrm{i}}\left[\int_{AB}M(\lambda)\mathrm{d}\lambda+\int_{CD}M(\lambda)\mathrm{d}\lambda+\int_{BC}M(\lambda)\mathrm{d}\lambda+\int_{DA}M(\lambda)\mathrm{d}\lambda\right],\end{aligned}$$

其中

$$\int_{AB}M(\lambda)\mathrm{d}\lambda+\int_{CD}M(\lambda)\mathrm{d}\lambda,$$

当 $\delta\to 0$ 时趋于 0, 而

$$\begin{aligned}\int_{BC}M(\lambda)\mathrm{d}\lambda+\int_{DA}M(\lambda)\mathrm{d}\lambda&=\int_{AD}\overline{M(\lambda)}\mathrm{d}\lambda-\int_{AD}M(\lambda)\ \mathrm{d}\lambda\\&=-2\mathrm{i}\int_{u_1}^{u_2}\mathscr{I}M(u+\mathrm{i}\delta)\mathrm{d}u.\end{aligned}$$

令 $\delta\to 0$ 应用定理 5.7.1 即得所求. 证毕.

5.8　谱函数与谱

5.7 节指出了每一个奇型的自伴微分算子都唯一地确定一个谱函数, 而且这个谱函数可以通过算子的 Weyl 函数来求得. 本节探讨怎样通过谱函数来确定算子的谱, 并得到算子的谱分解式.

设 λ_0 是谱函数 $\rho(\lambda)$ 的一个连续点. 若存在 $\delta>0$, 使在区间 $[\lambda_0-\delta,\ \lambda_0+\delta]$ 上, $\rho(\lambda)=\text{const}$, 则称 λ_0 为 $\rho(\lambda)$ 的**常值点**; 若对于任何 $\delta>0$, 有 $\rho(\lambda_0+\delta)-\rho(\lambda_0-\delta)>0$, 则称 λ_0 为 $\rho(\lambda)$ 的**增点**.

定理 5.8.1 设二阶对称微分算式 $l(y)$ 属极限圆型, $\mathscr{L}$ 是由 W-T 域所确定的自伴算子 (见定理 5.4.4), $M(\lambda)$ 为相应的 Weyl 函数, $\rho(\lambda)$ 为 $\mathscr{L}$ 的谱函数, 则有

(1) $\rho(\lambda)$ 是 $(-\infty,\ \infty)$ 上的阶梯函数. λ_0 为 $\rho(\lambda)$ 的间断点的充要条件是: 它是 $M(\lambda)$ 的极点. $\rho(\lambda)$ 在间断点 λ_0 的跃度等于 $M(\lambda)$ 在 λ_0 的留数;

(2) λ 为 $\mathscr{L}$ 的本征值的充要条件是: 它是 $\rho(\lambda)$ 的间断点. $\mathscr{L}$ 的本征函数全体 $\{\psi(t,\lambda_n)\}$ 组成 $L^2[0,\infty)$ 的一组完备正交系.

证明 (1) 根据定理 5.3.2 知, $M(\lambda)$ 的极点均为实的孤立的单重极点, 再根据推论 5.7.1, 即得所求结论.

(2) 设 $\Psi(t,\lambda_0)$ 为确定 W-T 域的 Weyl 解

$$\Psi(t,\lambda_0)=\varphi(t,\lambda_0)+M(\lambda_0)\psi(t,\lambda_0)\quad(\mathscr{I}\lambda_0\neq 0).$$

由定理 5.3.2 知, λ_0 是 $M(\lambda)$ 的极点的充要条件是: 它满足

$$[\psi(t,\lambda_0)\Psi(t,\lambda_0)](\infty)=0,$$

从而由定理 5.4.4 知, $\psi(t,\lambda_0)$ 是 $\mathscr{L}$ 的本征函数, λ_0 是本征值. 再由 (1), 即推知 λ_0 为本征值的充要条件为: 它是 $\rho(\lambda)$ 的间断点. 因为 Weyl 函数 $M(\lambda)$ 的极点都是孤立的, 所以 $\mathscr{L}$ 的本征值是离散的, 记为 $\{\lambda_n\}(n=1,2,\cdots)$, 实轴上除本征值以外其余的点均为 $\rho(\lambda)$ 的常值点. 令 $\rho(\lambda)$ 在 λ_n 的跃度

$$\rho(\lambda_n)-\rho(\lambda_n-0)=k_n,$$

因为 $\mathscr{L}$ 是自伴算子, 所以它的本征函数系 $\{\psi(t,\lambda_n)\}$ 为正交系. 下面证明它是完备的. 任取 $f(t)\in L^2[0,\infty)$, 则它的广义 Fourier 变换

$$F(\lambda)=\int_0^{\infty}f(t)\psi(t,\lambda)\mathrm{d}t,$$

由定理 5.6.1, 可得

$$\begin{aligned}\int_0^{\infty}|f(t)|^2\mathrm{d}t&=\int_{-\infty}^{\infty}|F(\lambda)|^2\mathrm{d}\rho(\lambda)=\sum_{n=1}^{\infty}k_n|F(\lambda_n)|^2\\&=\sum_{n=1}^{\infty}k_n\left(\int_0^{\infty}f(t)\psi(t,\lambda_n)\mathrm{d}t\right)^2.\end{aligned}$$

若取 $f(t)=\psi(t,\lambda_m)$, 即得

$$\int_0^\infty \psi^2(t,\lambda_m)\mathrm{d}t=k_m\left(\int_0^\infty \psi^2(t,\lambda_m)\mathrm{d}t\right)^2,$$

从而得

$$k_m=\left(\int_0^\infty \psi^2(t,\lambda_m)\mathrm{d}t\right)^{-1}.$$

将它代入上面展开式, 即得 $f(t)$ 按正交系 $\{\psi(t,\lambda_n)\}$ 展开的 Parseval 等式, 从而证明正交系 $\{\psi(t,\lambda_n)\}$ 是完备的. 证毕.

下面两个定理将给出广义 Fourier 变换的运算性质.

定理 5.8.2 设 $\mathscr{L}$ 是由定理 5.4.1 或定理 5.4.4 所确定的自伴微分算子, $\mathscr{D}$ 为定义域, $\rho(\lambda)$ 是它的谱函数. 令 $f(t)\in L^2[0,\infty)$, $F(\lambda)$ 为式 (5.6.3) 所表示的广义 Fourier 变换, 则有

(1) $f\in\mathscr{D}\Leftrightarrow \lambda F(\lambda)\in L^2(\rho)$;

(2) $\mathscr{L}f=\displaystyle\int_{-\infty}^\infty \lambda F(\lambda)\psi(t,\lambda)\mathrm{d}\rho(\lambda)$;

(3) $\|\mathscr{L}f\|^2=\displaystyle\int_{-\infty}^\infty \lambda^2|F(\lambda)|^2\mathrm{d}\rho(\lambda)$.

证明 我们仅需证明 (2), 至于 (1), (3), 根据定理 5.6.1 与定理 5.6.2, 其理自明.

任取 $f\in\mathscr{D}$, 并令 $\varDelta$ 为任何有限区间,

$$f_\varDelta=\int_\varDelta F(\lambda)\psi(t,\lambda)\mathrm{d}\rho(\lambda),$$

则知当 $\varDelta\to(-\infty,\infty)$ 时, $f_\varDelta\to f$. 因为 $\varDelta$ 为有限区间, 故可有

$$l(f_\varDelta)=\int_\varDelta F(\lambda)l(\psi)\mathrm{d}\rho(\lambda)=\int_\varDelta \lambda F(\lambda)\psi(t,\lambda)\mathrm{d}\rho(\lambda).$$

这说明 $l(f_\varDelta)$ 的广义 Fourier 变换为

$$F_1(\lambda)=\begin{cases}\lambda F(\lambda), & \lambda\in\varDelta,\\ 0, & \lambda\overline{\in}\varDelta.\end{cases}$$

任取 $u(t)\in\mathscr{D}_0'$(见引理 5.1.2), 并令

$$U(\lambda)=\int_0^\infty u(t)\psi(t,\lambda)\mathrm{d}t,$$

则利用保内积公式 (5.6.2), 可得

$$(l(f_\varDelta),u)=\int_\varDelta \lambda F(\lambda)\overline{U}(\lambda)\mathrm{d}\rho(\lambda).$$

但因为 $u \in \mathscr{D}_0'$, 故根据 Green 公式可有

$$(l(f_\Delta), u) = (f_\Delta, l(u)),$$

从而得

$$(f_\Delta, l(u)) = \int_\Delta \lambda F(\lambda)\overline{U}(\lambda)\mathrm{d}\rho(\lambda).$$

令 $\Delta \to (-\infty, \infty)$, 则

$$(f_\Delta, l(u)) \to (f, l(u)),$$

同时也说明了等式右端的极限

$$\int_{-\infty}^{\infty} \lambda F(\lambda)\overline{U}(\lambda)\mathrm{d}\rho(\lambda)$$

存在. 此外, 再由 $f \in \mathscr{D}$, $u \in \mathscr{D}_0' \subset \mathscr{D}$, 因而有

$$(f, l(u)) = (f, \mathscr{L}u) = (\mathscr{L}f, u),$$

于是得

$$(\mathscr{L}f, u) = \int_{-\infty}^{\infty} \lambda F(\lambda)\overline{U}(\lambda)\mathrm{d}\rho(\lambda).$$

另一方面, 若设

$$H(\lambda) = \int_0^{\infty} (\mathscr{L}f)\psi(t, \lambda)\mathrm{d}t,$$

则根据式 (5.6.2) 可得

$$(\mathscr{L}f, u) = \int_{-\infty}^{\infty} H(\lambda)\overline{U}(\lambda)\mathrm{d}\rho(\lambda),$$

从而得

$$\int_{-\infty}^{\infty} (H(\lambda) - \lambda F(\lambda))\overline{U}(\lambda)\mathrm{d}\rho(\lambda) = 0.$$

因为 $\mathscr{D}_0'$ 在 $L^2[0, \infty)$ 内是稠密的 (引理 5.1.2), 根据 $L^2[0, \infty)$ 和 $L^2(\rho)$ 的保范同构性知, $\mathscr{D}_0'$ 在广义 Fourier 变换下的像集亦为 $L^2(\rho)$ 内的稠密集, 从而推知 $H(\lambda) = \lambda F(\lambda)$. 证毕.

定理 5.8.3 设 $\mathscr{L}$, $\rho(\lambda)$, $f(t)$ 和 $F(\lambda)$ 的意义与定理 5.8.2 相同, λ_0 为任一复数, 则有

(1) $(\mathscr{L} - \lambda_0 I)^{-1} f$ 存在 $\Leftrightarrow \dfrac{F(\lambda)}{\lambda - \lambda_0} \in L^2(\rho)$;

(2) $(\mathscr{L} - \lambda_0 I)^{-1} f = \displaystyle\int_{-\infty}^{\infty} \frac{F(\lambda)}{\lambda - \lambda_0}\psi(t, \lambda)\mathrm{d}\rho(\lambda)$.

证明 设

$$H(\lambda)=\frac{F(\lambda)}{\lambda-\lambda_0}\in L^2(\rho),$$

则根据定理 5.6.2 知, 其逆变换式

$$h(t)=\int_{-\infty}^{\infty}H(\lambda)\psi(t,\lambda)\mathrm{d}\rho(\lambda)\in L^2[0,\infty)$$

存在. 任取 $g(t)\in\mathscr{D}$, 并令

$$G(\lambda)=\int_0^{\infty}g(t)\psi(t,\lambda)\mathrm{d}t,$$

则显然 $\bar{g}\in L^2[0,\infty)$, 且 $\overline{G}(\lambda)$ 为其广义 Fourier 变换. 根据定理 5.8.2 知, $(\mathscr{L}-\lambda_0 I)\bar{g}$ 的广义 Fourier 变换为 $(\lambda-\lambda_0)\overline{G}(\lambda)$. 再应用公式 (5.6.2), 即得

$$\begin{aligned}(h,(\mathscr{L}-\bar{\lambda}_0)g)&=\int_{-\infty}^{\infty}\frac{F(\lambda)}{\lambda-\lambda_0}\cdot(\lambda-\lambda_0)\overline{G}(\lambda)\mathrm{d}\rho(\lambda)\\&=\int_{-\infty}^{\infty}F(\lambda)\overline{G}(\lambda)\mathrm{d}\rho(\lambda)=(f,g).\end{aligned}$$

由于 $g\in\mathscr{D}$ 是任取的, 所以上式说明了 h 属于算子

$$(\mathscr{L}-\bar{\lambda}_0 I)^*=(\mathscr{L}-\lambda_0 I)$$

的定义域, 即 $h\in\mathscr{D}$, 且 $(\mathscr{L}-\lambda_0 I)h=f$, 这就说明了

$$(\mathscr{L}-\lambda_0 I)^{-1}f=h$$

存在.

反过来, 设 $h=(\mathscr{L}-\lambda_0 I)^{-1}f$ 存在, 则 $(\mathscr{L}-\lambda_0 I)h=f$. 设 h 的广义 Fourier 变换为 $H(\lambda)$, 则根据定理 5.8.2, 在上式两端作广义 Fourier 变换, 即得 $(\lambda-\lambda_0)H(\lambda)=F(\lambda)$, 从而得

$$H(\lambda)=\frac{F(\lambda)}{\lambda-\lambda_0}.$$

证毕.

上述两个定理将常型自伴微分算子所导出的由空间 $L^2[0,b]\mapsto L^2(\rho_b)$ 的同构保范变换 $\mathscr{F}_b$ 的运算性质 (见 5.5 节) 推广到了由奇型自伴微分算子导出的由空间 $L^2[0,\infty]\mapsto L^2(\rho)$ 的广义 Fourier 变换 $\mathscr{F}$ 上. 现在按上述事实来讨论算子谱的性质.

定理 5.8.4 设 $\rho(\lambda)$ 是自伴微分算子 $\mathscr{L}$ 的谱函数, 若 λ_0 为 $\rho(\lambda)$ 的常值点, 则 λ_0 属于算子 $\mathscr{L}$ 的预解集, 且

$$\left\|(\mathscr{L}-\lambda_0 I)^{-1}\right\|\leqslant\frac{1}{\delta},$$

其中 δ 为常数, 使得在 $|\lambda-\lambda_0|<\delta$ 上, $\rho(\lambda)=\text{const}$.

证明 任取 $f\in L^2[0,\infty)$, 并令 $F(\lambda)$ 为 f 的广义 Fourier 变换, 于是

$$\begin{aligned}&\int_{-\infty}^{\infty}\left|\frac{F(\lambda)}{\lambda-\lambda_0}\right|^2\mathrm{d}\rho(\lambda)\\&=\int_{-\infty}^{\lambda_0-\delta}\left|\frac{F(\lambda)}{\lambda-\lambda_0}\right|^2\mathrm{d}\rho(\lambda)+\int_{\lambda_0+\delta}^{\infty}\left|\frac{F(\lambda)}{\lambda-\lambda_0}\right|^2\mathrm{d}\rho(\lambda)\\&\leqslant\frac{1}{\delta^2}\left[\int_{-\infty}^{\lambda_0-\delta}|F(\lambda)|^2\mathrm{d}\rho(\lambda)+\int_{\lambda_0+\delta}^{\infty}|F(\lambda)|^2\mathrm{d}\rho(\lambda)\right]\\&\leqslant\frac{1}{\delta^2}\int_{-\infty}^{\infty}|F(\lambda)|^2\mathrm{d}\rho(\lambda)=\frac{1}{\delta^2}\int_0^{\infty}|f|^2\mathrm{d}t<\infty.\end{aligned}$$

这说明 $\dfrac{F(\lambda)}{\lambda-\lambda_0}\in L^2(\rho)$, 从而根据定理 5.8.3 知, $(\mathscr{L}-\lambda_0I)^{-1}$ 存在, 且

$$\left\|(\mathscr{L}-\lambda_0I)^{-1}f\right\|^2=\int_{-\infty}^{\infty}\left|\frac{F(\lambda)}{\lambda-\lambda_0}\right|^2\mathrm{d}\rho(\lambda)\leqslant\frac{1}{\delta^2}\left\|f\right\|^2.$$

这就证明了

$$\left\|(\mathscr{L}-\lambda_0I)^{-1}\right\|\leqslant\frac{1}{\delta}.$$

证毕.

根据推论 1.8.2 知, 一切非实复数均属于自伴算子的预解集, 再结合上述定理, 即可得如下推论.

推论 5.8.1 $\mathscr{L}$ 的谱集 $\subset$ ($\rho(\lambda)$ 的间断点集)$\cup$($\rho(\lambda)$ 的增点集).

在 $l(y)$ 属极限圆型的情况下, 将定理 5.8.1 与定理 5.8.4 相结合, 即得如下推论.

推论 5.8.2 若 $l(y)$ 属极限圆型, 则自伴算子 $\mathscr{L}$ 的谱仅包含离散的点谱.

定理 5.8.5 设 $\rho(\lambda)$ 为自伴微分算子 $\mathscr{L}$ 的谱函数, 若 λ_0 为 $\rho(\lambda)$ 的孤立间断点, 则 λ_0 属于 $\mathscr{L}$ 的点谱.

证明 根据上面已有的讨论知, 命题对于 $l(y)$ 属于圆型的情况已经成立. 因此以下证明仅对 $l(y)$ 属于点型的情况进行.

设 $\varDelta$ 为包含 λ_0 的开区间, 且 $\varDelta$ 之内不包含其他 $\rho(\lambda)$ 的间断点, 此外再令 $\rho(\lambda)$ 在 λ_0 的跃度

$$\rho(\lambda_0)-\rho(\lambda_0-0)=k_0.$$

考虑函数

$$f(t)=\begin{cases}\psi(t,\lambda_0), & 0\leqslant t\leqslant N,\\ 0, & t>N,\end{cases}$$

并令

$$F(\lambda)=\int_0^{\infty} f(t)\psi(t,\lambda)\mathrm{d}t=\int_0^{N} \psi(t,\lambda_0)\psi(t,\lambda)\mathrm{d}t.$$

根据广义 Fourier 变换的保范性, 得

$$\begin{aligned}\int_0^{N} \psi^2(t,\lambda_0)\mathrm{d}t &= \int_{-\infty}^{\infty} |F(\lambda)|^2\mathrm{d}\rho(\lambda)\\ &\geqslant \int_{\Delta} |F(\lambda)|^2\mathrm{d}\rho(\lambda)\geqslant k_0|F(\lambda_0)|^2=k_0\left(\int_0^{N}\psi^2(t,\lambda_0)\mathrm{d}t\right)^2,\end{aligned}$$

从而得

$$\int_0^{N} \psi^2(t,\lambda_0)\mathrm{d}t\leqslant \frac{1}{k_0}.$$

令 $N\to\infty$, 即得

$$\int_0^{\infty} \psi^2(t,\lambda_0)\mathrm{d}t\leqslant \frac{1}{k_0}.$$

因此知 $\psi(t,\lambda_0)\in L^2[0,\infty)$. 于是根据定理 5.4.1 即知, $\psi(t,\lambda_0)$ 为 $\mathscr{L}$ 的本征函数, 这说明了 λ_0 为 $\mathscr{L}$ 的本征值, 属于点谱. 证毕.

定理 5.8.6　设 $\rho(\lambda)$ 为自伴微分算子 $\mathscr{L}$ 的谱函数, λ_0 为 $\rho(\lambda)$ 的增点, 则它属于 $\mathscr{L}$ 的连续谱.

证明　据连续谱的定义 (见 1.8 节), 需要证明 $(\mathscr{L}-\lambda_0 I)^{-1}$ 的定义域在 $L^2[0,\infty)$ 是稠密的, 且 $(\mathscr{L}-\lambda_0 I)^{-1}$ 无界. 任取 $f\in L^2[0,\infty)$, 令 $F(\lambda)$ 为它的广义 Fourier 变换, 则

$$f(t)=\int_{-\infty}^{\infty} F(\lambda)\psi(t,\lambda)\mathrm{d}\rho(\lambda).$$

令

$$G(\lambda)=\begin{cases} F(\lambda), & |\lambda-\lambda_0|>\delta,\\ 0, & |\lambda-\lambda_0|\leqslant\delta,\end{cases}$$

则 $G(\lambda)\in L^2(\rho)$, 据定理 5.6.2 知, 它的广义 Fourier 逆变换

$$g(t)=\int_{-\infty}^{\infty} G(\lambda)\psi(t,\lambda)\mathrm{d}\rho(\lambda)$$

存在. 由广义 Fourier 变换的保范性, 可得

$$\|f-g\|^2=\int_{-\infty}^{\infty}|F(\lambda)-G(\lambda)|^2\mathrm{d}\rho(\lambda)=\int_{|\lambda-\lambda_0|\leqslant\delta}|F(\lambda)|^2\mathrm{d}\rho(\lambda).$$

因为 λ_0 是 $\rho(\lambda)$ 的增点, 由 Lebesgue-Stieltjes 积分的绝对连续性知, $\forall\varepsilon>0$, $\exists\delta>0$, 使得

$$\|f-g\|=\left(\int_{|\lambda-\lambda_0|\leqslant\delta}|F(\lambda)|^2\mathrm{d}\rho(\lambda)\right)^{\frac{1}{2}}<\varepsilon.$$

另一方面, 又因 $G(\lambda)$ 在 $|\lambda-\lambda_0|<\delta$ 上为 0, 故

$$\frac{G(\lambda)}{\lambda-\lambda_0}\in L^2(\rho),$$

于是据定理 5.8.3 可推知 g 属于 $(\mathscr{L}-\lambda_0 I)^{-1}$ 的定义域, 这就证明了 $(\mathscr{L}-\lambda_0 I)^{-1}$ 的定义域在 $L^2[0,\infty)$ 内是稠密的.

今证明 $(\mathscr{L}-\lambda_0 I)^{-1}$ 为无界算子. 在 $L^2(\rho)$ 内取

$$G_n(\lambda)=\begin{cases}1, & \dfrac{1}{n}\leqslant|\lambda-\lambda_0|\leqslant\dfrac{2}{n},\\ 0, & \text{其他,}\end{cases}$$

则显然 $\dfrac{G_n(\lambda)}{\lambda-\lambda_0}\in L^2(\rho)$. 令

$$g_n(t)=\int_{-\infty}^{\infty}G_n(\lambda)\psi(t,\lambda)\ \mathrm{d}\rho(\lambda),$$

则根据定理 5.8.3, $g_n(t)$ 属于 $(\mathscr{L}-\lambda_0 I)^{-1}$ 的定义域, 且

$$(\mathscr{L}-\lambda_0 I)^{-1}g_n(t)=\int_{-\infty}^{\infty}\frac{G_n(\lambda)}{\lambda-\lambda_0}\psi(t,\lambda)\mathrm{d}\rho(\lambda).$$

于是由广义 Fourier 变换的保范性, 可得

$$\begin{aligned}\left\|(\mathscr{L}-\lambda_0 I)^{-1}g_n\right\|^2&=\int_{-\infty}^{\infty}\left|\frac{G_n(\lambda)}{\lambda-\lambda_0}\right|^2\mathrm{d}\rho(\lambda)\\ &\geqslant\left(\frac{n}{2}\right)^2\int_{-\infty}^{\infty}|G_n(\lambda)|^2\,\mathrm{d}\rho(\lambda)=\frac{n^2}{4}\|g_n\|^2.\end{aligned}$$

这就证明了 $(\mathscr{L}-\lambda_0 I)^{-1}$ 是无界的. 证毕.

根据定理 5.8.1 与定理 5.8.4 知, 圆型的自伴算子无连续谱, 因此连续谱仅对于点型的自伴算子才存在. 对于极限点型的自伴算子, 一般来说, 其谱点的情况较圆型的算子复杂, 这时算子的谱可能仅含连续谱, 也可能仅含点谱, 也可能二者兼而有之, 在 5.11 节中, 将列举各种情况的例子. 对于算子的连续谱与点谱的鉴别, 是一个较为复杂的问题, 读者可以在文献 [4] 和 [7] 中见到一些判别的准则.

5.9 谱族的构造

在本节中要进一步分析自伴微分算子 $\mathscr{L}$ 的结构, 构造出 $\mathscr{L}$ 的谱族 (参阅 1.9 节), 从而得到 $\mathscr{L}$ 谱分解的解析表示.

设 $\mathscr{L}$ 是由二阶对称微分算式 $l(y)$ 及 Weyl-Titchmarsh 域所规定的自伴算子, $\rho(\sigma)$ 为它的谱函数, 则由 5.6 节的讨论, 可知 $\mathscr{L}$ 决定一个在空间 $L^2[0,\infty)$ 与 $L^2(\rho)$ 之间的广义 Fourier 变换: 即对于任何 $f(t)\in L^2[0,\infty)$, 可有

$$F(\sigma)=\int_0^{\infty} f(t)\psi(t,\sigma)\mathrm{d}t$$

和

$$f(t)=\int_{-\infty}^{\infty} F(\sigma)\psi(t,\sigma)\mathrm{d}\rho(\sigma),$$

其中无穷积分分别为 $L^2[0,\infty)$ 和 $L^2(\rho)$ 内的范数意义下的极限. 根据 5.6 节的讨论知, 如上的变换是 $L^2[0,\infty)$ 与 $L^2(\rho)$ 之间的保范同构变换.

在 $L^2[0,\infty)$ 内定义一族含实参数 $\lambda(-\infty<\lambda<\infty)$ 的算子 E_λ 如下:

$$E_\lambda f(t)=\int_{-\infty}^{\lambda} F(\sigma)\psi(t,\sigma)\mathrm{d}\rho(\sigma). \tag{5.9.1}$$

若令 $F_\lambda(\sigma)$ 表示 $F(\sigma)$ 的截段函数, 即

$$F_\lambda(\sigma)=\begin{cases} F(\sigma), & -\infty<\sigma\leqslant\lambda,\\ 0, & \lambda<\sigma<\infty,\end{cases}$$

则上述算子亦可以表为

$$E_\lambda f(t)=\int_{-\infty}^{\infty} F_\lambda(\sigma)\psi(t,\sigma)\mathrm{d}\rho(\sigma),$$

它是 $F_\lambda(\sigma)$ 的 Fourier 逆变式. 因为

$$\int_{-\infty}^{\infty}|F_\lambda(\sigma)|^2\mathrm{d}\rho(\sigma)=\int_{-\infty}^{\lambda}|F(\sigma)|^2\mathrm{d}\rho(\sigma)\leqslant\int_{-\infty}^{\infty}|F(\sigma)|^2\mathrm{d}\rho(\sigma)<\infty,$$

所以 $F_\lambda(\sigma)\in L^2(\rho)$, 因此上述定义是有意义的.

命题 5.9.1 对于任何实数 λ, E_λ 是 $L^2[0,\infty)$ 内的投影算子.

证明 根据广义 Fourier 变换的保范性, 有

$$\int_0^\infty |E_\lambda f|^2 \mathrm{d}t = \int_{-\infty}^\infty |F_\lambda(\sigma)|^2 \mathrm{d}\rho(\sigma) \leqslant \int_{-\infty}^\infty |F(\sigma)|^2 \mathrm{d}\rho(\sigma) = \int_0^\infty |f|^2 \mathrm{d}t,$$

因此 E_λ 为一有界算子, 且 $\|E_\lambda\| \leqslant 1$. 于是根据命题 1.9.1, 我们仅需证明:

(1) $E_\lambda^2 = E_\lambda$;

(2) 对任何 $f, g \in L^2[0,\infty), (E_\lambda f, g) = (f, E_\lambda g)$.

因为 $E_\lambda f$ 的广义 Fourier 变换是 $F_\lambda(\sigma)$, 所以

$$E_\lambda^2 f = E_\lambda(E_\lambda f) = \int_{-\infty}^\lambda F_\lambda(\sigma)\psi(t,\sigma)\mathrm{d}\rho(\sigma) = \int_{-\infty}^\lambda F(\sigma)\psi(t,\sigma)\mathrm{d}\rho(\sigma) = E_\lambda f,$$

所以 (1) 成立. 同时, 对于任何 $f, g \in L^2[0,\infty)$, 利用变换的保范性 (见式 (5.6.2)), 可得

$$\begin{aligned}(E_\lambda f, g) &= \int_{-\infty}^\infty F_\lambda(\sigma)\overline{G(\sigma)}\mathrm{d}\rho(\sigma) = \int_{-\infty}^\lambda F(\sigma)\overline{G(\sigma)}\mathrm{d}\rho(\sigma) \\ &= \int_{-\infty}^\infty F(\sigma)\overline{G_\lambda(\sigma)}\mathrm{d}\rho(\sigma) = (f, E_\lambda g)\end{aligned}$$

($G(\sigma)$ 是 $g(t)$ 的广义 Fourier 变换), 由此知 (2) 成立. 证毕.

命题 5.9.2 $E_\lambda(-\infty < \lambda < \infty)$ 是一谱族.

证明 按照谱族的定义 (见 1.9 节), 将对 E_λ 依次证明下述性质 (1), (2), (3).

(1) 若 $\lambda < \mu$, 则 $E_\lambda \leqslant E_\mu$. 这是由于

$$\begin{aligned}(E_\mu f, f) - (E_\lambda f, f) &= \int_{-\infty}^\mu |F(\sigma)|^2 \mathrm{d}\rho(\sigma) - \int_{-\infty}^\lambda |F(\sigma)|^2 \mathrm{d}\rho(\sigma) \\ &= \int_\lambda^\mu |F(\sigma)|^2 \mathrm{d}\rho(\sigma) \geqslant 0.\end{aligned}$$

(2) $\lim\limits_{\mu\to\lambda^+} E_\mu = E_\lambda$. 由于

$$\begin{aligned}\|E_\mu f - E_\lambda f\|^2 &= (E_\mu f - E_\lambda f, E_\mu f - E_\lambda f) \\ &= (E_\mu f, E_\mu f) - (E_\mu f, E_\lambda f) - (E_\lambda f, E_\mu f) + (E_\lambda f, E_\lambda f) \\ &= (E_\mu f, E_\mu f) - (E_\lambda f, E_\lambda f) = \int_\lambda^\mu |F(\sigma)|^2 \mathrm{d}\rho(\sigma),\end{aligned}$$

于是

$$\lim_{\mu\to\lambda^+} \|E_\mu f - E_\lambda f\|^2 = \lim_{\mu\to\lambda^+} \int_\lambda^\mu |F(\sigma)|^2 \mathrm{d}\rho(\sigma) = 0,$$

右式等于 0 是基于 $\rho(\sigma)$ 的右连续性. 这就证明了 E_λ 的右连续性, 即 $E_{\lambda+0}=E_\lambda$.

(3) $\lim\limits_{\lambda\to-\infty} E_\lambda = 0,\ \lim\limits_{\lambda\to\infty} E_\lambda = I.$

这是由于

$$\lim_{\lambda\to-\infty} \|E_\lambda f\|^2 = \lim_{\lambda\to-\infty} \int_{-\infty}^{\lambda} |F(\sigma)|^2 \mathrm{d}\rho(\sigma) = 0,$$

$$\lim_{\lambda\to\infty} E_\lambda f = \lim_{\lambda\to\infty} \int_{-\infty}^{\lambda} F(\sigma)\psi(t,\sigma)\mathrm{d}\rho(\sigma) = \int_{-\infty}^{\infty} F(\sigma)\psi(t,\sigma)\mathrm{d}\rho(\sigma) = f.$$ 证毕.

定理 5.9.1　设 $\mathscr{L}$ 是由二阶对称微分算式 $l(y)$ 及 Weyl-Titchmarsh 域所规定的自伴算子, $\rho(\sigma)$ 是 $\mathscr{L}$ 的谱函数, E_λ 是式 (5.9.1) 定义的谱族, 则

$$\mathscr{L} = \int_{-\infty}^{\infty} \lambda \mathrm{d}E_\lambda.$$

证明　令 $\mathscr{D}$ 表示 $\mathscr{L}$ 的定义域, 则对于任何 $f \in \mathscr{D}$, $\mathscr{L}f \in L^2[0,\infty)$. 因为

$$I = \int_{-\infty}^{\infty} \mathrm{d}E_\lambda,$$

故

$$\mathscr{L}f = \int_{-\infty}^{\infty} \mathrm{d}E_\lambda(\mathscr{L}f).$$

下面证明, 对任何 $A>0$, 有

$$\int_{-A}^{A} \mathrm{d}E_\lambda(\mathscr{L}f) = \int_{-A}^{A} \lambda \mathrm{d}E_\lambda f.$$

然后令 $A\to\infty$, 即可得定理的结论.

任给 $[-A,A]$ 的一个分划 D_n:

$$-A = \lambda_0 < \lambda_1 < \cdots < \lambda_n = A,$$

并令 $\Delta_j = (\lambda_{j-1},\lambda_j)\ (j=1,2,\cdots,n)$, $\delta = \max(\lambda_j - \lambda_{j-1})$. 作 Riemann 和

$$S(D_n) = \sum_{j=1}^{n} \xi_j \Delta_j E_\lambda,$$

其中 ξ_j 是 Δ_j 上的任意一点, $\Delta_j E_\lambda = E_{\lambda_j} - E_{\lambda_{j-1}}$. 根据命题 1.9.5 可有

$$\lim_{\sigma\to 0}\left\|S(D_n)-\int_{-A}^{A}\lambda \mathrm{d}E_\lambda\right\|=0.$$

另一方面, 由定理 5.8.2 知, 若 $f(t)$ 的广义 Fourier 变换为 $F(\sigma)$, 则

$$\mathscr{L}f=\int_{-\infty}^{\infty}\sigma F(\sigma)\psi(t,\sigma)\mathrm{d}\rho(\sigma),$$

于是有

$$S(D_n)f=\sum_{j=1}^{n}\xi_j\Delta_jE_\lambda f=\sum_{j=1}^{n}\xi_j\int_{\Delta_j}F(\sigma)\psi(t,\sigma)\mathrm{d}\rho(\sigma),$$

$$\int_{-A}^{A}\mathrm{d}E_\lambda(\mathscr{L}f)=\sum_{j=1}^{n}\int_{\Delta_j}\mathrm{d}E_\lambda(\mathscr{L}f)=\sum_{j=1}^{n}\Delta_jE_\lambda(\mathscr{L}f)=\sum_{j=1}^{n}\int_{\Delta_j}\sigma F(\sigma)\psi(t,\sigma)\mathrm{d}\rho(\sigma),$$

由此可得

$$\int_{-A}^{A}\mathrm{d}E_\lambda(\mathscr{L}f)-S(D_n)f=\sum_{j=1}^{n}\int_{\Delta_j}(\sigma-\xi_j)F(\sigma)\psi(t,\sigma)\mathrm{d}\rho(\sigma).$$

上式右端为函数

$$F^*(\sigma)=\begin{cases}(\sigma-\xi_j)F(\sigma), & \sigma\in\Delta_j,\\ 0, & \sigma\overline{\in}\Delta_j\end{cases}$$

的广义 Fourier 逆变式, 根据广义 Fourier 变换的保范性, 可得

$$\begin{aligned}&\left\|\int_{-A}^{A}\mathrm{d}E_\lambda(\mathscr{L}f)-S(D_n)f\right\|^2\\ =&\int_{-\infty}^{\infty}|F^*(\sigma)|^2\mathrm{d}\rho(\sigma)=\sum_{j=1}^{n}\int_{\Delta_j}|(\sigma-\xi_j)F(\sigma)|^2\mathrm{d}\rho(\sigma)\\ \leqslant&\,\delta^2\sum_{j=1}^{n}\int_{\Delta_j}|F(\sigma)|^2\mathrm{d}\rho(\sigma)=\delta^2\int_{-A}^{A}|F(\sigma)|^2\mathrm{d}\rho(\sigma)\\ \leqslant&\,\delta^2\int_{-\infty}^{\infty}|F(\sigma)|^2\mathrm{d}\rho(\sigma)=\delta^2\|f\|^2\to 0\quad(\delta\to 0).\end{aligned}$$

由于

$$\begin{aligned}&\left\|\int_{-A}^{A}\mathrm{d}E_\lambda(\mathscr{L}f)-\int_{-A}^{A}\lambda\mathrm{d}E_\lambda f\right\|\\ \leqslant&\left\|\int_{-A}^{A}\mathrm{d}E_\lambda(\mathscr{L}f)-S(D_n)f\right\|+\left\|S(D_n)f-\int_{-A}^{A}\lambda\mathrm{d}E_\lambda f\right\|,\end{aligned}$$

再根据以上分析知, 上式右端当 $\delta\to 0$ 时, 可取任意小的值, 由此即推知

$$\int_{-A}^{A}\mathrm{d}E_\lambda(\mathscr{L}f)-\int_{-A}^{A}\lambda\mathrm{d}E_\lambda f=0,$$

再令 $A\to\infty$, 即得定理的结论. 证毕.

作为特例, 设 $\mathscr{L}$ 的谱均属点谱, 并设其全体本征值为 $\{\lambda_n\}$, 对应于本征值 λ_n 的规一本征函数为 $\chi_n(t)=r_n\psi(t,\lambda_n)$, 其中

$$r_n=\left(\int_0^\infty|\psi(t,\lambda_n)|^2\mathrm{d}t\right)^{-\frac{1}{2}},$$

则此时 $\rho(\sigma)$ 为 $(-\infty,\infty)$ 上的阶梯函数, 间断点为 $\{\lambda_n\}$, 在每一间断点上的跃量为 r_n^2. 于是式 (5.9.1) 就成为离散和, 即

$$E_\lambda f=\sum_{\lambda_n\leqslant\lambda}\left(\int_0^\infty f(t)\chi_n(t)\mathrm{d}t\right)\chi_n(t),$$

若令 P_n 表示本征函数 $\chi_n(t)$ 所张的子空间上的投影算子, 则上式可写成

$$E_\lambda f=\sum_{\lambda_n\leqslant\lambda}P_nf,$$

从而可得

$$E_\lambda=\sum_{\lambda_n\leqslant\lambda}P_n.$$

5.10 $(-\infty,\infty)$ 上的二阶对称微分算子

对于定义区间两端都为奇异点 —— 这类区间常以 $(-\infty,\infty)$ 为代表 —— 的奇型对称微分算式

$$l(y)=-(p(x)y')'+q(x)y$$

在 $L^2(-\infty,\infty)$ 上所生成的算子的谱分解问题, 其基本原理与 $[0,\infty)$ 上的奇型算子情况类同. 因此, 下面讨论仅对于 $[0,\infty)$ 情形的不同点作重点讲述, 不作重复的推证. 为叙述上的简略, 假定 p,p',q 均为 $(-\infty,\infty)$ 上的实连续函数, $p>0$.

令 $\varphi_i(t,\lambda)(i=1,2)$ 为方程 $l(y)=\lambda y$ 的两个解, 满足初始条件

$$\varphi_1(0,\lambda)=1,\quad p(0)\varphi_1'(0,\lambda)=0,$$
$$\varphi_2(0,\lambda)=0,\quad p(0)\varphi_2'(0,\lambda)=1,$$

显然, 如上确定的 φ_1, φ_2 是线性独立的, 且对于任何固定的 t, 为 λ 的整函数.

令 δ 表示任一包含原点的有限区间 $[a,b]$, 考虑在 δ 上的自伴算子

$$\mathscr{L}_\delta:\begin{cases} l(y)=-(py')'+qy,\\ y(a)\cos\alpha+p(a)y'(a)\sin\alpha=0,\\ y(b)\cos\beta+p(b)y'(b)\sin\beta=0,\end{cases}$$

根据第 3 章的讨论知, $\mathscr{L}_\delta$ 存在实的本征值序列 $\{\lambda_{\delta n}\}$ 和相应的规一正交本征函数系 $\{\psi_{\delta n}(t)\}(n=1,2,\cdots)$, 它们在空间 $L^2(\delta)$ 内是完备的: 也即对任何 $f\in L^2(\delta)$ 可有 Parseval 等式

$$\int_\delta |f(t)|^2\mathrm{d}t=\sum_{n=1}^{\infty}\left|\int_\delta f(t)\overline{\psi}_{\delta n}(t)\mathrm{d}t\right|^2, \tag{5.10.1}$$

Parseval 等式亦可以等价地表成如下的双线性公式, 即对于任何 $f_1(t)$, $f_2(t)\in L^2(\delta)$ 有

$$\int_\delta f_1(t)\bar{f}_2(t)\mathrm{d}t=\sum_{n=1}^{\infty}\left(\int_\delta f_1(t)\overline{\psi}_{\delta n}(t)\mathrm{d}t\right)\times\left(\overline{\int_\delta f_2(t)\overline{\psi}_{\delta n}(t)\mathrm{d}t}\right), \tag{5.10.2}$$

因为 $\varphi_1(t,\lambda)$, $\varphi_2(t,\lambda)$ 是 $l(y)=\lambda y$ 的线性独立解, 于是可有

$$\psi_{\delta n}(t,\lambda)=r_{\delta n1}\varphi_1(t,\lambda_{\delta n})+r_{\delta n2}\varphi_2(t,\lambda_{\delta n}).$$

将它们代入式 (5.10.1) 即得

$$\int_\delta |f(t)|^2\mathrm{d}t=\int_{-\infty}^{\infty}\sum_{j,k=1}^{2}\bar{g}_{\delta j}(\lambda)g_{\delta k}(\lambda)\mathrm{d}\rho_{\delta jk}(\lambda),$$

其中

$$g_{\delta j}(\lambda)=\int_\delta f(t)\varphi_j(t,\lambda)\mathrm{d}t.$$

函数 $\rho_{\delta jk}(\lambda)$ 为阶梯函数, 以 $\lambda_{\delta n}$ 为间断点, 它在 $\lambda_{\delta n}$ 的跃度为

$$\rho_{\delta jk}(\lambda_{\delta n}+0)-\rho_{\delta jk}(\lambda_{\delta n}-0)=\sum_m r_{\delta mj}\bar{r}_{\delta mk}.$$

这里 $\sum\limits_m r_{\delta mj}\bar{r}_{\delta mk}$ 是对一切满足 $\lambda_{\delta m}=\lambda_{\delta n}$ 的指标 m 求和.

以 $\rho_{\delta jk}(\lambda)$ 为元素的矩阵

$$\rho_\delta(\lambda)=\begin{pmatrix}\rho_{\delta 11}(\lambda) & \rho_{\delta 12}(\lambda)\\ \rho_{\delta 21}(\lambda) & \rho_{\delta 22}(\lambda)\end{pmatrix}$$

称为算子 $\mathscr{L}_\delta$ 的**谱矩阵**, 为统一起见, 把谱矩阵作如下规范:

$$\rho_\delta(\lambda+0)=\rho_\delta(\lambda), \quad \rho_\delta(0)=0.$$

根据 $\rho_\delta(\lambda)$ 的定义, 可有如下结论.

命题 5.10.1　(1) $\rho_\delta(\lambda)$ 为 Hermite 矩阵, 即 $\rho_{\delta jk}=\bar{\rho}_{\delta kj}$;

(2) $\rho_\delta(\lambda)$ 为单调非减的: 即若令 $\Delta=(\mu,\lambda]$, 则 $\rho_\delta(\Delta)=\rho_\delta(\lambda)-\rho_\delta(\mu)$ 为正半定矩阵;

(3) 在任何有限区间上, $\rho_{\delta jk}(\lambda)$ 的全变差存在.

证明留给读者.

今设

$$\chi_a(t,\lambda)=\varphi_1(t,\lambda)+m_a(\lambda)\varphi_2(t,\lambda) \quad (\mathscr{I}\lambda\neq 0)$$

为方程 $l(y)=\lambda y$ 满足边界条件

$$\cos\alpha y(a)+\sin\alpha p(a)y'(a)=0$$

的解;

$$\chi_b(t,\lambda)=\varphi_1(t,\lambda)+m_b(\lambda)\varphi_2(t,\lambda) \quad (\mathscr{I}\lambda\neq 0)$$

为方程 $l(y)=\lambda y$ 满足边界条件

$$\cos\beta y(b)+\sin\beta p(b)y'(b)=0$$

的解, 根据 5.2 节的讨论可知, $m_a(\lambda)$, $m_b(\lambda)$ 分别为 m 平面上的圆周 $C_a(\lambda)$, $C_b(\lambda)$ 上的点, 圆周 $C_a(\lambda)$, $C_b(\lambda)$ 分别由方程

$$[\chi_a(t,\lambda)\chi_a(t,\lambda)](a)=0$$

和

$$[\chi_b(t,\lambda)\chi_b(t,\lambda)](b)=0$$

确定. 沿用过去的名称, 把 $m_a(\lambda)(m_b(\lambda))$ 称为**算子 $\mathscr{L}_\delta$ 在 a 端 (b 端) 的 Weyl 函数**, 相应地, $\chi_a(t,\lambda)(\chi_b(t,\lambda))$ 称为**在 a 端 (b 端) 的 Weyl 解**.

我们可以利用两端的 Weyl 解和 Weyl 函数来表出算子 $\mathscr{L}_\delta$ 的 Green 函数 (参阅 3.6 节).

命题 5.10.2　设 $G_\delta(t,\tau,\lambda)$ 为算子 $\mathscr{L}_\delta$ 的 Green 函数, 则

$$G_\delta(t,\tau,\lambda)=\begin{cases}\dfrac{\chi_a(t,\lambda)\chi_b(\tau,\lambda)}{m_a(\lambda)-m_b(\lambda)}, & t\leqslant\tau,\\[2mm] \dfrac{\chi_a(\tau,\lambda)\chi_b(t,\lambda)}{m_a(\lambda)-m_b(\lambda)}, & t>\tau.\end{cases}$$

证明留给读者.

以下讨论将依循 5.6 节的方法与步骤, 首先证明当 $\delta\to(-\infty,\infty)$ 时, 谱矩阵存在, 然后再叙述与定理 5.6.1、定理 5.6.2、定理 5.7.1 相应的定理. 在 5.6 节里谱函数存在的证明中, 引理 5.6.3 是关键的一步. 因此, 我们也需要对谱矩阵写出与引理 5.6.3 相应的等式.

命题 5.10.3 设 $\rho_\delta(\lambda)=(\rho_{\delta jk}(\lambda))(j,k=1,2)$ 为算子 $\mathscr{L}_\delta$ 的谱矩阵, $m_a(\lambda)$, $m_b(\lambda)$ 分别为 a, b 端的 Weyl 函数, 则有

$$\int_{-\infty}^{\infty}\frac{\mathrm{d}\rho_{\delta jk}(\sigma)}{|\sigma-\lambda|^2}=\frac{\mathscr{I}M_{\delta jk}(\lambda)}{\mathscr{I}\lambda},$$

其中

$$\begin{aligned}
&M_{\delta 11}(\lambda)=(m_a(\lambda)-m_b(\lambda))^{-1};\\
&M_{\delta 12}(\lambda)=M_{\delta 21}(\lambda)=\frac{1}{2}(m_a(\lambda)+m_b(\lambda))(m_a(\lambda)-m_b(\lambda))^{-1};\\
&M_{\delta 22}(\lambda)=m_a(\lambda)m_b(\lambda)(m_a(\lambda)-m_b(\lambda))^{-1}.
\end{aligned}$$

证明 在式 (5.10.2) 中, 令

$$f_1(t)=\frac{\partial^j G_\delta}{\partial\tau^j}(t,0,\lambda),\quad f_2(t)=\frac{\partial^k G_\delta}{\partial\tau^k}(t,0,\lambda)\quad(j,k=0,1),$$

则由双线性公式 (5.10.2), 得

$$\begin{aligned}
&\int_\delta\frac{\partial^j G_\delta}{\partial\tau^j}(t,0,\lambda)\frac{\partial^k G_\delta}{\partial\tau^k}(t,0,\lambda)\mathrm{d}t\\
&=\sum_{n=1}^{\infty}\left(\int_\delta\frac{\partial^j G_\delta}{\partial\tau^j}(t,0,\lambda)\overline{\psi}_{\delta n}(t)\mathrm{d}t\right)\times\overline{\left(\int_\delta\frac{\partial^k G_\delta}{\partial\tau^k}(t,0,\lambda)\overline{\psi}_{\delta n}(t)\mathrm{d}t\right)}.
\end{aligned}\tag{5.10.3}$$

根据命题 5.10.2, 可有

$$G_\delta(t,0,\lambda)=\begin{cases}\dfrac{\chi_a(t,\lambda)}{m_a(\lambda)-m_b(\lambda)}, & t\leqslant 0,\\[2mm] \dfrac{\chi_b(t,\lambda)}{m_a(\lambda)-m_b(\lambda)}, & t>0,\end{cases}$$

$$\frac{\partial G_\delta}{\partial\tau}(t,0,\lambda)=\begin{cases}\dfrac{m_b(\lambda)\chi_a(t,\lambda)}{p(0)(m_a(\lambda)-m_b(\lambda))}, & t\leqslant 0,\\[2mm] \dfrac{m_a(\lambda)\chi_b(t,\lambda)}{p(0)(m_a(\lambda)-m_b(\lambda))}, & t>0.\end{cases}$$

应用 Green 公式计算式 (5.10.3) 两端的积分, 注意

$$[\chi_a\chi_a](\alpha)=[\chi_b\chi_b](b)=0,$$

得到

$$\begin{aligned}&2\mathrm{i}\mathscr{I}\lambda\int_{\delta}|G_{\delta}(t,0,\lambda)|^2\mathrm{d}t\\&=2\mathrm{i}\mathscr{I}\lambda|m_a(\lambda)-m_b(\lambda)|^{-2}\left\{\int_a^0|\chi_a(t,\lambda)|^2\mathrm{d}t+\int_0^b|\chi_b(t,\lambda)|^2\mathrm{d}t\right\}\\&=|m_a(\lambda)-m_b(\lambda)|^{-2}\{[\chi_a\chi_a](0)-[\chi_b\chi_b](0)\}\\&=2\mathrm{i}\mathscr{I}(m_b(\lambda)-m_a(\lambda))|m_a(\lambda)-m_b(\lambda)|^{-2}.\end{aligned}$$

从而得

$$\int_{\delta}|G_{\delta}(t,0,\lambda)|^2\mathrm{d}t=\frac{\mathscr{I}(m_a(\lambda)-m_b(\lambda))^{-1}}{\mathscr{I}\lambda}.$$

类似地 (注意到 χ_b 与 $\psi_{\delta n}$ 在 b 点满足同样的边界条件, 从而 $[\chi_b\psi_{\delta n}](b)=0$, 同样 $[\chi_a\psi_{\delta n}](a)=0$), 可得

$$\begin{aligned}&(m_a(\lambda)-m_b(\lambda))(\lambda-\lambda_{\delta n})\int_{\delta}G_{\delta}(t,0,\lambda)\overline{\psi}_{\delta n}(t)\mathrm{d}t\\&=[\chi_b\psi_{\delta n}](b)-[\chi_b\psi_{\delta n}](0)+[\chi_a\psi_{\delta n}](0)-[\chi_a\psi_{\delta n}](a)\\&=[(\chi_a-\chi_b)\psi_{\delta n}](0)=(m_a(\lambda)-m_b(\lambda))[\varphi_2\psi_{\delta n}](0)\\&=(m_b(\lambda)-m_a(\lambda))\,\bar{r}_{\delta n1}.\end{aligned}$$

于是得

$$\int_{\delta}G_{\delta}(t,0,\lambda)\overline{\psi}_{\delta n}(t)\mathrm{d}t=\frac{\bar{r}_{\delta n1}}{\lambda_{\delta n}-\lambda}.$$

将上述结果代回式 (5.10.3)($j=k=0$), 即得

$$\int_{-\infty}^{\infty}\frac{\mathrm{d}\rho_{\delta 11}(\sigma)}{|\sigma-\lambda|^2}=\frac{\mathscr{I}M_{\delta 11}(\lambda)}{\mathscr{I}\lambda},$$

其中

$$M_{\delta 11}(\lambda)=(m_a(\lambda)-m_b(\lambda))^{-1}.$$

同理可以证明 j, k 的其他情况. 证毕.

我们称矩阵 $M_{\delta}(\lambda)=(M_{\delta jk}(\lambda))$ $(j,k=1,2)$ 为 $\mathscr{L}_b$ **的 Weyl 矩阵**.

按 5.2 节中定理 5.2.1 的证明, 对于任何复数 $\lambda(\mathscr{I}\lambda\neq 0)$, 则可有

$$\begin{aligned}&\int_0^b|\chi_b(t,\lambda)|^2\mathrm{d}t=\frac{\mathscr{I}m_b(\lambda)}{\mathscr{I}\lambda},\\&\int_a^0|\chi_a(t,\lambda)|^2\mathrm{d}t=-\frac{\mathscr{I}m_a(\lambda)}{\mathscr{I}\lambda},\end{aligned}$$

这说明了 $m_a(\lambda)$ 和 $m_b(\lambda)$ 在相反的半平面上. 我们在命题 5.10.3 中, 若取 $\lambda=\mathrm{i}$, 则当 $a<-1$ 时, 点 $m_a(\mathrm{i})$ 均在圆 $C_{-1}(\mathrm{i})$ 之内, 当 $b>+1$ 时, 点 $m_b(\mathrm{i})$ 均在圆 $C_1(\mathrm{i})$ 之内, 因此, 可以找到常数 $c_1>0, c_2>0$, 使对任何 $a<-1, b>1$, 一致有

$$|m_a(\mathrm{i})-m_b(\mathrm{i})|>c_1,\quad |m_a(\mathrm{i})|<c_2,\quad |m_b(\mathrm{i})|<c_2,$$

将上述估计应用于命题 5.10.3 的等式, 即得

$$\int_{-\infty}^{\infty}\frac{\mathrm{d}\rho_{\delta jj}(\sigma)}{1+\sigma^2}<K\quad (j=1,2),$$

其中 K 为一正常数. 又因

$$2|r_{\delta nj}\bar{r}_{\delta nk}|\leqslant |r_{\delta nj}|^2+|r_{\delta nk}|^2,$$

这就是导出对 $j\neq k$ 亦有

$$\int_{-\infty}^{\infty}\frac{|\mathrm{d}\rho_{\delta jk}(\lambda)|}{1+\sigma^2}<K,$$

于是类似于定理 5.6.1 的证明, 应用 Helly 选择定理 (引理 5.6.1) 可知, 存在区间序列 $\delta_n=[a_n,b_n]\to(-\infty,\ \infty)$ 以及相应的边界条件 (由 α_n, β_n 表示), 使得当 $n\to\infty$ 时, 谱函数 $\rho_{\delta_n jk}(\lambda)\to\rho_{jk}(\lambda)$, 且极限矩阵 $\rho(\lambda)=(\rho_{jk}(\lambda))$ 具有命题 5.10.1 中 ρ_δ 的性质 (1), (2), (3).

同样地, 类似于 5.7 节中讨论的步骤, 可以这样选择上述的序列 $\{a_n\}$及$\{b_n\}$, 以及相应的 α_n, β_n, 使得当 $n\to\infty$ 时, $m_{a_n}(\lambda)\to m_{-\infty}(\lambda)$, $m_{b_n}(\lambda)\to m_{\infty}(\lambda)$. 从而相应地有

$$M_{\delta_n jk}(\lambda)\to M_{jk}(\lambda)\quad (j,k=1,2),$$

这里

$$\begin{aligned}
&M_{11}(\lambda)=(m_{-\infty}(\lambda)-m_{\infty}(\lambda))^{-1};\\
&M_{12}(\lambda)=M_{21}(\lambda)=\frac{1}{2}(m_{-\infty}(\lambda)+m_{\infty}(\lambda))(m_{-\infty}(\lambda)-m_{\infty}(\lambda))^{-1};\\
&M_{22}(\lambda)=m_{-\infty}(\lambda)m_{\infty}(\lambda)(m_{-\infty}(\lambda)-m_{\infty}(\lambda))^{-1}.
\end{aligned}$$

这样就建立起了矩阵 $\rho(\lambda)$ 与矩阵 $M(\lambda)=(M_{jk}(\lambda))$ 之间的对应关系, 并且对于对应的 $\rho(\lambda)$ 与 $M(\lambda)$, 可以证明相应的 Titchmarsh 公式 (定理 5.7.1). 综上所述, 可得如下定理.

定理 5.10.1 设 $l(y)$ 为 $(-\infty,\ \infty)$ 上的二阶对称微分算式, $\rho_\delta=(\rho_{\delta jk}(\lambda))$ 为 $l(y)$ 在有限区间 δ 上生成的自伴算子 $\mathscr{L}_b$ 的谱矩阵, $M_\delta(\lambda)=[M_{\delta jk}(\lambda)]$ 为 $\mathscr{L}_\delta$ 的 Weyl 矩阵, 则有

(1) 存在区间列 δ_n 及边界条件参数列 α_n, β_n, 当 $n\to\infty, \delta_n\to(-\infty,\infty)$, 且

$$\rho_{\delta_n}(\lambda)\to\rho(\lambda)=(\rho_{jk}(\lambda)),$$

$$M_{\delta_n}(\lambda)\to M(\lambda)=(M_{jk}(\lambda))\quad (j,k=1,2).$$

极限矩阵 $\rho(\lambda)$ 满足命题 5.10.1 中的性质 (1), (2), (3);

(2) 若 λ, μ 为 $\rho_{jk}(\lambda)$ 的任意两个连续点, 则有

$$\rho_{jk}(\lambda)-\rho_{jk}(\mu)=\lim_{\varepsilon\to 0^+}\frac{1}{\pi}\int_{\mu}^{\lambda}\mathscr{I}M_{jk}(\sigma+\mathrm{i}\varepsilon)\mathrm{d}\sigma.$$

证明留给读者.

根据定理的结论 (2) 可以看出, 若 $l(y)$ 对于奇端点 $-\infty$ 及 ∞ 都是属于极限点型的, 则 $m_a(\lambda), m_b(\lambda)$ 的极限函数 $m_{-\infty}(\lambda), m_{\infty}(\lambda)$ 唯一, 亦即 $M_{jk}(\lambda)$ 唯一, 从而推出谱矩阵 $\rho(\lambda)$ 唯一. 若 $l(y)$ 对于奇端点 $\pm\infty$ 中之一是 (或两者都是) 极限圆型的, 则 $M_{jk}(\lambda)$ 就不是唯一的, 这时它与序列 δ_n 及边界条件参数 α_n, β_n 的选择有关, 或者说, 它取决于极限圆 $C_{-\infty}(\lambda_0)$(或 $C_{\infty}(\lambda_0)$) 上的点 M_0 的选择 (见 5.3 节). 我们可以按照 5.3 节和 5.4 节中的方法步骤讨论函数 $M_{jk}(\lambda)$ 的性质, 并且利用它们构造出 $l(y)$ 在 $(-\infty,\infty)$ 上的自伴域, 关于这方面的论述, 作为练习留给读者.

对于定理 5.10.1 所得到的任何极限矩阵 $\rho(\lambda)$, 令 $L^2(\rho)$ 表示所有满足条件

$$\int_{-\infty}^{\infty}\sum_{j,k=1}^{2}\bar{g}_j(\lambda)g_k(\lambda)\mathrm{d}\rho_{jk}(\lambda)<\infty$$

的函数矢量

$$g(\lambda)=\begin{pmatrix} g_1(\lambda)\\ g_2(\lambda)\end{pmatrix}$$

所成的集合. 由于 $\rho(\lambda)$ 是单调非减的 (命题 5.10.1 性质 (2)), 所以保证不等式左端的积分是非负的.

我们在 $L^2(\rho)$ 内定义两矢量

$$f(\lambda)=\begin{pmatrix} f_1(\lambda)\\ f_2(\lambda)\end{pmatrix},\quad g(\lambda)=\begin{pmatrix} g_1(\lambda)\\ g_2(\lambda)\end{pmatrix}$$

之间的内积为

$$(f(\lambda),g(\lambda))\equiv\int_{-\infty}^{\infty}\sum_{j,k=1}^{2}\bar{g}_j(\lambda)f_k(\lambda)\mathrm{d}\rho_{jk}(\lambda),$$

并由此导出矢量 $g(\lambda)$ 的范数

$$\|g(\lambda)\| = \left(\int_{-\infty}^{\infty}\sum_{j,k=1}^{2}\bar{g}_j(\lambda)g_k(\lambda)\mathrm{d}\rho_{jk}(\lambda)\right)^{\frac{1}{2}}.$$

容易证明以上定义的内积空间 $L^2(\rho)$ 为 Hilbert 空间.

相应于定理 5.6.1, 则有如下定理.

定理 5.10.2 设 $\rho(\lambda)$ 为 $\rho_\delta(\lambda)$ 的任一极限矩阵, 则有

(1) 对于任何 $f(t)\in L^2(-\infty,\infty)$, 存在

$$g(\lambda)=\begin{pmatrix} g_1(\lambda)\\ g_2(\lambda)\end{pmatrix}\in L^2(\rho),$$

使得在 $L^2(\rho)$ 内的范数收敛的意义下, 有

$$g_j(\lambda)=\int_{-\infty}^{\infty}f(t)\varphi_j(t,\lambda)\mathrm{d}t\quad (j=1,2).$$

并且有 Parseval 等式

$$\int_{-\infty}^{\infty}|(f(t)|^2\mathrm{d}t=\int_{-\infty}^{\infty}\sum_{j,k=1}^{2}\bar{g}_j(\lambda)g_k(\lambda)\mathrm{d}\rho_{jk}(\lambda).$$

(2) 在 $L^2(-\infty,\infty)$ 内的平均收敛的意义下, 有展开式

$$f(t)=\int_{-\infty}^{\infty}\sum_{j,k=1}^{2}\varphi_j(t,\lambda)g_k(\lambda)\mathrm{d}\rho_{jk}(\lambda),$$

亦即

$$\lim_{\delta\to(-\infty,\infty)}\int_{-\infty}^{\infty}\left|f(t)-\int_{\delta}\sum_{j,k=1}^{2}\varphi_j(t,\lambda)g_k(\lambda)\mathrm{d}\rho_{jk}(\lambda)\right|^2\mathrm{d}t=0.$$

证明留给读者.

现在我们来讨论 $l(y)$ 在 $L^2(-\infty,\ \infty)$ 上定义的算子及亏指数问题. 令 $\mathscr{D}_M$ 为 $L^2(-\infty,\infty)$ 内满足下述条件的函数 $y(t)$ 所组成的线性流形,

(1) $y'(t)$ 在 $(-\infty,\infty)$ 内任何紧集上绝对连续;

(2) $l(y)\in L^2(-\infty,\infty)$.

$l(y)$ 以 $\mathscr{D}_M$ 为定义域所生成的算子 $\mathscr{L}_M$ 称为 $l(y)$ **所生成的最大算子**, $\mathscr{D}_M$ 称为**最大算子域**. 令 $\mathscr{D}_0$ 是 $L^2(-\infty,\infty)$ 内如下的线性流形:

$$\mathscr{D}_0=\{y\in\mathscr{D}_M\mid [yz]_{-\infty}^{\infty}=0\text{对一切}z\in\mathscr{D}_M\text{成立}\},$$

则 $l(y)$ 以 $\mathscr{D}_0$ 为定义域所生成的算子 $\mathscr{L}_0$ 称为 $l(y)$ 所生成的**最小算子**, $\mathscr{D}_0$ 称为 $l(y)$ 的**最小算子域**.

定理 5.10.3 (1) $\mathscr{D}_0, \mathscr{D}_M$ 是 $L^2(-\infty,\infty)$ 内的稠密集;

(2) $\mathscr{L}_0$ 是 $\mathscr{L}^2(-\infty,\ \infty)$ 内的闭对称算子, $\mathscr{L}_0^* = \mathscr{L}_M$, $\mathscr{L}_M^* = \mathscr{L}_0$;

(3) 设 $\mathscr{L}_0$ 的亏指数为 (N^-, N^+), 则

N^- 等于方程 $l(y) = \lambda y(\mathscr{I}\lambda > 0)$ 属于 $L^2(-\infty,\infty)$ 的线性独立解的个数;

N^+ 等于方程 $l(y) = \lambda y(\mathscr{I}\lambda < 0)$ 属于 $L^2(-\infty,\infty)$ 的线性独立解的个数.

关于定理的证明, 作为练习, 请读者可仿照 5.1 节的讨论自行证明.

由于最小算子 $\mathscr{L}_0$ 是由 $l(y)$ 唯一确定的, 所以 $\mathscr{L}_0$ 的亏指数亦常称为 $l(y)$ 的亏指数. $l(y)$ 在 $(-\infty,\infty)$ 上的亏指数与在 $(-\infty,0]$ 及 $[0,\infty)$ 上的亏指数必有关联. 下面我们指出, $l(y)$ 在 $(-\infty,\infty)$ 上的亏指数完全可由 $l(y)$ 在 $(-\infty,0]$ 及 $[0,\infty)$ 上的亏指数的值所决定, 亦即由 $l(y)$ 在 $\pm\infty$ 端点的点、圆属性所完全决定. 因此, 凡是两端奇异的对称微分算子的亏指数问题, 总可以化成一端奇异的对称微分算子的亏指数问题来解决.

对于 $l(y)$ 在奇端点 $-\infty$ 及 $+\infty$ 的点、圆属性, 可以区分下列四种情形:

(i) 圆 $(-\infty)$, 圆 $(+\infty)$;

(ii) 圆 $(-\infty)$, 点 $(+\infty)$;

(iii) 点 $(-\infty)$, 圆 $(+\infty)$;

(iv) 点 $(-\infty)$, 点 $(+\infty)$.

命题 5.10.4 (K. Kodaira) 定义于 $(-\infty,\infty)$ 上的二阶对称微分算式 $l(y)$ 的亏指数由它在两奇端点的点、圆属性决定:

若 $l(y)$ 处于情形 (i), 则亏指数为 (2, 2);

若 $l(y)$ 处于情形 (ii), (iii), 则亏指数为 (1, 1);

若 $l(y)$ 处于情形 (iv), 则亏指数为 (0, 0).

证明 令

$$\Psi^+(t,\lambda) = \varphi_1(t,\lambda) + M^+(\lambda)\varphi_2(t,\lambda) \in L^2[0,\ \infty)$$

与

$$\Psi^-(t,\lambda) = \varphi_1(t,\lambda) + M^-(\lambda)\varphi_2(t,\lambda) \in L^2(-\infty,0]$$

为 $l(y) = \lambda y(\mathscr{I}\lambda \neq 0)$ 分别在 $\pm\infty$ 端的两个任意的 Weyl 解, $M^+(\lambda)$, $M^-(\lambda)$ 分别为对应的 Weyl 函数, 在 (i) 的情形下, 显然 $l(y) = \lambda y$ 的一切解均属于 $L^2(-\infty,\infty)$, 因此 $l(y)$ 的亏指数为 (2, 2); 在 (ii) 的情形下, 显然 $\Psi^+(t,\lambda) \in L^2(-\infty,\infty)$, 但因为 $\varphi_1(t,\lambda) \overline{\in} L^2[0,\ \infty)$, 所以 $\varphi_1(t,\lambda) \overline{\in} L^2(-\infty,\ \infty)$, 故知 $l(y)$ 的亏指数为 (1, 1); 在 (iii) 的情形下, 显然 $\Psi^-(t,\lambda) \in L^2(\infty,\infty)$, 但因 $\varphi_1(t,\lambda) \overline{\in} L^2(-\infty\ 0]$, 所

以 $\varphi_1(t,\lambda)\,\overline{\in}\,L^2(-\infty,\infty)$, 故知 $l(y)$ 的亏指数为 (1, 1); 在 (iv) 的情形下, $l(y)=\lambda y$ 不可能存在属于 $L^2(-\infty,\infty)$ 的非平凡解. 若不然, $l(y)=\lambda y$ 存在非平凡解 $y(t,\lambda)\in L^2(-\infty,\ \infty)$, 则因 $y(t,\lambda)\in L^2[0,\ \infty)$, 故必有 $y(t,\lambda)=C_1\Psi^+(t,\lambda)$, 又因 $y(t,\lambda)\in L^2(-\infty,\ 0]$, 故又有 $y(t,\lambda)=C_2\Psi^-(t,\lambda)$, 从而可得

$$C_1\Psi^+-C_2\Psi^-=(C_1-C_2)\varphi_1(t,\lambda)+(C_1M^+(\lambda)-C_2M^-(\lambda))\varphi_2(t,\lambda)=0,$$

根据 φ_1,φ_2 的线性独立性知, 需有

$$C_1-C_2=0,\quad C_1M^+(\lambda)-C_2M^-(\lambda)=0,$$

由此得 $C_1=C_2,\ M^+(\lambda)=M^-(\lambda)$, 从而推知

$$\Psi^+(t,\lambda)=\Psi^-(t,\lambda)\in L^2(-\infty,\infty).$$

然而由推论 5.3.1, 可得

$$\int_0^\infty|\Psi^+(t,\lambda)|^2\mathrm{d}t=\frac{\mathscr{I}M^+(\lambda)}{\mathscr{I}(\lambda)},$$

同样地, 我们可有等式 (读者可自行推证)

$$\int_0^{-\infty}|\Psi^-(t,\lambda)|^2\mathrm{d}t=\frac{\mathscr{I}M^-(\lambda)}{\mathscr{I}\lambda},$$

从而得

$$\int_{-\infty}^\infty|\Psi^+(t,\lambda)|^2\mathrm{d}t=\frac{\mathscr{I}(M^+(\lambda)-M^-(\lambda))}{\mathscr{I}\lambda}=0,$$

这就导致矛盾. 因此 $l(y)=\lambda y$ 不可能有属于 $L^2(-\infty,\infty)$ 的非平凡解, 这就说明了 $l(y)$ 的亏指数是 (0, 0). 证毕.

令 $\mathscr{D}$ 是 $\mathscr{D}_M$ 内如下的线性流形:

(1) 在情形 (i) 下:

$$\mathscr{D}=\{y\in\mathscr{D}_M\mid[y\Psi^+(t,\lambda_0)](\infty)=[y\Psi^-(t,\lambda_0)](-\infty)=0\};$$

(2) 在情形 (ii) 下:

$$\mathscr{D}=\{y\in\mathscr{D}_M\mid[y\Psi^-(t,\lambda_0)](-\infty)=0\};$$

(3) 在情形 (iii) 下:

$$\mathscr{D}=\{y\in\mathscr{D}_M\mid[y\Psi^+(t,\lambda_0)](\infty)=0\};$$

(4) 在情形 (iv) 下:

$$\mathscr{D} = \mathscr{D}_M,$$

其中 λ_0 是任意取定的一个复数, $\mathscr{I}\lambda_0 \neq 0$. $\Psi^-(t, \lambda_0)$ 及 $\Psi^+(t, \lambda_0)$ 是任取的 Weyl 函数, 它们对应于 Weyl 圆 $C_{-\infty}(\lambda_0)$ 及 $C_\infty(\lambda_0)$ 上任意取定的点.

如上定义的 $\mathscr{D}$ 称为 $l(y)$ 的 **Weyl-Titchmarsh 域**.

定理 5.10.4 设 $l(y)$ 为 $(-\infty, \infty)$ 上的二阶对称微分算式, $\mathscr{D}$ 为 $l(y)$ 的 Weyl-Titchmarsh 域, 则 $l(y)$ 以 $\mathscr{D}$ 为定义域所生成的微分算子 $\mathscr{L}$ 为 $L^2(-\infty, \infty)$ 内的自伴算子.

证明作为练习, 请读者仿照 5.4 节的方法自行作出.

5.11 例

例 5.11.1 $[0, \infty)$ 上的 Fourier 展开式.

在 $L^2[0, \infty)$ 内考虑微分算子

$$\mathscr{L}: \begin{cases} l(y) = -y'', \\ \sin\alpha \cdot y(0) - \cos\alpha \cdot y'(0) = 0. \end{cases}$$

由于 $-y'' = 0$ 的一切非平凡解不属于 $L^2[0, \infty)$, 所以 $l(y)$ 属极限点型, 从而由定理 5.4.1 知, $\mathscr{L}$ 为 $L^2[0, \infty)$ 内的自伴算子.

令 $\psi(t, \lambda)$ 与 $\varphi(t, \lambda)$ 分别为 $l(y) = \lambda y$ 满足初始条件

$$\psi(0, \lambda) = \cos\alpha, \quad \psi'(0, \lambda) = \sin\alpha$$

与

$$\varphi(0, \lambda) = -\sin\alpha, \quad \varphi'(0, \lambda) = \cos\alpha$$

的解, 经过简单计算, 可得

$$\psi(t, \lambda) = \cos\alpha \cos\sqrt{\lambda}t + \frac{1}{\sqrt{\lambda}} \sin\alpha \sin\sqrt{\lambda}t,$$
$$\varphi(t, \lambda) = -\sin\alpha \cos\sqrt{\lambda}t + \frac{1}{\sqrt{\lambda}} \cos\alpha \sin\sqrt{\lambda}t.$$

令 $\sqrt{\lambda} = \sigma + \mathrm{i}s\ (s > 0)$, $\Psi(t, \lambda)$ 表示 $\mathscr{L}$ 的 Weyl 解, 则

$$\begin{aligned} \Psi(t, \lambda) &= \varphi(t, \lambda) + M(\lambda)\psi(t, \lambda) \\ &= (-\sin\alpha + M(\lambda)\cos\alpha)\cos\sqrt{\lambda}t + \frac{1}{\sqrt{\lambda}}(\cos\alpha + M(\lambda)\sin\alpha)\sin\sqrt{\lambda}t \end{aligned}$$

$$
\begin{aligned}
&= \left(-\sin\alpha + M(\lambda)\cos\alpha - \frac{\mathrm{i}}{\sqrt{\lambda}}\cos\alpha - \frac{\mathrm{i}}{\sqrt{\lambda}}M(\lambda)\sin\alpha\right)\frac{\mathrm{e}^{\mathrm{i}\sqrt{\lambda}t}}{2}\\
&\quad + \left(-\sin\alpha + M(\lambda)\cos\alpha + \frac{\mathrm{i}}{\sqrt{\lambda}}\cos\alpha + \frac{\mathrm{i}}{\sqrt{\lambda}}M(\lambda)\sin\alpha\right)\frac{\mathrm{e}^{-\mathrm{i}\sqrt{\lambda}t}}{2}.
\end{aligned}
$$

因为 $\Psi(t,\lambda)\in L^2[0,\infty)$, 故必须 $\mathrm{e}^{-\mathrm{i}\sqrt{\lambda}t}$ 的系数为 0. 从而求得

$$
M(\lambda) = \frac{-\sqrt{\lambda}\sin\alpha + \mathrm{i}\cos\alpha}{\sqrt{\lambda}\cos\alpha + \mathrm{i}\sin\alpha}.
$$

于是可区分如下情况:

(1) $0<\alpha<\dfrac{\pi}{2}$: 此时当 $\lambda\leqslant 0$ 时, $M(\lambda)$ 的分母不可能为 0, 经简单计算, 即得

$$
\mathscr{I}M(\lambda) = \begin{cases} \dfrac{\sqrt{\lambda}}{\lambda\cos^2\alpha + \sin^2\alpha}, & \lambda\geqslant 0,\\ 0, & \lambda<0, \end{cases}
$$

由推论 5.7.1, 得

$$
\mathrm{d}\rho(\lambda) = \frac{1}{\pi}\mathscr{I}M(\lambda)\mathrm{d}\lambda = \begin{cases} \dfrac{1}{\pi}\dfrac{\sqrt{\lambda}}{\lambda\cos^2\alpha + \sin^2\alpha}\mathrm{d}\lambda, & \lambda\geqslant 0,\\ 0, & \lambda<0. \end{cases}
$$

由此知 $\mathscr{L}$ 无点谱, $[0,\infty)$ 属于 $\mathscr{L}$ 的连续谱. 于是由定理 5.6.1, 即得 $[0,\infty)$ 上的 Fourier 变换:

$$
f(t) = \frac{1}{\pi}\int_0^\infty \sqrt{\lambda}F(\lambda)\frac{\cos\alpha\cos\sqrt{\lambda}t + \dfrac{1}{\sqrt{\lambda}}\sin\alpha\sin\sqrt{\lambda}t}{\lambda\cos^2\alpha + \sin^2\alpha}\mathrm{d}\lambda,
$$

$$
F(\lambda) = \int_0^\infty f(\lambda)\left(\cos\alpha\cos\sqrt{\lambda}t + \frac{1}{\sqrt{\lambda}}\sin\alpha\sin\sqrt{\lambda}t\right)\mathrm{d}t.
$$

当 $\alpha=0$, 即得 Fourier 余弦变换

$$
f(t) = \frac{1}{\pi}\int_0^\infty \frac{F(\lambda)}{\sqrt{\lambda}}\cos\sqrt{\lambda}t\mathrm{d}\lambda,
$$

$$
F(\lambda) = \int_0^\infty \cos\sqrt{\lambda}t\cdot f(t)\mathrm{d}t.
$$

当 $\alpha=\dfrac{\pi}{2}$, 即得 Fourier 正弦变换

$$
f(t) = \frac{1}{\pi}\int_0^\infty F(\lambda)\sin\sqrt{\lambda}t\mathrm{d}\lambda,
$$

$$F(\lambda)=\int_0^\infty f(t)\frac{\sin\sqrt{\lambda}t}{\sqrt{\lambda}}\mathrm{d}t.$$

(2) $\frac{\pi}{2}<\alpha<\pi$: 此时 $\lambda_0=-\tan^2\alpha$ 为 $M(\lambda)$ 的极点, 从而是 $\mathscr{L}$ 的本征值, 容易求得相应的本征函数 (规一) 为 $\mathrm{e}^{t\tan\alpha}/\sqrt{-2\tan\alpha}$. 其余讨论与 (1) 同理, 于是由推论 5.7.1, 可得

$$\mathrm{d}\rho(\lambda)=\begin{cases}0, & -\infty<\lambda<-\tan^2\alpha,\\ (-2\tan\alpha)^{-1}, & \lambda=-\tan^2\alpha,\\ 0, & -\tan^2\alpha<\lambda\leqslant 0,\\ \dfrac{1}{\pi}\dfrac{\sqrt{\lambda}\mathrm{d}\lambda}{\lambda\cos^2\alpha+\sin^2\alpha}, & 0<\lambda<\infty.\end{cases}$$

从而得

$$\begin{aligned}f(t)=&\frac{1}{-2\tan\alpha}\left(\int_0^\infty f(\tau)\mathrm{e}^{\tau\tan\alpha}\mathrm{d}\tau\right)\mathrm{e}^{t\tan\alpha}\\&+\frac{1}{\pi}\int_0^\infty\sqrt{\lambda}F(\lambda)\times\frac{\cos\alpha\cos\sqrt{\lambda}t+\dfrac{1}{\sqrt{\lambda}}\sin\alpha\sin\sqrt{\lambda}t}{\lambda\cos^2\alpha+\sin^2\alpha}\mathrm{d}\lambda,\\F(\lambda)=&\int_0^\infty f(t)\left(\cos\alpha\cos\sqrt{\lambda}t+\frac{1}{\sqrt{\lambda}}\sin\alpha\sin\sqrt{\lambda}t\right)\mathrm{d}t.\end{aligned}$$

例 5.11.2　$(-\infty,\infty)$ 上的 Fourier 展开式.

在 $L^2(-\infty,\infty)$ 内考虑微分算子

$$\mathscr{L}:\begin{cases}l(y)=-y'',\\ y\subset\mathscr{D}_M\end{cases}$$

($\mathscr{D}_M$ 的定义见 5.10 节), 则因 $l(y)$ 在 $-\infty$ 及 $+\infty$ 均属极限点型, 故由定理 5.10.3 知, $\mathscr{L}$ 为 $L^2(-\infty,\infty)$ 内的自伴算子. 令 $\varphi_1(t,\lambda)$, $\varphi_2(t,\lambda)$ 为方程 $l(y)=\lambda y$ 满足初始条件

$$\begin{aligned}\varphi_1(0,\lambda)=1,\quad\varphi_1'(0,\lambda)=0;\\ \varphi_2(0,\lambda)=0,\quad\varphi_2'(0,\lambda)=1\end{aligned}$$

的两个解, 经简单计算, 可得

$$\varphi_1(t,\lambda)=\cos\sqrt{\lambda}t,\quad\varphi_2(t,\lambda)=\frac{\sin\sqrt{\lambda}t}{\sqrt{\lambda}}.$$

令 $\mathscr{I}\sqrt{\lambda}>0$, 并设 $m_{-\infty}(\lambda)$, $m_{\infty}(\lambda)$ 分别为 $l(y)$ 在 $-\infty$ 及 $+\infty$ 端点的 Weyl 函数, 则得到相应的 Weyl 解:

$$\begin{aligned}\Psi^{-}(t,\lambda)&=\cos\sqrt{\lambda}t+m_{-\infty}(\lambda)\frac{\sin\sqrt{\lambda}t}{\sqrt{\lambda}}\\&=\left(1-\frac{\mathrm{i}}{\sqrt{\lambda}}m_{-\infty}(\lambda)\right)\frac{\mathrm{e}^{\mathrm{i}\sqrt{\lambda}t}}{2}+\left(1+\frac{\mathrm{i}}{\sqrt{\lambda}}m_{-\infty}(\lambda)\right)\frac{\mathrm{e}^{-\mathrm{i}\sqrt{\lambda}t}}{2},\\\Psi^{+}(t,\lambda)&=\cos\sqrt{\lambda}t+m_{\infty}\frac{\sin\sqrt{\lambda}t}{\sqrt{\lambda}}\\&=\frac{1}{2}\left(1-\frac{\mathrm{i}}{\sqrt{\lambda}}m_{\infty}(\lambda)\right)\mathrm{e}^{\mathrm{i}\sqrt{\lambda}t}+\frac{1}{2}\left(1+\frac{\mathrm{i}}{\sqrt{\lambda}}m_{\infty}(\lambda)\right)\mathrm{e}^{-\mathrm{i}\sqrt{\lambda}t}.\end{aligned}$$

因为 $\Psi^{-}(t,\lambda)\in L^2(-\infty,0]$, 故知必须 $\mathrm{e}^{\mathrm{i}\sqrt{\lambda}t}$ 的系数为 0, 由此推知

$$m_{-\infty}(\lambda)=-\mathrm{i}\sqrt{\lambda}.$$

同理, 因为 $\Psi^{+}(t,\lambda)\in L^2[0,\infty)$, 故知必须 $\mathrm{e}^{-\mathrm{i}\sqrt{\lambda}t}$ 的系数为 0, 由此推知

$$m_{\infty}(\lambda)=\mathrm{i}\sqrt{\lambda}.$$

于是据 5.10 节的讨论, 可求得

$$\begin{aligned}&M_{11}(\lambda)=(m_{-\infty}(\lambda)-m_{\infty}(\lambda))^{-1}=(-2\mathrm{i}\sqrt{\lambda})^{-1}=\frac{\mathrm{i}}{2\sqrt{\lambda}},\\&M_{12}(\lambda)=M_{21}(\lambda)=\frac{1}{2}(m_{-\infty}(\lambda)+m_{\infty}(\lambda))(m_{-\infty}(\lambda)-m_{\infty}(\lambda))^{-1}=0;\\&M_{22}(\lambda)=m_{-\infty}(\lambda)m_{\infty}(\lambda)(m_{-\infty}(\lambda)-m_{\infty}(\lambda))^{-1}=\frac{\mathrm{i}\sqrt{\lambda}}{2}.\end{aligned}$$

根据定理 5.10.1 的 (2), 即可得

$$\begin{aligned}&\mathrm{d}\rho_{11}(\lambda)=\begin{cases}\dfrac{\mathrm{d}\lambda}{2\pi\sqrt{\lambda}}, & \lambda>0,\\0, & \lambda<0,\end{cases}\\&\mathrm{d}\rho_{12}(\lambda)=\mathrm{d}\rho_{21}(\lambda)=0,\\&\mathrm{d}\rho_{22}(\lambda)=\begin{cases}\dfrac{\sqrt{\lambda}}{2\pi}\mathrm{d}\lambda, & \lambda>0,\\0, & \lambda<0.\end{cases}\end{aligned}$$

于是由定理 5.10.2, 对于任何 $f\in L^2(-\infty,\infty)$, 有 Fourier 变换:

$$f(t)=\frac{1}{2\pi}\int_0^{\infty}F_1(\lambda)\frac{\cos\sqrt{\lambda}t}{\sqrt{\lambda}}\mathrm{d}\lambda+\frac{1}{2\pi}\int_0^{\infty}F_2(\lambda)\sin\sqrt{\lambda}t\mathrm{d}\lambda,$$

$$F_1(\lambda)=\int_{-\infty}^{\infty}f(t)\cos\sqrt{\lambda}t\mathrm{d}t,$$

$$F_2(\lambda)=\int_{-\infty}^{\infty}f(t)\frac{\sin\sqrt{\lambda}t}{\sqrt{\lambda}}\mathrm{d}t.$$

例 5.11.3　Fourier-Bessel 展开式.

在 (0, 1] 上考虑微分算子

$$\mathscr{L}:\begin{cases}l(y)=-y''+\dfrac{\alpha^2-\dfrac{1}{4}}{t^2}y,\\ \\ y(1)=0,\end{cases}$$

此时 $t=0$ 是 $l(y)$ 的奇端点. 根据微分方程的有关理论知, 方程

$$-y''+\frac{\alpha^2-\dfrac{1}{4}}{t^2}y=s^2y\quad(s^2=\lambda)$$

有两个线性独立解 $\sqrt{t}J_\alpha(st)$ 与 $\sqrt{t}Y_\alpha(st)$, 其中 $J_\alpha(x)$, $Y_\alpha(x)$ 为第一类和第二类 Bessel 函数:

$$J_\alpha(x)=\sum_{n=0}^{\infty}\frac{(-1)^n}{\Gamma(n+1)\Gamma(n+\alpha+1)}\left(\frac{x}{2}\right)^{2n+\alpha},$$

$$Y_\alpha(x)=\begin{cases}\dfrac{J_\alpha(x)\cos\alpha\pi-J_{-\alpha}(x)}{\sin\alpha\pi}, & \alpha\neq\text{整数},\\ \dfrac{2}{\pi}J_\alpha(x)\ln\dfrac{x}{2}+x^{-\alpha}\displaystyle\sum_{n=0}^{\infty}a_nx^n, & a_0\neq0,\alpha=\text{非负整数}.\end{cases}$$

于是知当 $x\to0^+$ 时,

$$J_\alpha(x)=O(x^\alpha),\quad Y_\alpha(x)=O(x^{-\alpha})\quad(\alpha>0),\quad Y_0(x)=O(\ln x).$$

令 $\psi(t,\lambda)$, $\varphi(t,\lambda)$ 为上述方程满足初始条件

$$\psi(1,\lambda)=0,\quad \psi'(1,\lambda)=-1;$$
$$\varphi(1,\lambda)=1,\quad \varphi'(1,\lambda)=0$$

的解, 则经过计算, 可得

$$\psi(t,\lambda)=\frac{\pi}{2}\sqrt{t}(J_\alpha(ts)Y_\alpha(s)-Y_\alpha(ts)J_\alpha(s)),$$

$$\varphi(t,\lambda)=\frac{\pi}{2}\sqrt{t}s(J_\alpha(ts)Y'_\alpha(s)-Y_\alpha(ts)J'_\alpha(s))+\frac{1}{2}\psi(t,\lambda).$$

下面对于非负的 α, 区分两种情况:

(1) $\alpha \geqslant 1$: 此时 $\sqrt{t}Y_\alpha(ts) \overline{\in} L^2(0,\ 1]$, 因此 $l(y)$ 在奇端点 0 属于极限点型, 这说明算子 $\mathscr{L}$ 是自伴的. 令 $\Psi(t,\lambda)$ 为 $\mathscr{L}$ 的 Weyl 函数, 则

$$\Psi(t,\lambda)=\varphi(t,\lambda)+m_0(\lambda)\psi(t,\lambda)\in L^2(0,1],$$

将等式右端表成 $\sqrt{t}J_\alpha(ts)$ 和 $\sqrt{t}Y_\alpha(ts)$ 的线性组合, 则因 $\sqrt{t}J_\alpha(ts)\in L^2(0,1]$ 而 $\sqrt{t}Y_\alpha(ts)\overline{\in} L^2(0,1)$, 所以 $\sqrt{t}Y_\alpha(ts)$ 的系数必须为 0, 从而可求得

$$m_0(\lambda)=-\sqrt{\lambda}\frac{J'_\alpha(s)}{J_\alpha(s)}-\frac{1}{2}.$$

这说明 $m_0(\lambda)$ 是 λ 的半纯函数, 根据推论 5.7.1 知, 算子 $\mathscr{L}$ 的谱均属点谱, 它的本征值即为 $m_0(\lambda)$ 的极点, 也即为 $J_\alpha(s)$ 的零点. 设 $J_\alpha(s)$ 的零点集为 $\{\lambda_n\}$ $(n=1,2,\cdots)$, 则可算得 $\mathscr{L}$ 的规一本征函数为

$$\begin{aligned}\sqrt{2\lambda_n}\psi(t,\lambda_n)&=\sqrt{2\lambda_n}\left(\frac{\pi}{2}\sqrt{t}J_\alpha(t\sqrt{\lambda_n})Y_\alpha(\sqrt{\lambda_n})\right)\\ &=\sqrt{2\lambda_n}\left(-\frac{\sqrt{t}J_\alpha(t\sqrt{\lambda_n})}{\sqrt{\lambda_n}J'_\alpha(\sqrt{\lambda_n})}\right)=\frac{-\sqrt{2t}J_\alpha(t\sqrt{\lambda_n})}{J'_\alpha(\sqrt{\lambda_n})},\end{aligned}$$

从而对于任意的 $f(t)\in L^2(0,1]$, 可有 Fourier-Bessel 展开式

$$f(t)=2\sum_{n=1}^{\infty}\frac{\sqrt{t}J_\alpha(\sqrt{\lambda_n}t)}{J'^2_\alpha(\sqrt{\lambda_n})}\int_0^1\sqrt{\xi}J_\alpha(\sqrt{\lambda_n}\xi)f(\xi)\mathrm{d}\xi.$$

(2) $0\leqslant\alpha<1$: 此时方程的一切解均属 $L^2(0,1]$, 因此 $l(y)$ 属极限圆型, 在此情况下, $\mathscr{L}$ 欲成为自伴算子并且确定出它的本征值, 需在奇端点 $t=0$ 处附加一个边界条件.

通过适当的计算 (参阅文献 [4]), 可以求得 $\mathscr{L}$ 的 Weyl 函数 $M(\lambda)$ 如下:

当 $0<\alpha<1$ 时,

$$M(\lambda)=-\sqrt{\lambda}\frac{c\lambda^{-\frac{\alpha}{2}}J'_\alpha(\sqrt{\lambda})-\lambda^{\frac{\alpha}{2}}J'_{-\alpha}(\sqrt{\lambda})}{c\lambda^{-\frac{\alpha}{2}}J_\alpha(\sqrt{\lambda})-\lambda^{\frac{\alpha}{2}}J_{-\alpha}(\sqrt{\lambda})}-\frac{1}{2};$$

当 $\alpha=0$ 时,

$$M(\lambda)=-\sqrt{\lambda}\frac{cJ'_0(\sqrt{\lambda})-\left[Y'_0(\sqrt{\lambda})-\dfrac{2}{\pi}J'_0(\sqrt{\lambda})\ln\sqrt{\lambda}\right]}{cJ_0(\sqrt{\lambda})-\left[Y_0(\sqrt{\lambda})-\dfrac{2}{\pi}J_0(\sqrt{\lambda})\ln\sqrt{\lambda}\right]}-\frac{1}{2},$$

其中常数 c 决定于 $\mathscr{L}$ 在奇端点 $t=0$ 所取的边界条件. 由上述表达式即知当 $0<\alpha<1$ 时, 算子 $\mathscr{L}$ 的本征值 $\lambda_n(n=1,\ 2,\cdots)$ 即为函数

$$cJ_\alpha(\sqrt{\lambda})-\lambda^\alpha J_{-\alpha}(\sqrt{\lambda})$$

的零点, 并可求得本征函数为

$$\begin{aligned}\psi(t,\lambda_n) &= -\frac{\pi\sqrt{t}}{2\sin\alpha\pi}\left[J_a(t\sqrt{\lambda_n})J_{-\alpha}(\sqrt{\lambda_n}) - J_{-\alpha}(t\sqrt{\lambda_n})J_\alpha(\sqrt{\lambda_n})\right]\\ &= \frac{\pi\sqrt{t}}{2\sin\alpha\pi}J_a(\sqrt{\lambda_n})\left[c\lambda_n^{-\alpha}J_\alpha(t\sqrt{\lambda_n}) - J_{-\alpha}(t\sqrt{\lambda_n})\right],\end{aligned}$$

同样可知当 $\alpha = 0$ 时, $\mathscr{L}$ 的本征值是函数

$$cJ_0(\sqrt{\lambda}) - \left[Y_0(\sqrt{\lambda}) - \frac{2}{\pi}J_0(\sqrt{\lambda})\ln\sqrt{\lambda}\right]$$

的零点, 并可求得相应的本征函数系.

例 5.11.4　Weber 变换.

在 $[1,\infty)$ 上考虑微分算子

$$\mathscr{L}:\begin{cases} l(y) = -y'' + \dfrac{\alpha^2 - \frac{1}{4}}{t^2}y,\\ y(1) = 0.\end{cases}$$

此时微分方程 $l(y) = \lambda y$ 的解 $\sqrt{t}J_\alpha(t\sqrt{\lambda}) \in L^2[1,\infty)$, 因为 $l(y)$ 属极限点型, 所以 $\mathscr{L}$ 为自伴算子.

令 $\mathscr{I}\sqrt{\lambda} > 0$, 取 $l(y) = \lambda y$ 一组线性独立解 $\varphi(t,\lambda)$, $\psi(t,\lambda)$ 与例 5.11.3 相同. 此时函数

$$H_\alpha^{(1)}(t\sqrt{\lambda}) = J_\alpha(t\sqrt{\lambda}) + \mathrm{i}Y_a(t\sqrt{\lambda})$$

是属于 $L^2[1,\infty)$ 的唯一的线性独立解, 因此 $\mathscr{L}$ 的 Weyl 解

$$\Psi(t,\ \lambda) = \varphi(t,\ \lambda) + M(\lambda)\psi(t,\lambda)$$

必为 $H_\alpha^{(1)}(t,\ \lambda)$ 的常数倍. 由此可以求得

$$M(\lambda) = -\sqrt{\lambda}\frac{J'_\alpha(\sqrt{\lambda}) + \mathrm{i}Y'_\alpha(\sqrt{\lambda})}{J_\alpha(\sqrt{\lambda}) + \mathrm{i}Y_\alpha(\sqrt{\lambda})} - \frac{1}{2},$$

故当 $\lambda > 0$ 即 $\sqrt{\lambda}$ 为实数时, 可求得

$$\mathscr{I}M(\lambda) = -\mathscr{I}\left(\sqrt{\lambda}\frac{J'_\alpha(\sqrt{\lambda}) + \mathrm{i}Y'_\alpha(\sqrt{\lambda})}{J_\alpha(\sqrt{\lambda}) + \mathrm{i}Y_\alpha(\sqrt{\lambda})}\right) = -\sqrt{\lambda}\frac{J_\alpha(\sqrt{\lambda})Y'_\alpha(\sqrt{\lambda}) - Y_\alpha(\sqrt{\lambda})J'_\alpha(\sqrt{\lambda})}{J_\alpha^2(\sqrt{\lambda}) + Y_\alpha^2(\sqrt{\lambda})},$$

利用熟知的 Lommel 公式

$$[J_\alpha(x)Y_\alpha(x)](x) = \frac{2}{\pi x},$$

即得

$$\mathscr{I} M(\lambda) = -\frac{2}{\pi} \frac{1}{J_\alpha^2(\sqrt{\lambda}) + Y_\alpha^2(\sqrt{\lambda})}.$$

于是根据展开定理, 即知对于任何 $f(t) \in L^2[1,\infty)$, 可有 Weber 变换 $(\lambda = s^2)$:

$$f(t) = \int_0^\infty \sqrt{t} \frac{J_\alpha(ts)Y_\alpha(s) - Y_\alpha(ts)J_\alpha(s)}{J_\alpha^2(s) + Y_\alpha^2(s)} F(s) s\mathrm{d}s,$$

$$F(s) = \int_1^\infty \sqrt{t}[J_\alpha(ts)Y_\alpha(s) - Y_\alpha(ts)J_\alpha(s)] f(t)\mathrm{d}t.$$

假如 $\mathscr{L}$ 的边界条件 $y(1) = 0$ 换为

$$y(1)\cos\beta + y'(1)\sin\beta = 0,$$

则 Weber 变换中的函数 $J_\alpha(s)$, $Y_\alpha(s)$ 应分别换为

$$J_\alpha(s)\left(\cos\beta + \frac{\sin\beta}{2}\right) + J_\alpha'(s)\sin\beta s$$

及

$$Y_\alpha(s)\left(\cos\beta + \frac{\sin\beta}{2}\right) + Y_\alpha'(s)\sin\beta s.$$

微分算子的谱分解理论在量子物理及各种应用科学与工程技术实际问题中, 有广泛的背景与应用, 例子是不胜枚举的. 以上对于二阶的对称微分算式

$$l(y) = -(py') + qy$$

中的若干简单情况, 讨论了它所生成的微分算子所引出的展开式或积分变换式. 我们看到, 在 $p=1$, $q=0$ 的最简单的情况下, 即得到寻常的 Fourier 变换公式. 在

$$p = 1, \quad q = \frac{\alpha^2 - \frac{1}{4}}{t^2}$$

时, 若在 $(0,1]$ 上考虑 $l(y)$, 可得到常见的 Fourier-Bessel 展开式; 在 $[1,\infty)$ 上考虑 $l(y)$, 可得到常见的 Weber 变换式; 同样地, 若在 $(0,\infty)$ 上考虑上述 $l(y)$, 则可得到熟知的 Hankel 变换式 [4]. 此外, 若考虑其他不同的函数 $p(t)$, $q(t)$, 还可得到多种的展开式和积分变换公式, 如熟知的 Legendre 展开式, Hermite 展开式等. 由于在 $q(t) \neq 0$ 的情况下, 一般计算都较繁复, 所以这里就不再一一列举了. 有兴趣的读者, 可参阅文献 [2][4][7] 等著作.

第 6 章　奇型对称微分算子的亏指数

6.1　极限点型的微分算式

对于在 $[a,\infty)$ 上给定的二阶对称微分算式

$$l(y)=-(p(t)y')'+q(t)y, \tag{6.1.1}$$

如何根据系数 p, q 的性质鉴别其点型或圆型属性？这在理论上和应用上无疑都是一个重要的问题. 而且从数学上来讲, 它也是一个饶有兴趣并且具有挑战性的问题.

自 H. Weyl 于 1909 年开创了奇型的 Sturm-Liouville 问题的研究以来, 二阶微分算子点、圆型的判别就成了微分算子理论中的一大课题, 并已积累了大量的结果 [7,10]. 然而也许是问题本身较难, 因此虽已历经了数十年的研究, 但人们对于算子的点、圆属性之所以区分, 却远未达到一个完全的认识. 这也使得人们对于这一问题的研讨兴趣, 迄今未见稍减. 近二十余年来, 在二阶算子点、圆型判别研究上, 不断出现了大量的新结果和新方法 [11], 而且这方面的研究, 又拓展到了一般 n 阶奇型微分算子的亏指数问题上 [10], 从而使得这一研究领域又因增添了新的丰富的内容而显示出更加广阔的前景.

本节将介绍若干基本的极限点型的判别准则. 在下面讨论中, 若不特别指明, 恒设 p, q 为 $[0,\infty)$ 上的实函数, $p>0$, $p\in C^1$, $q\in C$.

最早的极限点准则由 H. Weyl 给出.

定理 6.1.1　$l(y)$ 由式 (6.1.1) 所示, 若 $q(t)\geqslant 0$, 则 $l(y)$ 属极限点型.

证明　令 $\varphi(t)$ 为方程 $l(y)=0$ 的解, 满足初始条件

$$\varphi(0)=0,\quad \varphi'(0)=1.$$

令 $c=\min\{t\in[0,\infty)\mid \varphi'(t)=0\}$, 则显然 $c>0$, 且在 $(0,c)$ 上 $\varphi(t)>0$. 对恒等式

$$(p(t)\varphi'(t))'=q(t)\varphi(t)$$

两端在 $[0,c]$ 上积分, 即得

$$p(c)\varphi'(c)=p(0)+\int_0^c q(t)\varphi(t)\mathrm{d}t>0,$$

这就导致矛盾. 这说明了 $\varphi(t),\varphi'(t)$ 在 $[0,\infty)$ 上恒为正, 因此 $\varphi(t)\bar{\in} L^2[0,\infty)$. 根据推论 5.2.2, 即知 $l(y)$ 属极限点型.

定理 6.1.2 设 $\gamma(t)$ 为 $[0,\infty)$ 上的实有界函数, 则微分算式

$$l_1(y)=l(y)+\gamma(t)y=-(py')'+(q+\gamma)y$$

与 $l(y)$ 具有相同的亏指数.

证明 根据 $\gamma(t)$ 为有界的假设知, 若 $y\in L^2[0,\infty)$, 则必 $\gamma y\in L^2[0,\infty)$. 因此对算式 $l(y)$ 与 $l_1(y)$ 而言, 它们的最大算子域相同. 任取

$$y=u+\mathrm{i}v\in\mathscr{D}_M,$$

则

$$(\gamma y,y)=(\gamma u+\mathrm{i}\gamma v,u+\mathrm{i}v)=(\gamma u,u)+\mathrm{i}(\gamma v,u)-\mathrm{i}(\gamma u,v)+(\gamma v,v).$$

根据 $\gamma(t)$ 为实的假设知, $(\gamma v,u)=(\gamma u,v)$, 从而得 $\mathscr{I}(\gamma y,y)=0$. 于是对任何 $y\in\mathscr{D}_M$, 有

$$\mathscr{I}(l_1(y),y)=\mathscr{I}(l(y)+\gamma y,y)=\mathscr{I}(l(y),y),$$

因此对算式 $l(y)$ 及 $l_1(y)$ 而言, 由 Neumann 公式定义的集合 $\mathscr{D}^+$, $\mathscr{D}^-$, $\mathscr{D}_0$(见 4.3 节) 相同, 于是根据定理 4.3.2 知, $l_1(y)$ 与 $l(y)$ 具有相同的亏指数. 证毕.

上述定理说明了, $l(y)$ 上加一实有界摄动, 并不影响亏指数. 由此即可将定理 6.1.1 推广如下.

定理 6.1.3 若 $q(t)$ 为下有界, 则 $l(y)$ 属于极限点型.

证明 设 $q(t)\geqslant -M(0\leqslant t<\infty)$. 由定理 6.1.2 知, $l(y)$ 与 $l_1(y)=-(py')'+(q+M)y$ 具有相同的亏指数, 但因为 $q+M\geqslant 0$, 所以根据定理 6.1.1, $l_1(y)$ 的亏指数为 (1, 1), 故 $l(y)$ 亦然. 证毕.

许多例子说明, 定理 6.1.3 的下有界条件过强. 二十世纪四十年代末期, P. Hartman 等在 $p(t)$=1 的情况下, 将 $q(t)$ 的下界大大放宽了.

定理 6.1.4 (P. Hartman 和 A. Wintner) 若 $p(t)=1$, $q(t)\geqslant -kt^2(k>0)$, 则 $l(y)$ 属于点型.

在同一时期, N. Levinson 发表了一个具有很高概括性的极限点准则, 此准则把以前很多极限点准则 (包括 Weyl, Hartman 等准则) 作为特例包含于其内, 因此, Levinson 的准则被认为是最重要的极限点准则之一. 由于 Levinson 准则蕴含了定理 6.1.4, 所以, 对定理 6.1.4 不再单独证明.

定理 6.1.5 (N. Levinson) 若存在正可微函数 $\varPhi(t)$ 及常数 $k>0$, 使在 (c,∞) 上, 有

(1) $q(t)\geqslant-\varPhi(t)$;

(2) $\displaystyle\int_c^{\infty}(p(\tau)\varPhi(\tau))^{-\frac{1}{2}}\mathrm{d}\tau=\infty$;

(3) $|p(t)\Phi'(t)^2\Phi(t)^{-3}| < k^2$,

则 $l(y)$ 属于点型.

证明 设 $\chi(t)$ 为 $l(y)=0$ 的任一个实 $L^2(c,\infty)$ 解, 首先证明有不等式

$$\int_c^{\infty} p(t)(\chi'(t))^2\Phi^{-1}(t)\mathrm{d}t < \infty. \tag{6.1.2}$$

在等式 $(p\chi')' = q\chi$ 两端同乘以 $\chi\Phi^{-1}$, 得

$$(p\chi')'\chi\Phi^{-1} = q\chi^2\Phi^{-1} \geqslant -\chi^2,$$

再在 $[c,t]$ 上积分, 得

$$\int_c^t (p\chi')'\chi\Phi^{-1}\mathrm{d}\tau \geqslant -\int_c^t \chi^2(\tau)\mathrm{d}\tau,$$

对不等式左端施行分部积分, 可得

$$(p\chi')\chi\Phi^{-1} - [(p\chi')\chi\Phi^{-1}](c) - \int_c^t p\cdot(\chi')^2\Phi^{-1}\mathrm{d}\tau + \int_c^t p\chi'\chi\Phi'\Phi^{-2}\mathrm{d}\tau$$
$$\geqslant -\int_c^t \chi^2(\tau)\mathrm{d}\tau\ ,$$

利用 $\chi \in L^2(c,\infty)$ 的假设, 则得

$$-(p\chi')\chi\Phi^{-1} + \int_c^t p(\chi')^2\Phi^{-1}\mathrm{d}\tau - \int_c^t p\chi'\chi\Phi'\Phi^{-2}\mathrm{d}\tau < k_1,$$

其中 k_1 为常数. 令

$$H(t) = \int_c^t p(\chi')^2\Phi^{-1}\mathrm{d}\tau.$$

利用假设条件 (3) 及 Schwarz 不等式, 得

$$\left|\int_c^t p\chi'\chi\Phi'\Phi^{-2}\mathrm{d}\tau\right|^2 \leqslant k^2\left|\int_c^t p^{\frac{1}{2}}|\chi'\chi|\Phi^{-\frac{1}{2}}\mathrm{d}\tau\right|^2 \leqslant k^2H(t)\int_c^t \chi^2\mathrm{d}\tau.$$

因为 $\chi \in L^2(c,\infty)$, 所以由上面的不等式可推出

$$\left|\int_c^t p\chi'\chi\Phi'\Phi^{-2}\mathrm{d}\tau\right| < k_2H^{\frac{1}{2}}(t) \quad (k_2\text{为常数}),$$

从而得

$$-p\chi\chi'\Phi^{-1} + H - k_2H^{\frac{1}{2}}(t) < k_1.$$

由此即可说明 $H(\infty)<\infty$. 因若不然, 当 $t\to\infty$, $H\to\infty$ 时, 则 $H-k_2H^{\frac{1}{2}}\to\infty$, 进而推出 $p\chi'\chi\Phi^{-1}\to\infty$. 这说明当 t 充分大时, χ 与 χ' 同号, 但因 $\chi\in L^2(c,\infty)$, 故这是不可能的. 于是必须 $H(\infty)<\infty$, 即式 (6.1.2) 成立. 根据式 (6.1.2), 即可证明 $l(y)$ 必属点型. 因若不然, $l(y)$ 属圆型, 取 $l(y)=0$ 的两个解 φ, ψ, 满足条件 $[\varphi\psi](0)=1$, 于是

$$[\varphi\psi](x)=p(\varphi\psi'-\varphi'\psi')=1,$$

在等式两端同乘 $(p\Phi)^{-\frac{1}{2}}$, 得

$$\varphi p^{\frac{1}{2}}\psi'\Phi^{-\frac{1}{2}}-\psi p^{\frac{1}{2}}\varphi'\Phi^{-\frac{1}{2}}=(p\Phi)^{-\frac{1}{2}}.$$

由于 $l(y)$ 属圆型, 故 φ, $\psi\in L^2(c,\infty)$, 再根据不等式 (6.1.2), 即知上式左端属于 $L(c,\infty)$. 但根据定理的假设 (2), 有

$$\int_c^{\infty}(p\Phi)^{-\frac{1}{2}}\mathrm{d}\tau=\infty,$$

故右端不属于 $L(c,\infty)$, 这导致矛盾. 这说明了 $l(y)$ 属于点型. 证毕.

在上述定理中, 若假定 $p=1$, $\Phi=kt^2$, 则条件 (2), (3) 满足, 就可导出定理 6.1.4. 若选择其他不同的 p, Φ, 使它们满足限制条件 (2), (3), 则可得到其他各种具体的极限点判别准则.

下面的定理把 Levinson 准则中的条件 (3) 转换成一个更简单的条件.

定理 6.1.6 (D. B. Sears) 若存在一个正的单调函数 $\Phi(t)$, 满足

$$-q(t)\leqslant\Phi(t)$$

及

$$\int_a^{\infty}(p\Phi)^{-\frac{1}{2}}\mathrm{d}t=\infty,$$

则 $l(y)$ 属于极限点型.

以上所列举的各判别准则均着眼于考虑当 $t\to\infty$ 时, $q(t)$ 趋于 $-\infty$ 的界, 而并未考虑 $q(t)$ 有振荡的情况. 二十世纪七十年代, Read 得到了一个具有更高概括性的准则.

定理 6.1.7 (T. T. Read) 假若存在一个非负局部绝对连续函数 $w(t)$ 和 $q(t)$ 的一个分解式 $q=q_1+q_2$, 满足:

(1) $(1+\delta)pw'^2-q_1w^2\leqslant K(\delta>0,\ K>0)$;

(2) $wp^{-\frac{1}{2}}|Q|\leqslant K,\ Q'=q_2$;

(3) $\displaystyle\int_0^{\infty}wp^{-\frac{1}{2}}\mathrm{d}t=\infty$,

则 $l(y)$ 属极限点型.

证明见文献 [9]Chap. III, Th.2.5.

在上述准则中, q_2 可视为 q_1 的摄动. q_1 若取负值, 则条件 (1) 中每一项均有界, 因此 q_1 若满足类似于 Levinson 准则的条件. 条件 (2) 则是对摄动 q_2 的限制, 由条件可看出, q_2 可以允许为一振荡函数, 但是其振荡的 "积分总和" 需受到一定限制. Read 的准则包括了前面 Hartman, Levinson 及 Sears 的准则作为其特例.

例 6.1.1　$l(y)=-y''-(t^2+t\mathrm{e}^t\cos(\mathrm{e}^t))y,\ t\geqslant 1.$

令 $q_1=-t^2,\ q_2=-t\mathrm{e}^t\cos(\mathrm{e}^t),\ w=t^{-1}$. 可见 q_2 是振荡的, 其振幅的数量级远超过 t^2. 然而可以验证, 本例满足定理 6.1.7 的所有条件, 因此是属于极限点型的. 请读者自行验证定理的条件.

例 6.1.2　$l(y)=-y''-(t^3\sin^4 t)y.$

这时 $q(t)=-t^3\sin^4 t$, 它仅在以 $n\pi$ 为中心且长度趋于 0 的区间序列上满足定理 6.1.4 的条件, 而在正实轴的所有其他部分, 都满足 $-q(t)\geqslant kt^2$, 这里 k 为任何固定的正常数. 然而在上述长度趋于 0 的区间序列上 $q(t)$ 的性态足以保证 $l(y)$ 属于极限点型. 为证明这一点, 令 $q_1=q,\ q_2=0$,

$$I_n=\left[n\pi-n^{-\frac{1}{2}},\ n\pi+n^{-\frac{1}{2}}\right]\quad(n=1,2,\cdots),$$

并令

$$w(t)=\begin{cases}t-n\pi+n^{-\frac{1}{2}}, & n\pi-n^{-\frac{1}{2}}\leqslant t\leqslant n\pi,\\ w(2n\pi-t), & n\pi\leqslant t\leqslant n\pi+n^{-\frac{1}{2}},\\ 0, & 在I_n之外.\end{cases}$$

于是在每一 I_n 上, 有

$$\int_{I_n}w\mathrm{d}t=\frac{1}{n},\quad |w'(t)|\leqslant 1,\quad w(t)\leqslant n^{-\frac{1}{2}},\quad -q(t)\leqslant n.$$

因此即可验证定理 6.1.7 的所有条件均满足, 从而知所列举的 $l(y)$ 属于极限点型.

上述例子表明了, 仅需 $q(t)$ 的某些取负值部分即足以保证 $l(y)$ 的点型属性. 下面定理把这个想法更加明确化. 令

$$q^-(t)=\frac{1}{2}(|q|-q),\quad q^+(t)=\frac{1}{2}(|q|+q),$$

则有下面的定理.

定理 6.1.8 (Hartman 和 Wintner)　若

$$p(t) = 1, \quad \int_a^t q^-(\tau)\mathrm{d}\tau < kt^3 \quad (k > 0\text{常数}),$$

则 $l(y)$属点型.

本定理也可以视为是定理 6.1.7 的特例, 其证明可见文献 [9] Chap. Ⅲ.

上述定理告诉我们, 仅需 $q(t)$ 的负部的积分总和不超过三次函数, 即足以保证 $l(y)$ 属于极限点型, 而对 $q(t)$ 的正部 q^+, 并不需作任何限制. 为了进一步探究在怎样的局部范围内 $q(t)$ 的性态足以决定 $l(y)$ 的点型属性, 近二十年来发展了一种"区间型准则", 即根据 $p(t)$, $q(t)$ 在某个趋于无穷的区间列上的性质来决定 $l(y)$ 的点型属性. 第一个这种类型的准则, 由苏联的P.C.Исмагилов 给出 [12].

定理 6.1.9 (P. C. Исмагилов) 设 $\{I_k\}(k=1,2,\cdots)$ 是一串两两不相交且端点趋于无穷的区间列, I_k 的长度为 h_k. 若存在正实数列 $\{q_k\}$, 满足

$$\sum_{k=1}^{\infty} \sqrt{q_k} h_k^3 = \infty,$$

$$q(t) \geqslant q_k \qquad (t \in I_k),$$

则 $l(y) = -y'' + q(t)y$ 属于极限点型.

证明见文献 [12].

在二十世纪七十年代, 上述区间型准则被推广到了更一般的情况.

定理 6.1.10 (I. Knowles) 如果存在两两互不相交且端点趋于无穷的区间列 $\{I_k\}$ 及正实数列 $\{p_k\}$, $\{q_k\}$ $(k=1,2,\cdots)$, 满足

$$\sum_{k=1}^{\infty} p_k^{\frac{3}{2}} q_k^{\frac{1}{2}} \left(\int_{I_k} \frac{\mathrm{d}t}{p(t)} \right)^3 = \infty,$$

$$p(t) \geqslant p_k, \quad q(t) \geqslant q_k \quad (t \in I_k),$$

则 $l(y)$ 属于极限点型.

证明见文献 [13].

近十余年来, 利用区间型准则来判别微分算子的点、圆型的工作有了很大的发展, 出现了许多重要的工作, 并且这一类型的准则已进一步推广到用于高阶微分算子极限点型的判别上.

下面再来介绍用另一种观点来限制 $q(t)$, 从而达到点型判别的方法.

定理 6.1.11 (C. R. Putnam) 若 $q(t) \in L^2[0,\infty)$, 则 $l(y)$ 属于极限点型.

证明 若 $y(t)$ 为 $l(y)=0$ 的非零解, 且 $y(t) \in L^2[0,\infty)$, 则 $y(t)q(t) \in L[0,\infty)$. 由

$$-(p(t)y'(t))' + q(t)y(t) = 0,$$

可得

$$p(t)y'(t) = p(0)y'(0) + \int_0^t q(\tau)y(\tau)\mathrm{d}\tau,$$

因此知 $\lim\limits_{t\to\infty} p(t)y'(t)$ 存在. 今取 $l(y) = 0$ 的两个解 $\varphi(t)$ 与 $\psi(t)$, 满足初值

$$[\varphi\psi](0) = p(0)[\varphi(0)\psi'(0) - \varphi'(0)\psi(0)] = 1,$$

根据契合式的性质知, 对一切 t, 有

$$p(t)[\varphi(t)\psi'(t) - \varphi'(t)\psi(t)] = 1.$$

假若 $\varphi(t)$ 与 $\psi(t)$ 均属于 $L^2[0,\infty)$, 则根据上面的讨论,

$$\lim_{t\to\infty} p(t)\varphi'(t), \quad \lim_{t\to\infty} p(t)\psi'(t)$$

均存在, 于是可有常数 $M > 0$, 使在 $[0,\infty)$ 上, 有

$$|p(t)\varphi'(t)| < M, \qquad |p(t)\psi'(t)| < M,$$

从而得

$$1 \leqslant |p\psi'|\,|\varphi| + |p\varphi'|\,|\psi| \leqslant M(|\varphi| + |\psi|),$$

但 $|\varphi| + |\psi| \in L^2[0,\infty)$, 故上述不等式是不可能的. 于是知 φ 与 ψ 不可能都属于 $L^2[0,\infty)$, 因此 $l(y)$ 属于极限点型.

推论 6.1.1　若 $q(t) \in L^r[0,\infty)(r \geqslant 2)$, 则 $l(y)$ 属于极限点型.

证明　令 $q(t) = q_1(t) + q_2(t)$, 其中

$$q_1(t) = \begin{cases} q(t), & |q(t)| \leqslant 1, \\ 1, & q(t) > 1, \\ -1, & q(t) < -1. \end{cases}$$

于是 $q_1(t)$ 有界, $q_2(t) = q - q_1 \in L^2[0,\infty)$, 根据定理 6.1.2, 即 $l(y)$ 属于极限点型.

定理 6.1.12 (I. Brinck)　若存在连续二阶可微的正函数 $w(t)$ 及正常数 k, 满足

(1) w, w', w'' 在 $[0,\infty)$ 上连续有界, 且

$$\int_0^\infty w(t)\mathrm{d}t = \infty;$$

(2) 在任何长度不超过 1 的区间 J, 都有

$$-\int_J w(t)q(t)\mathrm{d}t < k,$$

则 $l(y) = -y'' + q(t)y$ 属极限点型.

证明见文献 [14].

6.2 极限圆型的微分算式

对二阶微分算式极限圆型的判定, 相对来说, 工作要少得多. 本节要介绍几个比较基本的结果.

定理 6.2.1 (S. G. Halvorsen) 令

$$l_j(y) = -(p(t)y')' + q_j(t)y \quad (j = 1, 2)$$

为 $[0,\infty)$ 上的对称微分算式, 其中 $p(t) > 0$, $p(t)$, $q_1(t)$, $q_2(t)$ 局部可积. 假若对于 $l_1(y) = 0$ 的任何解 $y(t)$, 有

$$|q_1(t) - q_2(t)|y^2(t) \in L[0,\infty),$$

则 $l_1(y)$ 属于极限圆型的充要条件为 $l_2(y)$ 属于极限圆型.

证明 令 $u(t)$ 与 $v(t)$ 为 $l_1(y) = 0$ 的两解, 满足 $[uv](0) = 1$. 再令 $r^2(t) = u^2(t) + v^2(t)$. 若 $z(t)$ 为 $l_2(y) = 0$ 的任一解, 则可有等式 $l_1(z) = (q_1 - q_2)z$, 于是根据常数变异公式, 可得

$$z(t) = bu(t) + cv(t) + \int_0^t [u(t)v(s) - u(s)v(t)][q_1(s) - q_2(s)]z(s)\mathrm{d}s,$$

其中 b, c 为常数. 由此可得

$$|z(t)| \leqslant (|b| + |c|)r(t) + r(t)\int_0^t r(s)|q_1(s) - q_2(s)|\,|z(s)|\mathrm{d}s.$$

若令 $w(t) = \dfrac{z(t)}{r(t)}$, 则得

$$|w(t)| \leqslant (|b| + |c|) + \int_0^t r^2(s)|q_1(s) - q_2(s)|\,|w(s)|\mathrm{d}s,$$

应用 Gronwall 不等式①, 得

$$|w(t)| \leqslant (|b|+|c|)\exp\int_0^t r^2(\tau)|q_1(\tau)-q_2(\tau)|\mathrm{d}\tau.$$

根据假设 $r^2|q_1-q_2|\in L[0,\infty)$, 故知上式右端为一个有界量, 令它的上界为 k, 则推出

$$|z(t)| \leqslant kr(t).$$

于是若 $l_1(y)$ 属于极限圆型, 则 $r(t)\in L^2[0,\infty)$, 由以上不等式即推知 $z(t)\in L^2[0,\infty)$. 又因 $z(t)$ 是 $l_2(y)=0$ 的任意解, 故推知 $l_2(y)$ 属于极限圆型.

另一方面, 由上面的不等式, 可得

$$|q_1-q_2|z^2\leqslant k^2|q_1-q_2|r^2.$$

故在 $|q_1-q_2|r^2\in L[0,\infty)$ 的条件下, 同时可推出

$$|q_1-q_2|z^2\in L[0,\infty),$$

于是可将上半部分推导中的 $l_1(y)$ 与 $l_2(y)$ 的地位互换, 即同时可推出若 $l_2(y)=0$ 的一切解属于 $L^2[0,\infty)$, 则 $l_1(y)=0$ 的一切解亦然. 这也就是说, 若 $l_2(y)$ 属于圆型, 则 $l_1(y)$ 亦然. 证毕.

定理 6.2.2 (I. Knowles) 若存在正函数 $f\in C^2[0,\infty)$, 满足

$$[l(f)+(pf^3)^{-1}]f\in L[0,\infty),$$

则 $l(y)$ 属于极限圆型的充要条件为 $f\in L^2[0,\infty)$.

证明 令

$$\begin{aligned}l_1(y)&=-(py')'+[(pf')'f^{-1}-(pf^4)^{-1}]y,\\ l_2(y)&=l(y)=-(py')'+qy,\end{aligned}$$

则易于验证 $l_1(y)=0$ 的通解为

$$y(t)=f(t)\sin\left(c+\int_a^t(p(\tau)f^2(\tau))^{-1}\mathrm{d}\tau\right),$$

① Gronwall 不等式: f, g 为 $[a,b]$ 上非负的实分段连续函数, 满足

$$f(t)\leqslant c+\int_a^t f(\tau)g(\tau)\mathrm{d}\tau,$$

则

$$f(t)\leqslant c\exp\left[\int_a^t g(\tau)\mathrm{d}\tau\right],\ t\geqslant a.$$

并且有

$$|q_1-q_2|y^2 \leqslant f|qf-(pf')'+(pf^3)^{-1}| = f|l(f)+(pf^3)^{-1}| \in L[0,\infty),$$

于是由定理 6.2.1 知, $l_2(y)=l(y)$ 属于极限圆型的充要条件为 $l_1(y)$ 属于极限圆型. 然而根据上面给出的 $l_1(y)=0$ 的通解表达式, 可以看出解 $y\in L^2[0,\infty)$ 的充要条件为 $f\in L^2[0,\infty)$. 证毕.

例 6.2.1 $l(y)=-(t^\alpha y')'-t^\beta y\ (t\geqslant 1)$.

令 $f(t)=t^{-(\alpha+\beta)/4}$, 则

$$f[l(f)+(pf^3)^{-1}]=kt^{-2+\frac{\alpha-\beta}{2}}\quad (k\text{为常数}).$$

当 $\alpha-\beta<2$ 时, 上式属于 $L(1,\infty)$, 定理 6.2.2 的条件满足. 于是对于如上的 α 与 β, $l(y)$ 属于极限圆型的充要条件为 $\beta>2-\alpha$. 特别地, 对于 $t^\alpha=1$ 即 $l(y)=-y''-t^\beta y$ 的情形来讲, 当且仅当 $\beta>2$ 时, $l(y)$ 属于极限圆型.

我们可用定理 6.1.7 来判断 $l(y)$ 的极限点型条件. 令

$$w(t)=t^{\frac{\alpha}{2}}-1,\quad q_1=-t^\beta,\quad q_2=0.$$

不难验证当 $\alpha\leqslant 2$, $\beta\leqslant 2-\alpha$ 时, 定理 6.1.7 的条件满足, 因而 $l(y)$ 属极限点型.

定理 6.2.2 有一个重要的特例如下.

定理 6.2.3 (J. S. W. Wong) 设 $q(t)<0$, $q(t)\in C^2[0,\infty)$, $f=(-pq)^{-\frac{1}{4}}$. 若 $f(pf')'\in L[0,\infty)$, 则 $l(y)$ 属于极限圆型的充要条件为 $f\in L^2[0,\infty)$.

证明 对于 $f=(-pq)^{-\frac{1}{4}}$, 直接验证

$$f[l(f)+(pf^3)^{-1}]=-f(pf')',$$

然后应用定理 6.2.2, 即得本定理的结论. 证毕.

若将上面定理中的条件 $f(pf')'\in L[0,\infty)$ 直接用系数 p, q 表示, 则得以下定理.

定理 6.2.4① 设在 $[0,\infty)$ 上 $p(t)>0$, $q(t)<0$. 令

$$D(p,q)=(-pq)^{-\frac{5}{2}}\left[p(pq)(pq)''+p'(pq)'(pq)-\frac{5}{4}p(pq)'^2\right].$$

若 $D(p,q)\in L(0,\infty)$, 则 $l(y)$ 属于极限圆型的充要条件为

$$\int_0^\infty (-pq)^{-\frac{1}{2}}\mathrm{d}t<\infty.$$

① 本定理所叙述的准则最早见于 Dunford-Schwarz 的书[7](第 1409 页) 上. 1972 年 W. N. Everitt 在 Quart. J. Math. Oxford[32] 上发表了与本定理实质上相同的一个判别准则. J. S. W. Wong 的结果发表于 1973 年的 Quart. J. Math. Oxford[33] 上.

证明只需将定理 6.2.3 中的函数 $f(pf')'$ 中的 f 用 $(-pq)^{-\frac{1}{4}}$ 代入即得函数 $D(p,q)$(相差一常数因子).

推论 6.2.1　设 $q(t)<0$, 且

$$\left[q''(-q)^{-\frac{3}{2}}+\frac{5}{4}q'^2(-q)^{-\frac{5}{2}}\right]\in L(0,\infty),$$

则 $l(y)=-y''+q(t)y$ 属于极限圆型的充要条件为

$$\int_0^\infty(-q)^{-\frac{1}{2}}\mathrm{d}t<\infty.$$

定理 6.2.5 (E. C. Titchmarsh)　设在 $[0,\infty)$ 上, $q(t)$ 满足:

(1) $q(t)<0,\ q'(t)<0,\ q(\infty)=-\infty$;

(2) $q'(t)=O(|q(t)|^c),\ \ 0<c<\dfrac{3}{2}$;

(3) 当 t 充分大时, $q''(t)$ 保持符号不变, 则 $l(y)$ 属于极限圆型的充分必要条件为

$$\int_0^\infty|q(t)|^{-\frac{1}{2}}\mathrm{d}t<\infty.$$

证明参阅文献 [4] 第五章.

对于二阶对称微分算式点、圆型判别的研究, 虽已历经了数十年的历史, 并且得到了在各种各样具体条件下的数量浩繁的判别准则, 然而距离对问题的完全认识, 尚差之甚远. 问题的复杂性可由下述的定理看出来.

定理 6.2.6 (M. S. P. Eastham 和 M. L. Thompson)　任给 $\varepsilon>0$, 存在 $q_1(t)$, $q_2(t)\in C^\infty[0,\infty)$, 其中 $q_1(t)$ 单调, $q_1(t)$ 与 $q_2(t)$ 仅在一个测度小于 ε 的开集上不相等, 使得微分算式

$$l_1(y)=-y''+q_1(t)y$$

属于极限点型; 但

$$l_2(y)=-y''+q_2(t)y$$

属于极限圆型.

证明见文献 [15].

由此看来, 为得到点、圆型鉴别的充分必要条件, 也许尚要走一段漫长的道路.

6.3　亏指数的值域问题

本节转向讨论 n 阶对称微分算式的亏指数的若干一般问题. 由第 5 章的讨论知: $[0,\infty)$ 上二阶实系数的对称微分算式的亏指数仅有 (1, 1) 与 (2, 2) 两种取值的

可能 (下面指出, 在复系数的情况下, 也是如此). 对于阶数大于 2 的对称微分算式, 其亏指数可能取什么样的值, 问题就比较复杂了. 下面先讨论实系数的情形.

定理 6.3.1 对于 $[0,\infty)$ 上实系数的 n 阶 $(n=2r\geqslant 2)$ 对称微分算式 $l(y)$, 其亏指数 (m,m) 满足

$$r\leqslant m\leqslant n.$$

证明 根据定理 5.1.3 知, 实系数的对称微分算式的亏指数必等值, 且 $m\leqslant n$. 因此下面仅需证明 $r\leqslant m$. 设 $\varphi_1,\varphi_2,\cdots,\varphi_m$ 是方程 $l(y)=\lambda y(\mathscr{I}\lambda\neq 0)$ 的一组属于 $L^2[0,\infty)$ 的线性独立解, $\varphi_{m+1},\varphi_{m+2},\cdots,\varphi_{2m}$ 是方程 $l(y)=\bar{\lambda}y$ 的一组属于 $L^2[0,\infty)$ 的线性独立解. 由 $\mathscr{L}_0^*=\mathscr{L}_M$(定理 5.1.1) 及引理 4.2.1 知, 上述线性独立的函数组分别是 $\mathscr{L}_0$ 的亏空间 $M_{\bar{\lambda}}$ 及 M_λ 的基. 再根据定理 4.2.1 知

$$\mathscr{D}_M=\mathscr{D}_0+M_{\bar{\lambda}}+M_\lambda,$$

从而知任一 $y\in\mathscr{D}_M$ 可唯一地表为

$$y=y_0+\sum_{j=1}^{2m}c_j\varphi_j,$$

其中 $y_0\in\mathscr{D}_0$, c_j 常数. 现选取 $\mathscr{D}_M$ 中的 $2r$ 个函数 $\psi_1,\psi_2,\cdots,\psi_{2r}$, 使满足

$$\det(\psi_j^{(k-1)}(0))\neq 0\quad (j,k=1,2,\cdots,2r),$$

根据引理 2.5.2 知, 以上的选取总是可能的, 比如所选 ψ_j 满足

$$\psi_j^{(k-1)}(0)=\delta_{jk},\ \ \psi_j^{(k-1)}(1)=0,\ \ \psi_j(t)=0\quad (t\geqslant 1).$$

于是对于每一 ψ_j, 可有表达式

$$\psi_j=y_{j0}+\sum_{k=1}^{2m}\alpha_{jk}\varphi_k\quad (j=1,2,\cdots,2r),$$

其中 $y_{j0}\in\mathscr{D}_0$. 我们证明, 系数矩阵 (α_{jk}) 的秩不能小于 $2r$. 因若不然, 即存在不全为零的常数 $c_1,c_2,\cdots,c_{2r}$, 使得

$$\sum_{j=1}^{2r}c_j\alpha_{jk}=0\quad (k=1,2,\cdots,2m),$$

从而知非平凡的线性组合

$$\psi=c_1\psi_1+c_2\psi_2+\cdots+c_{2r}\psi_{2r}=\sum_{j=1}^{2r}c_jy_{j0}\in\mathscr{D}_0.$$

据定理 5.1.2′ 对 $\mathscr{D}_0$ 的描述, 即得

$$\psi^{(k-1)}(0)=\sum_{j=1}^{2r}c_j\psi_j^{(k-1)}(0)=0\quad(k=1,2,\cdots,2r).$$

这与

$$\det(\psi_j^{(k-1)}(0))\neq 0$$

矛盾. 这就说明必须 $\mathrm{Rank}(\alpha_{jk})\geqslant 2r$, 从而知 $2m\geqslant 2r$ 即 $m\geqslant r$. 证毕.

本定理是定理 5.2.2′ 的一种推广, 但注意所用的方法是完全不同的, 这里并没有用 Weyl 的极限圆, 但对 $n=2$ 可得到同样的结论.

定理 6.3.1 给出了实系数对称微分算式亏指数的取值范围, 但仍然存在一个问题, 即凡满足不等式 $r\leqslant m\leqslant n$ 的亏指数 (m,m) 是否一定可以实现呢? 即对于任意的满足上述不等式的正整数 m, 是否存在 n 阶的实对称微分算式, 使得它的亏指数即为所给的 (m,m)? 继 Weyl 在二阶算子上的工作之后, 1921 年 W. Windau 证明了四阶的实对称微分算式的亏指数只能是 (2, 2) 及 (4, 4), 1938 年苏联的 Д. Шин 进一步证明 $2r$ 阶的实对称微分算式的亏指数只能是 (r,r) 和 $(2r,2r)$, 即亏指数只能达到其最大值和最小值. 但是他们的证明被发现都是错误的. 1950 年苏联的И.М.Глазман 给出了例子, 证明了下述定理.

定理 6.3.2 (И.М.Глазман)　对于任何满足不等式

$$1\leqslant r\leqslant m\leqslant 2r$$

的正整数 m, 都存在 $2r$ 阶的实对称微分算式, 它的亏指数即为 (m,m).

证明可参阅文献 [16].

Глазман的工作, 一举解决了实对称奇型微分算式亏指数的值域问题. 于是对这类算子而言, 问题就是探求对于实现各种亏指数算式的系数所须满足的必要和充分的条件了.

实对称的微分算式的亏指数的值域问题解决之后, 复系数的对称微分算式亏指数的值域又是什么情况呢? 这一问题, 迄今尚未得到完全的解决. 也许是由于方法上的困难, 一直到了二十世纪五十年代末期, 才开始出现 W. N. Everitt 突破性的工作 [17].

定理 6.3.3 (W. N. Everitt)　设 $l(y)$ 为 $[0,\infty)$ 上 n 阶复系数对称微分算式, (m^-,m^+) 为它的亏指数, 则

(1) 在 $n=2r\geqslant 2$ 的情形, 有

$$r\leqslant m^-\leqslant n,\quad r\leqslant m^+\leqslant n;$$

(2) 在 $n=2r-1\geqslant 1$ 的情形, 或

$$r\leqslant m^-\leqslant n,\quad r-1\leqslant m^+\leqslant n$$

或

$$r-1\leqslant m^-\leqslant n,\quad r\leqslant m^+\leqslant n.$$

上述的估计是最佳的.

Everitt 的工作, 开创了高阶复系数的奇型微分算子的研究. 在微分算子的领域内, 开辟了一个广阔而内容丰富的新阵地. 他的证明, 摆脱了传统的 Weyl 圆套方法, 而独辟蹊径, 采取一种独特的用微分方程解的 Gram 矩阵序列的方法. 事实证明, 它比几何圆套方法更深刻、更具普遍性, 是一种处理一般高阶微分算子问题的有效方法. 我们将在 6.4 节中给出 Everitt 定理的证明.

Everitt 定理虽然给出了高阶复系数微分算子亏指数取值的上、下界, 但并未解决在这个上、下界范围内的亏指数能否实现的问题. 比如: 在复系数的情况下, 偶阶的算子能否取不等值的亏指数? 在上、下界的范围内, 是否存在不能实现的亏指数? 亏指数的取值是否尚存在着其他约束条件? 等等, 这些都是远非了然的.

1965 年, J. B. Mcleod 举出了一个四阶复对称微分算式的例子 [18]:

$$\begin{aligned}l(y)=&\mathrm{e}^{-5pt}(D-p)(D-2p)(D-3p)(D-4p)y\\&+\mathrm{i}(D^3-7p^2D)y\quad\left(D=\frac{\mathrm{d}}{\mathrm{d}t}\quad p>0\right),\end{aligned}$$

并证明了上述复对称算式的亏指数为 (3, 2), 从而给出了偶阶算子具有不等值的亏指数的例子. 这个例子说明了在复系数的情况下, 微分算子亏指数的取值情况要比实系数的情况复杂得多.

亏指数是否尚存在其他的约束条件? 在 Everitt 工作之后, 人们通过不同的途径 (如文献 [19]) 发现了最大亏指数值必须同时达到这一重要事实.

定理 6.3.4 令(m^-,m^+) 为 $[0,\infty)$ 上 n 阶复系数对称微分算式的亏指数, 则 $m^-=n$ 的充要条件为 $m^+=n$.

推论 6.3.1 二阶复系数对称微分算式的亏指数仅可能取值 (1, 1), (2, 2).

综上所述, 我们得到了 n 阶复系数对称微分算式亏指数 (m^-,m^+) 应当满足的约束条件:

(1) 当 $n=2r\geqslant 2$ 时, $r\leqslant m^-$, $m^+\leqslant n$;

(2) 当 $n=2r-1\geqslant 1$ 时, 或 $r-1\leqslant m^+\leqslant n$, $r\leqslant m^-\leqslant n$, 或 $r\leqslant m^+\leqslant n$, $r-1\leqslant m^-\leqslant n$;

(3) $m^-=n$ 与 $m^+=n$ 必须同时实现.

现在产生一个问题: 条件 (1), (2), (3) 是不是 n 阶对称微分算式亏指数的充分必要条件呢? 二十世纪七十年代初, V. I. Kogan 和 F. S. Rofe-Beketov 得到了如下结果.

定理 6.3.5 (Kogan 和 Rofe-Beketov) 满足条件 (1), (2), (3) 以及条件

$$|m^+ - m^-| \leqslant 1$$

的亏指数 (m^-, m^+) 都可以实现.

证明见文献 [20].

上述的定理引起了人们的一种猜测, 即条件

$$|m^+ - m^-| \leqslant 1$$

是否为亏指数所必须满足的一个必要条件? 1977 年 R. C. Gilbert 构造了一个七阶的对称微分算子 [21], 证明了它的亏指数是 (3, 5), 从而给出了 $|m^+ - m^-| = 2$ 的例子, 这就否定了上述的猜想. 1977 年在瑞士 Uppsala 举行的国际微分方程会议上, Gilbert 进一步宣布了这样的结果: 对于任何自然数 $p \geqslant 2$, 可以构造出 $n = 4p - 1$ 阶的对称微分算式, 使得它的亏指数满足 $|m^+ - m^-| = p$. 这个结果冲破了亏指数之间的绝对差值的任何限制. 但是这个差值是否必须在 $4p - 1$ 阶的算子中才能实现? 比如说, 在 5 阶算子里, 能否实现 (2, 4) 或 (4, 2)? 在 6 阶算子里, 能否实现 (3, 5) 及 (5, 3)? 都是不清楚的. 总而言之, 关于高阶复对称微分算式的亏指数取值问题, 尚有相当多的问题需要人们去作进一步的探索.

现在来考虑定义于 $(-\infty, \infty)$ 上 (它代表了一切两端奇异的定义区间) 的微分算子的亏指数问题. 在 $n = 2$ 的情形下, 由 Kodaira 定理 (命题 5.10.4) 可知, 在 $(-\infty, \infty)$ 上对称微分算式的亏指数完全可由 $(-\infty, 0]$ 及 $[0, \infty)$ 上的同一微分算式的亏指数所决定. 因此两端奇异的对称微分算子的亏指数问题完全可以化成一端奇异 (即 $[0, \infty)$ 上) 的对称微分算子的亏指数问题. 现在将上述事实推广到一般 n 阶的微分算子上去.

令 (N^-, N^+) 是 $(-\infty, \infty)$ 上 n 阶对称微分算式 $l(y)$(允许复系数) 的亏指数, (n_1^-, n_1^+) 及 (n_2^-, n_2^+) 是 $l(y)$ 分别在 $(-\infty, 0]$ 及 $[0, \infty)$ 上的亏指数, 则有如下定理.

定理 6.3.6 (Kodaira 公式)

$$N^- = n_1^- + n_2^- - n,$$

$$N^+ = n_1^+ + n_2^+ - n.$$

定理的证明见 6.4 节.

6.4 Everitt 定理及 Kodaira 公式的证明

设

$$l(y) = p_0(t)y^{(n)} + p_1(t)y^{(n-1)} + \cdots + p_n(t)y$$

为 $[0,\infty)$ 上的复系数对称微分算式. 沿用 2.3 节所引入的记号, 令 $Q(t)$ 表示 $l(y)$ 的契合矩阵. 下面讨论恒以 $(\alpha_{rs})^{\mathrm{T}}$ 表示以 $\alpha_{rs}(r,s=1,2,\cdots,n)$ 为第 r 行 s 列元素的矩阵的转置; $(\alpha_{rs})^*$ 则表示矩阵的共轭转置.

引理 6.4.1 设 $\varphi_1, \varphi_2, \cdots, \varphi_n$ 是 $[0,\infty)$ 上的 $n-1$ 次连续可微的函数, $\varPhi(t)$ 表示它们的 Wronski 矩阵,

$$W(\varphi_1,\cdots,\varphi_n) = \det\varPhi(t),$$

则

$$([\varphi_r\varphi_s](t))^{\mathrm{T}} = \varPhi^*(t)Q(t)\varPhi(t),$$

$$\det([\varphi_r\varphi_s](t)) = p_0^n(t)|W(\varphi_1,\cdots,\varphi_n)|^2.$$

证明仅需将公式 (2.3.6) 写成矩阵形式及利用 $Q(t)$ 的表示式 (2.3.7) 即得.

引理 6.4.2 当 $n=2\nu(\nu\geqslant 1)$ 时, Hermite 矩阵 $-\mathrm{i}Q(t)$ 的符号差数等于 0; 当 $n=2\nu-1$ 时, $-\mathrm{i}Q(t)$ 的符号差数等于 1 或 -1.

证明 参照 L. Mirsky 所著*An Introduction to Linear Algebra*(Oxford 1955, 第 393 页) 上的如下命题: 若非奇 Hermite 型 $f(x_1,x_2,\cdots,x_n)$ 当

$$x_{k+1} = x_{k+2} = \cdots = x_n = 0 \quad (2k\leqslant n)$$

时, 恒等于 0, 则 f 的符号差 β 满足不等式 $|\beta|\leqslant n-2k$ (读者可作为练习, 自行证明上述命题), 今考虑 Hermite 矩阵 $-\mathrm{i}Q(t)$, 将上述命题应用于以 $-\mathrm{i}Q(t)$ 为系数矩阵的 Hermite 型, 则根据公式 (2.3.6) 与 (2.3.7), 即知在 $n=2\nu$ 的情况下, $k=\nu$, 因而得 $\beta=0$. 而当 $n=2\nu-1$ 时, 可有 $k=\nu-1$, 于是推出 $|\beta|\leqslant 1$. 但根据式 (2.3.7),

$$\det[-\mathrm{i}Q(t)] = (-\mathrm{i})^n p_0(t)^n \neq 0,$$

这说明 $-\mathrm{i}Q(t)$ 不存在 0 特征根, 于是 $|\beta|=1$. 再据 $l(y)$ 为对称的假设知, $p_0(t)=\mathrm{i}q_0(t)$, 其中 q_0 取实值 (2.3 节), 令 $\delta=\operatorname{sgn}[(-\mathrm{i})^n p_0(t)]$, 则由

$$\det[-\mathrm{i}Q] = (-\mathrm{i})^n p_0^n = [(-\mathrm{i})^n p_0](-1)^{\nu-1}q_0^{2(\nu-1)},$$

可知当 $\delta=1$ 时, $-\mathrm{i}Q$ 有 $\nu-1$ 个负特征根; 当 $\delta=-1$ 时, $-\mathrm{i}Q$ 有 $\nu-1$ 个正特征根, 前一情形 $\beta=1$; 后一情形 $\beta=-1$. 证毕.

引理 6.4.3　若 $\{\varphi_s(t,\lambda)\}$ $(1 \leqslant s \leqslant n)$ 是 $l(y)=\lambda y$ 的一组线性独立解, 则矩阵 $-\mathrm{i}([\varphi_r\varphi_s](t,\lambda))$ 与 $-\mathrm{i}Q(t)$ 的符号差相等.

证明　因为等价的 Hermite 矩阵的符号差相等, 根据引理 6.4.1 知, $-\mathrm{i}([\varphi_r\varphi_s](t,\lambda)$ 与 $-\mathrm{i}Q(t)$ 等价, 所以它们有相同的符号差. 证毕.

引理 6.4.4　设 J 为任一 n 阶非奇的 Skew-Hermite 矩阵①, 则微分方程 $l(y)=\lambda y$ 存在一组满足条件

$$([\varphi_r\varphi_s](0))=J$$

的解 $\{\varphi_s(t,\lambda)\}(1\leqslant s\leqslant n)$ 的充要条件为 Hermite 矩阵 $-\mathrm{i}J$ 与 $-\mathrm{i}Q(0)$ 具有共同的符号差数.

证明　必要性见引理 6.4.3. 下证充分性: 若 $-\mathrm{i}J$ 与 $-\mathrm{i}Q(0)$ 具有相等的符号差, 同时它们又都是非奇的, 因此这两个 Hermite 矩阵是等价的. 于是存在非奇矩阵 $P=(\alpha_{rs})$, 使得

$$-\mathrm{i}J=P^*(-\mathrm{i}Q(0))P.$$

令 $\{\varphi_s(t,\lambda)\}$ $(1\leqslant s\leqslant n)$ 为 $l(y)=\lambda y$ 满足初始条件

$$\varphi_s^{(r-1)}(0,\lambda)=\alpha_{rs}$$

的一组解, 则由引理 6.4.1 (令 $t=0$), 得

$$-\mathrm{i}J^{\mathrm{T}}=\varPhi(0,\lambda)^*\{-\mathrm{i}Q(0)\}\varPhi(0,\lambda)=-\mathrm{i}([\varphi_r\varphi_s](0,\lambda))^{\mathrm{T}},$$

即得所求结果. 证毕.

引理 6.4.5　设 A, B 为 n 阶 Hermite 矩阵, 它们的特征根分别为

$$\lambda_1\leqslant\lambda_2\leqslant\cdots\leqslant\lambda_n \quad 及 \quad \nu_1\leqslant\nu_2\leqslant\cdots\leqslant\nu_n,$$

令 $C=A+B$, 并设它的特征根为 $\mu_1\leqslant\mu_2\leqslant\cdots\leqslant\mu_n$, 则

$$\lambda_r+\nu_1\leqslant\mu_r \quad (1\leqslant r\leqslant n).$$

证明　令 I 为单位矩阵, 则 $B-\nu_1 I$ 为半正定矩阵, 于是根据如下命题: 一个二次型与一个半正定型相加, 其特征根不小于原二次型相应的特征根 (参阅文献 [2], 第 33 页) 知

$$A+(B-\nu_1 I)=C-\nu_1 I$$

① J 称为 Skew-Hermite 矩阵, 如果 $J^*=-J$. 若 J 是 Skew-Hermite 矩阵, 则 $-\mathrm{i}J$ 为 Hermite 矩阵.

的特征根不小于 A 的相应的特征根, 亦即

$$\mu_r - \nu_1 \geqslant \lambda_r \quad (1 \leqslant r \leqslant n).$$

证毕.

令 $\{\varphi_1, \varphi_2, \cdots, \varphi_n\}$ 是 $[0,\infty)$ 上定义的一组函数, 满足

(1) 在任何有限区间 $[0,X]$ 上线性无关;

(2) 对任何 $X>0$, $\varphi_r \in L^2[0,X]$ $(1 \leqslant r \leqslant n)$.

我们可以定义上述函数组在任何 $[0,X]$ 上的 Gram 矩阵

$$\Gamma(\varphi, X) \equiv \left(\int_0^X \varphi_r \bar{\varphi}_s \mathrm{d}t\right) \quad (1 \leqslant r,\ s \leqslant n).$$

显然, $\Gamma(\varphi, X)$ 是一个 Hermite 矩阵, 并且是正定的. 记它的特征根为

$$0 < \lambda_1(X) \leqslant \lambda_2(X) \leqslant \cdots \leqslant \lambda_n(X).$$

引理 6.4.6 对于任何 $r(1 \leqslant r \leqslant n)$, $\lambda_r(X)$ 是 X 的单调递增函数.

证明 设 $X' > X > 0$, 考虑正定型

$$K(X) = \int_0^X \left|\sum_{r=1}^n \alpha_r \varphi_r\right|^2 \mathrm{d}t = \sum_{r,s=1}^n \left(\int_0^X \varphi_r \bar{\varphi}_s \mathrm{d}t\right) \alpha_r \bar{\alpha}_s,$$

则可得

$$K(X') = \int_0^{X'} \left|\sum_{r=1}^n \alpha_r \varphi_r\right|^2 \mathrm{d}t = K(X) + \int_X^{X'} \left|\sum_{r=1}^n \alpha_r \varphi_r\right|^2 \mathrm{d}t.$$

因为

$$\int_X^{X'} \left|\sum_{r=1}^n \alpha_r \varphi_r\right|^2 \mathrm{d}t$$

亦为正定型, 于是仍根据在证明引理 6.4.5 中所引用的命题 [2], 即知 $K(X')$ 的特征根不小于 $K(X)$ 相应的特征根, 即

$$\lambda_r(X') \geqslant \lambda_r(X) \quad (1 \leqslant r \leqslant n).$$

证毕.

根据 $\lambda_r(X)$ 的单调性, 即知存在整数 $\sigma(0 \leqslant \sigma \leqslant n)$, 使得

$$\lim_{X\to\infty} \lambda_r(X) < \infty, \quad r \leqslant \sigma;$$

$$\lim_{X\to\infty} \lambda_r(X) = \infty, \quad r > \sigma.$$

引理 6.4.7　设 $\{\varphi_r\}(1 \leqslant r \leqslant n)$ 为如上满足条件 (1), (2) 的函数组, 整数 σ 的定义如上, 则在 $\{\varphi_r\}$ 所张成的 n 维线性空间中, 有且仅有 σ 个线性独立的属于 $L^2[0,\infty)$ 的解.

证明　令矢量 $\alpha=(\alpha_1,\alpha_2,\cdots,\alpha_n)^{\mathrm{T}}$, 则

$$\int_0^X\left|\sum_{s=1}^n\bar{\alpha}_s\varphi_s\right|^2\mathrm{d}t=\sum_{r,s=1}^n\left(\int_0^X\varphi_r\bar{\varphi}_s\mathrm{d}t\right)\bar{\alpha}_r\alpha_s=(\varGamma(\varphi,\ X)\alpha,\ \alpha)\ ,$$

这里 $(\cdot,\cdot)$ 表示 n 维空间矢量点乘.

若

$$\alpha^{(k)}(X)=(\alpha_1^{(k)}(X),\alpha_2^{(k)}(X),\cdots,\alpha_n^{(k)}(X))$$

是 $\varGamma(\varphi,X)$ 的特征根 $\lambda_k(X)$ 所对应的规一特征矢量, 则

$$\int_0^X\left|\sum_{s=1}^n\bar{\alpha}_s^{(k)}(X)\varphi_s\right|^2\mathrm{d}t=(\varGamma(\varphi,X)\alpha^{(k)}(X),\ \alpha^{(k)}(X))=\lambda_k(X),$$

由规一的假设,

$$\left\|\alpha^{(k)}(X)\right\|^2=\sum_{r=1}^n\left|\alpha_r^{(k)}(X)\right|^2=1,$$

于是对所有指标 $r,\ k$ 及 $X\geqslant 0$, $|\alpha_r^{(k)}(X)|$ 有界. 因此可以找到数列 $\{X_p\}$, $X_p\to\infty\ (p\to\infty)$, 使得

$$\alpha_r^{(k)}(X_p)\to\alpha_r^{(k)}\quad(p\to\infty),$$

从而可得到线性组合

$$\psi_k=\sum_{r=1}^n\bar{\alpha}_r^{(k)}\varphi_r\quad(k=1,2,\cdots,n).$$

我们证明 $\psi_1,\ \psi_2,\ \cdots,\ \psi_\sigma\in L^2[0,\ \infty)$. 取 X_q 固定, $X_p>X_q$, 则 $k\leqslant\sigma$ 时,

$$\int_0^{X_q}\left|\sum_{r=1}^n\alpha_r^{(k)}(X_p)\varphi_r\right|^2\mathrm{d}t\leqslant\int_0^{X_p}\left|\sum_{r=1}^n\bar{\alpha}_r^{(k)}(X_p)\varphi_r\right|^2\mathrm{d}l=\lambda_k(X_p)\leqslant\lambda_k,$$

其中 λ_k 为 $p\to\infty$ 时 $\lambda_k(X_p)$ 的极限值. 在上式左端先令 $X_p\to\infty$, 再令 $X_q\to\infty$, 即得

$$\int_0^{\infty}\left|\sum_{r=1}^{\infty}\bar{\alpha}_r^{(k)}\varphi_r\right|^2\mathrm{d}t\leqslant\lambda_k<\infty,$$

这就证明了 $\psi_1,\cdots,\psi_\sigma$ 是属于 $L^2[0,\infty)$ 的. 由于 $\varGamma(\varphi,X_p)$ 对应于不同特征根的特征矢量 $\alpha^{(k)}(X_p)$ 互相正交, 因此它们的极限矢量 $\alpha^{(k)}$ 也互相正交, 这说明

了 $\psi_1,\cdots,\psi_\sigma$ 是线性无关的. 余下证明不存在与上述函数组线性无关并且属于 $L^2[0,\infty)$ 的任何 $\{\varphi_r\}$ 的不平凡的线性组合. 若不然, 则存在单位矢量 $\beta=(\beta_1,\beta_2,\cdots,\beta_n)^{\mathrm{T}}$ 与 $\alpha^{(1)},\cdots,\alpha^{(\sigma)}$ 线性无关, 且有

$$\int_0^\infty\left|\sum_{r=1}^n\bar{\beta}_r\varphi_r\right|^2\mathrm{d}t=\lambda^*<\infty,$$

于是对一切 X_p, 有

$$\int_0^{X_p}\left|\sum_{r=1}^n\bar{\beta}_r\varphi_r\right|^2\mathrm{d}t<\int_0^\infty\left|\sum_{r=1}^n\bar{\beta}_r\varphi_r\right|^2\mathrm{d}t=\lambda^*.$$

然而根据二次型的极值性质 (参阅文献 [2], Chap.1) 知, 此时必须有

$$\int_0^{X_p}\left|\sum_{r=1}^n\bar{\beta}_r\varphi_r\right|^2\mathrm{d}t\geqslant\int_0^{X_p}\left|\sum_{r=1}^n\bar{\alpha}_r^{(\sigma+1)}(X_p)\varphi_r\right|^2\mathrm{d}t=\lambda_{\sigma+1}(X_p),$$

但据假设当 $X_p\to\infty$ 时, $\lambda_{\sigma+1}(X_p)\to\infty$. 这就导致矛盾. 证毕.

定理 6.4.1 (W. N. Everitt)[17] 设

$$l(y)=p_0(t)y^{(n)}+p_1(t)y^{(n-1)}+\cdots+p_n(t)y$$

为 $[0,\infty)$ 上 n 阶复对称微分算式,

$$p_0(t)\neq0,\quad p_j(t)\in C^{n-j}[0,\infty)\quad(j=0,1,\cdots,n).$$

令 $S(\lambda)$ 表示微分方程

$$l(y)=\lambda y\quad(\mathscr{I}\lambda\neq0)$$

属于 $L^2[0,\infty)$ 的线性独立解的最大个数, 则

(1) 若 $n=2\nu(v\geqslant1)$, 则 $S(\lambda)\geqslant\nu$;

(2) 若 $n=2\nu-1(\nu\geqslant1)$, 令 $\delta=\mathrm{sgn}[(-\mathrm{i})^np_0(t)]$, 则

当 $\delta=1$ 时 ,$S(\lambda)\geqslant\begin{cases}\nu-1, & \mathscr{I}\lambda>0,\\ \nu, & \mathscr{I}\lambda<0;\end{cases}$

当 $\delta=-1$ 时, $S(\lambda)\geqslant\begin{cases}\nu, & \mathscr{I}\lambda>0,\\ \nu-1, & \mathscr{I}\lambda<0.\end{cases}$

上述估计式是最佳的 (等号都能达到).

证明 (1) $n=2\nu(\nu\geqslant1)$. 令 $v=\mathscr{I}\lambda>0$,

$$J=\mathrm{i}\begin{pmatrix}I_\nu & 0\\ 0 & -I_\nu\end{pmatrix},$$

其中 I_ν 为 $\nu\times\nu$ 单位矩阵, 于是 J 为 Skew-Hermite 矩阵, $-\mathrm{i}J$ 的符号差为 0. 又根据引理 6.4.2, $-\mathrm{i}Q(t)$ 的符号差亦为 0, 因此由引理 6.4.4, 存在 $l(y)=\lambda y$ 的一组解 $\{\varphi_s(t,\lambda)\}(1\leqslant s\leqslant n)$, 满足

$$([\varphi_r\varphi_s](0,\lambda))=J,$$

由引理 6.4.3, 对一切 $X\geqslant 0$ Hermite 矩阵 $-\mathrm{i}([\varphi_r\varphi_s](X,\lambda))$ 的符号差为 0, 即正负特征根个数相等. 令它的特征根为

$$\mu_1(X)\leqslant\mu_2(X)\leqslant\cdots\leqslant\mu_n(X),$$

则

$$\mu_1(X)\leqslant\cdots\leqslant\mu_\nu(X)<0,$$
$$0<\mu_{\nu+1}(X)\leqslant\cdots\leqslant\mu_n(X),$$

应用 Green 公式, 可得

$$[\varphi_r\varphi_s](X)-[\varphi_r\varphi_s](0)=\int_0^X[l(\varphi_r)\bar{\varphi}_s-\varphi_r l(\bar{\varphi}_s)]\mathrm{d}t=2\mathrm{i}v\int_0^X\varphi_r\bar{\varphi}_s\mathrm{d}t,$$

上式写成矩阵形式, 即得

$$\Gamma(\varphi,X)+(2v)^{-1}\{-\mathrm{i}J\}=(2v)^{-1}(-\mathrm{i}[\varphi_r\varphi_s](X,\lambda)),$$

应用引理 6.4.5, 令引理中的

$$A=\Gamma(\varphi,X),\quad B=\frac{-\mathrm{i}}{2v}J,\quad \nu_1=-\frac{1}{2v},$$

于是由引理的结论是

$$\lambda_r(X)-\frac{1}{2v}\leqslant\frac{\mu_r(X)}{2v}\quad(1\leqslant r\leqslant n),$$

上面已经指出, 当 $1\leqslant r\leqslant\nu,\mu_r(\mathrm{X})<0$, 因此得

$$\lambda_r(X)\leqslant\frac{1}{2v}\quad(1\leqslant r\leqslant\nu),$$

从而得

$$\lim_{X\to\infty}\lambda_r(X)<\infty\quad(1\leqslant r\leqslant\nu).$$

再根据引理 6.4.7, 即知 $S(\lambda)\geqslant\nu$. 对于 $\mathscr{I}\lambda=v<0$ 的情形证明类同.

(2) $n=2\nu-1\ (\nu\geqslant 1)$. 令 $\mathscr{I}\lambda=v>0$,

$$J=\mathrm{i}\begin{pmatrix}I_\nu & 0\\ 0 & -I_{\nu-1}\end{pmatrix},$$

因此 $-\mathrm{i}J$ 的符号差为 1. 而当 $\delta=1$ 时, $-\mathrm{i}Q(t)$ 的符号差亦为 1 (引理 6.4.2), 于是可有 $l(y)=\lambda y$ 的一组解 $\{\varphi_r(t,\lambda)\}(1\leqslant r\leqslant n)$ 使得

$$J=([\varphi_r\varphi_s](0,\lambda)),$$

并且对于一切 $X>0$, $-\mathrm{i}([\varphi_r\varphi_s](X,\lambda))$ 的符号差为 1 (引理 6.4.2, 引理 6.4.3). 因此

$$\mu_r(X)<0\quad(1\leqslant r\leqslant\nu-1),$$

$$\mu_r(X)>0\quad(\nu\leqslant r\leqslant n).$$

与 (1) 的讨论类似, 由此即可推出

$$\lambda_r(X)\leqslant\frac{1}{2v}\quad(1\leqslant r\leqslant\nu-1),$$

从而 (由引理 6.4.7) 得到不等式

$$S(\lambda)\geqslant\nu-1\quad(v>0).$$

同理可以推证 $\delta=-1$ 以及 $\mathscr{I}\lambda=v<0$ 的各种情况下的不等式.

现在举例证明定理估计式中的等号是可以实现的, 从而证明估计式是最佳的.

考虑 $l(y)=\mathrm{i}^ny^{(n)}=\lambda y$. 显然微分算式 $\mathrm{i}^ny^{(n)}$ 是对称的. 令 $\lambda=\rho\mathrm{e}^{\mathrm{i}\theta}$, 则可求得方程 $l(y)=\lambda y$ 的 n 个线性独立解为

$$y_r=\exp\left\{-\mathrm{i}\rho^{\frac{1}{n}}\exp\left[\mathrm{i}\left(\frac{\theta}{n}+\frac{2r\pi}{n}\right)t\right]\right\}\quad(1\leqslant r\leqslant n),$$

显然可有

$$|y_r|=\exp\left[t\rho^{\frac{1}{n}}\sin\left(\frac{\theta}{n}+\frac{2r\pi}{n}\right)\right],$$

若 $n=2\nu$, $\mathscr{I}\lambda=v>0$. 此时 $0<\theta<\pi$, 于是辐角

$$\frac{\theta+2r\pi}{n}\quad(r=0,\ 1,\ \cdots,\ n-1)$$

中有 ν 个在 I, II 象限, 有 ν 个在III, IV象限, 因此 $|y_r|$ 中恰有 ν 个属于 $L^2[0,\infty)$, 即 $S(\lambda)=\nu$.

若 $n=2\nu-1$. 此时

$$(-\mathrm{i})^np_0=(-\mathrm{i})^n\mathrm{i}^n=1,$$

所以 $\delta=1$. 在此情况下, 若 $\mathscr{I}\lambda=v>0$, 即 $0<\theta<\pi$, 则辐角

$$\frac{\theta+2r\pi}{n}\quad(r=0,\ 1,\ \cdots,\ n-1)$$

中恰有 $\nu-1$ 个在Ⅲ, Ⅳ象限, 因此 n 个线性独立的解 $\{y_r\}$ 中恰有 $\nu-1$ 个属于 $L^2[0,\infty)$, 这说明对于

$$l(y)=\mathrm{i}^n y^{(n)},\quad S(\lambda)=\nu-1.$$

下面我们来证明 Kodaira 公式:

设 $l(y)$ 是 $(-\infty,\infty)$ 内的复 n 阶对称微分算式, $\mathscr{L}_0$ 是它的最小算子, $\mathscr{D}_0$ 是最小算子域. 再令 $l(y)$ 在 $L^2(-\infty,0]$ 内的最小算子为 $\mathscr{L}_0^-$, 最小算子域为 $\mathscr{D}_0^-$; $l(y)$ 在 $L^2[0,\infty)$ 内的最小算子为 $\mathscr{L}_0^+$, 最小算子域为 $\mathscr{D}_0^+$. 同样地, 以 $\mathscr{L}_M^-$, $\mathscr{L}_M^+$ 及 $\mathscr{D}_M^-$, $\mathscr{D}_M^+$ 记 $l(y)$ 在 $L^2(-\infty,0]$ 及 $L^2[0,\infty)$ 内的最大算子和最大算子域. 令 $\mathscr{D}_A$ 为 $L^2(-\infty,\infty)$ 内如下的线性流形:

$$\mathscr{D}_A=\{y\in\mathscr{D}_0\mid y^{(k-1)}(0)=0,\ k=1,2,\cdots,n\},$$

以 A 表示 $l(y)$ 以 $\mathscr{D}_A$ 为定义域所生成的算子, 则 $A\subset\mathscr{L}_0$.

引理 6.4.8 $\mathscr{D}_A$ 是 $L^2(-\infty,\infty)$ 内的稠密集, A 是 $L^2(-\infty,\infty)$ 内的闭对称算子.

证明 根据半无穷区间上最小算子域的描述 (见定理 5.1.2′) 可知 $y\in\mathscr{D}_A$ 的充要条件为

$$y=\begin{cases}y^-, & -\infty<t\leqslant 0,\\ y^+, & 0\leqslant t<\infty,\end{cases}$$

其中

$$y^-\in\mathscr{D}_0^-,\quad y^+\in\mathscr{D}_0^+.$$

任取 $h\in L^2(-\infty,\infty)$, 使对于任何 $y\in\mathscr{D}_A$, 有 $(y,h)=0$. 于是可得

$$(y,h)=\int_{\infty}^{\infty}y\bar{h}\mathrm{d}t=\int_{-\infty}^{0}y^-\bar{h}\mathrm{d}t+\int_0^{\infty}y^+\bar{h}\mathrm{d}t=0,$$

若取 $y^-=0$, $y^+\in\mathscr{D}_0^+$ 任意, 则由 $\mathscr{D}_0^+$ 在 $L^2[0,\infty)$ 内的稠密性, 即可推知在 $[0,\infty)$ 上 $h=0$ (a.e.). 同理可推知在 $(-\infty,0]$ 上 $h=0$ (a.e.), 从而在 $(-\infty,\infty)$ 上 $h=0$ (a.e.), 这说明 $\mathscr{D}_A$ 是 $L^2(-\infty,\infty)$ 内的稠密集.

现在来考察 A^* 及 $\mathscr{D}_{A^*}$. 设 $z,z^*\in L^2(-\infty,\infty)$ 使对于任何 $y\in\mathscr{D}_A$ 均有 $(Ay,z)=(y,z^*)$, 若以 z^-, z^+ 分别表示函数 z 在 $(-\infty,0]$ 及 $[0,\infty)$ 上的截段, 则上式左端为

$$\begin{aligned}\int_{-\infty}^{\infty}l(y)\bar{z}\mathrm{d}t&=\int_{-\infty}^{0}l(y^-)\bar{z}^-\mathrm{d}t+\int_0^{\infty}l(y^+)\bar{z}^+\mathrm{d}t\\&=(\mathscr{L}_0^-(y^-),z^-)+(\mathscr{L}_0^+(y^+),z^+),\end{aligned}$$

而上式右端为

$$\int_{-\infty}^{\infty} y\bar{z}^*\mathrm{d}t = \int_{-\infty}^{0} y^-\bar{z}^{*-}\mathrm{d}t + \int_{0}^{\infty} y^+\bar{z}^{*+}\mathrm{d}t = (y^-, z^{*-}) + (y^+, z^{*+}),$$

若令 $y^- = 0$, $y^+ \in \mathscr{D}_0^+$ 任意, 则由以上等式可得

$$(\mathscr{L}_0^+(y^+),\ z^+) = (y^+,\ z^{*+}),$$

这说明

$$z^{*+} = \mathscr{L}_0^{+*}(z^+) = \mathscr{L}_M^+(z^+).$$

同理可推出 $z^{*-} = \mathscr{L}_M^-(z^-)$. 于是推知 $z \in \mathscr{D}_{A^*}$ 的充要条件为 $z^- = \mathscr{D}_M^-$, $z^+ \in \mathscr{D}_M^+$, 且

$$A^*z = \begin{cases} l(z^-), & -\infty < t \leqslant 0, \\ l(z^+), & 0 \leqslant t < \infty. \end{cases}$$

由以上分析可以看出, 算子 A 事实上是两个截段 $(-\infty,\ 0]$, $[0,\ \infty)$ 上的最小算子 $\mathscr{L}_0^-$, $\mathscr{L}_0^+$ 的 “直和”. 根据最小算子与最大算子的共轭性, 应用与上面同样的推理, 即可得 $A^{**} = A$. 这就说明了 A 是 $L^2(-\infty,\ \infty)$ 内的闭对称算子. 证毕.

上面的引理说明了 $\mathscr{L}_0$ 是 A 的闭对称扩张. 设 A 的亏指数为 $(N^-(A),\ N^+(A))$, $\mathscr{L}_0$ 的亏指数为 (N^-, N^+), 则可有如下结论.

引理 6.4.9

$$N^-(A) = N^- + n;$$
$$N^+(A) = N^+ + n.$$

证明 应用引理 2.5.2, 作函数 $u_j \in \mathscr{D}_M^-, v_j \in \mathscr{D}_M^+$, 满足 $u_j^{(k-1)}(0) = \delta_{jk}$, $u_j^{(k-1)}(-1) = 0$; $v_j^{(k-1)}(0) = \delta_{jk}$, $v_j^{(k-1)}(1) = 0$ $(j,\ k = 1,\ 2,\ \cdots,\ n)$. 并令

$$\varphi_j = \begin{cases} u_j, & -\infty < t \leqslant 0, \\ v_j, & 0 \leqslant t < \infty, \end{cases}$$

则 $\varphi_j \in \mathscr{D}_0$, 并且 φ_j 的任何非平凡线性组合不属于 $\mathscr{D}_A$. 任取 $y_0 \in \mathscr{D}_0$, 我们证明

$$y_0 = y_A + \sum_{j=1}^{n} c_j\varphi_j,$$

其中 $y_A \in \mathscr{D}_A$, 并且上述表示是唯一的. 为此令

$$\sum_{j=1}^{n} c_j\varphi_j^{(k-1)}(0) = y_0^{(k-1)}(0) \quad (k = 1,\ 2,\ \cdots,\ n),$$

因为

$$\det(\varphi_j^{(k-1)}(0)) = \det(\delta_{jk}) = 1,$$

所以由上述方程组可解出唯一的一组常数 $c_1, \cdots, c_n$, 令

$$y_A = y_0 - \sum_{j=1}^{n} c_j\varphi_j,$$

则 $y_A \in \mathscr{D}_0$, 且

$$y_A^{(k-1)}(0) = 0 \quad (k = 1,\ 2,\ \cdots,\ n),$$

从而知 $y_A \in \mathscr{D}_A$. 这样证明了

$$y_0 = y_A + \sum_{j=1}^{n} c_j\varphi_j.$$

令 E_n 表示由 $\varphi_1, \varphi_2, \cdots, \varphi_n$ 所张成的线性流形, 则上述讨论说明了

$$\mathscr{D}_0 = \mathscr{D}_A + E_n.$$

这同时也说明了 $\mathscr{D}_0$ 是 $\mathscr{D}_A$ 的 n 维扩张. 根据第 4 章中讨论的 Cayley 变换与亏指数的有关命题, 即可推知算子 $\mathscr{L}_0$ 的 Cayley 变换的定义域与值域均是算子 A 的 Cayley 变换的定义域与值域的 n 维扩张, 从而推出

$$N^-(A) = N^- + n;$$

$$N^+(A) = N^+ + n.$$

证毕.

下设 $\mathscr{L}_0^-$ 的亏指数为 $(m^-,\ m^+)$, $\mathscr{L}_0^+$ 的亏指数为 $(n^-,\ n^+)$, 则可有如下结论.

引理 6.4.10

$$N^-(A) = m^- + n^-;$$

$$N^+(A) - m^+ + n^+.$$

证明　根据亏指数的性质 (4.4 节) 知, $N^-(A)$ 等于方程

$$(A^* - \lambda)y = 0 \quad (\mathscr{I}\lambda > 0)$$

的属于 $L^2(-\infty,\ \infty)$ 的线性独立解的个数. 但根据引理 6.4.8 知, y 为方程 $(A^* - \lambda)y = 0$ 的 $L^2(-\infty,\ \infty)$ 解的充要条件是: 它的截断函数 y^-, y^+ 分别为方程

$$l(y) - \lambda y = 0 \quad (\mathscr{I}\lambda > 0)$$

的属于 $L^2[-\infty,\ 0)$ 及 $L^2(0,\ \infty)$ 的解. 但根据假设, $\mathscr{L}_0^-$ 的亏指数为 $(m^-,\ m^+)$, 故方程

$$l(y) - \lambda y = 0 \quad (\mathscr{I}\lambda > 0)$$

有 m^- 个属于 $L^2(-\infty,\ 0]$ 的线性独立解, 设 $\varphi_1,\ \varphi_2,\ \cdots,\ \varphi_{m^-}$, 同样地, $\mathscr{L}_0^+$ 的亏指数为 $(n^-,\ n^+)$. 故

$$l(y) - \lambda y = 0 \quad (\mathscr{I}\lambda > 0)$$

有 n^- 个属于 $L^2[0,\ \infty)$ 的线性独立解, 设为 $\psi_1,\ \psi_2,\ \cdots,\ \psi_{n^-}$, 现令

$$z_j = \begin{cases} \varphi_j, & -\infty < t \leqslant 0, \\ 0, & 0 \leqslant t < \infty, \end{cases} \quad j = 1,\ 2,\ \cdots,\ m^-,$$

$$z_{m^-+i} = \begin{cases} 0, & -\infty < t \leqslant 0, \\ \psi_j, & 0 \leqslant t < \infty, \end{cases} \quad j = 1,\ 2,\ \cdots,\ n^-,$$

则 $z_1,\ z_2,\ \cdots,\ z_{m^-+n^-}$ 是 $(A^* - \lambda)y = 0\ (\mathscr{I}\lambda > 0)$ 的一组属于 $L^2(-\infty, \infty)$ 的最大线性独立解. 从而证明

$$N^-(A) = m^- + n^-.$$

同理可以证明

$$N^+(A) = m^+ + n^+.$$

证毕.

综合引理 6.4.9 与引理 6.4.10, 即得如下定理

定理 6.4.2 (K. Kodaira)

$$N^- = m^- + n^- - n;$$

$$N^+ = m^+ + n^+ - n.$$

6.5 Everitt 自伴域

对于 $[0, \infty]$ 上的 n 阶对称微分算式 $l(y)$, 其亏指数为

$$(m,\ m) \quad \left(\left[\frac{n+1}{2}\right] \leqslant m \leqslant n\right),$$

则由对称算子的一般理论知, $l(y)$ 的最小算子 $\mathscr{L}_0$ 必存在自伴扩张. 那么, 如何去给出 $\mathscr{L}_0$ 的一切自伴扩张呢? 由于自伴扩张算子是由其定义域完全确定的, 所以问题实际上也就是: 如何解析地描述出 $l(y)$ 的一切赖以生成自伴算子的线性流形 (即自伴域) 呢?

对二阶的对称微分算子而言, 由 5.4 节的讨论知, 这个问题已得到了完全的解决. 然而对高阶的情形而言, 这时由于微分算子的亏指数可以取多样的值, 问题就显得比较复杂.

令 $\varphi_1, \varphi_2, \cdots, \varphi_m$ 为方程

$$l(y) = \lambda y \quad (\mathscr{I}\lambda > 0)$$

的 m 个属于 $L^2[0, \infty)$ 的线性独立解, $\theta_1, \theta_2, \cdots, \theta_m$ 为方程

$$l(y) = \bar{\lambda} y$$

的 m 个属于 $L^2[0, \infty)$ 的线性独立解. 设 $(\alpha_{jk})(j, k = 1, 2, \cdots, m)$ 为任一 m 阶酉矩阵, 则对应于每一酉矩阵 (α_{jk}), 可有函数组

$$\psi_k = \varphi_k - \sum_{j=1}^{m} \alpha_{ik}\theta_k,$$

于是由定理 4.2.4, 立即可得如下结论.

命题 6.5.1 $l(y)$ 为 $[0, \infty)$ 上 n 阶对称微分算式, 亏指数为 (m, m). 若 $\mathscr{D}$ 为 $l(y)$ 的自伴域, 则存在 m 阶酉矩阵 (α_{jk}), 使得

$$\mathscr{D} = \{y \in \mathscr{D}_M \mid [y\psi_k]_0^\infty = 0, k = 1, 2, \cdots, m\},$$

反之, 对于任一 m 阶酉矩阵 (α_{jk}), 在 $\mathscr{D}_M$ 内由边界条件

$$[y\psi_k]_0^\infty = 0 \quad (k = 1, 2, \cdots, m)$$

所界定的线性流形为 $l(y)$ 的自伴域.

仿照定理 4.4.4, 其证明无须作实质性的改动, 即可有比上述命题形式上更为一般, 从而也更便于应用的如下命题.

命题 6.5.2 $l(y)$ 如命题 6.5.1, 若 $\mathscr{D}$ 是 $l(y)$ 的任一自伴域, 则存在函数组

$$v_j \in \mathscr{D}_M \quad (j = 1, 2, \cdots, m)$$

满足条件:

(1) $\{v_j\}$ 的任何非平凡线性组合不属于 $\mathscr{D}_0$;

(2) $[v_i v_j]_0^\infty = 0$ $(i, j = 1, 2, \cdots, m)$,

使得

$$\mathscr{D} = \{y \in \mathscr{D}_M \mid [yv_j]_0^\infty = 0, \ j = 1, 2, \cdots, m\}.$$

反之, 若 $\{v_j\}$ 是 $\mathscr{D}_M$ 内任一组满足条件 (1), (2) 的函数, 则 $\mathscr{D}_M$ 内由边界条件

$$[yv_j]_0^\infty = 0 \quad (j = 1,\ 2,\ \cdots,\ m)$$

所界定的线性流形为 $l(y)$ 的自伴域.

命题 6.5.1 和命题 6.5.2 仅仅是自伴域的一般构造性的描述, 对具体的 $l(y)$ 而言, 尚需给出解析的描述. 下面先考虑 $n = 2r$ $(r \geqslant 1)$ 且亏指数为 $(r,\ r)$ 的情形, 沿用二阶情形已经熟知的名称, 我们把这类具有最小亏指数值的 $l(y)$ 称为**极限点型的**.

命题 6.5.3 设 $l(y)$ 为 $[0,\ \infty)$ 上 $n(=2r)$ 阶对称微分算式, 亏指数为 $(r,\ r)$, 则对于任何 $y,\ z \in \mathscr{D}_M$, 有

$$[yz](\infty) = 0.$$

证明 设 $\varphi_1,\ \varphi_2,\ \cdots,\ \varphi_r$ 为方程

$$l(y) = \lambda y \quad (\mathscr{I}\lambda > 0)$$

的一组属于 $L^2[0,\ \infty)$ 的线性独立解, $\theta_1,\ \theta_2,\ \cdots,\ \theta_r$ 为方程

$$l(y) = \bar{\lambda} y$$

的一组属于 $L^2[0,\ \infty)$ 的线性独立解, 根据共轭域的构造定理 (定理 4.2.1) 知, 对于任何 $y \in \mathscr{D}_M$, 有唯一的表达式

$$y = y_0 + \sum_{j=1}^{r} (a_j\varphi_j + b_j\theta_j),$$

其中 $y_0 \in \mathscr{D}_0$, a_j, b_j 为常数, 今令 $z_j(j = 1,\ 2,\ \cdots,\ n)$ 为 $\mathscr{D}_M$ 内的一组函数, 满足条件

$$z_j^{(k-1)}(0) = \delta_{jk},\ \ z_j^{(k-1)}(1) = 0 \quad (j, k = 1,\ 2,\ \cdots,\ n),$$

且当 $t \geqslant 1$ 时, $z_j(t) = 0$. 根据引理 2.5.2 知, 如上的函数组 $\{z_j\}$ 是存在的. 根据定理 5.1.2′ 对 $\mathscr{D}_0$ 的描述及 z_j 的性质, 即可推知 z_j 的任何非平凡线性组合不属于 $\mathscr{D}_0$. 因 $z_j \in \mathscr{D}_M$, 故可有表示式

$$z_j = y_{j0} + \sum_{k=1}^{r} (a_{jk}\varphi_k + b_{jk}\theta_k) \quad (j = 1,\ 2,\ \cdots,\ n),$$

其中 $y_{j0} \in \mathscr{D}_0$. 可以断言, 系数矩阵

$$\begin{pmatrix} a_{11} & \cdots & a_{1r} & b_{11} & \cdots & b_{1r} \\ \vdots & & \vdots & \vdots & & \vdots \\ a_{n1} & \cdots & a_{nr} & b_{n1} & \cdots & b_{nr} \end{pmatrix}$$

的秩必等于 n. 因若不然, 则可有 z_j 的一个非平凡线性组合属于 $\mathscr{D}_0$, 而这是不可能的. 于是推知上述系数行列式不为 0. 因此我们就可将 φ_k, θ_k 唯一地表示成 $\mathscr{D}_0$ 中的某个函数再加上 z_j 的线性组合, 从而推出对任何 y, $z \in \mathscr{D}_M$, 都可有唯一的表示式

$$y = y_0 + \sum_{j=1}^{n} c_j z_j \quad (y_0 \in \mathscr{D}_0),$$

$$z = z_0 + \sum_{j=1}^{n} d_j z_j \quad (z_0 \in \mathscr{D}_0),$$

这就推出

$$[yz](\infty) = [y_0 z](\infty) + [y z_0](\infty) + \sum_{j,k=1}^{n} c_j d_k [z_j z_k](\infty) = 0.$$

将命题 6.5.2 与命题 6.5.3 相结合, 即可得到对于极限点型的微分算式自伴域的一个描述.

命题 6.5.4　设 $l(y)$ 是 $[0, \infty)$ 上 $n(=2r)$ 阶的对称微分算式, 亏指数为 (r, r), 若 $\mathscr{D}$ 是 $l(y)$ 的任一自伴域, 则必存在一组函数 $v_j \in \mathscr{D}_M (j = 1, 2, \cdots, r)$ 满足:

(1) $\mathrm{Rank}(v_j^{(k-1)}(0)) = r$ $(1 \leqslant j \leqslant r,\ 1 \leqslant k \leqslant n)$;

(2) $[v_i v_j](0) = 0$ $(1 \leqslant i,\ j \leqslant r)$,

使得

$$\mathscr{D} = \{y \in \mathscr{D}_M \mid [y v_j](0) = 0,\ j = 1, 2, \cdots, r\}.$$

反之, 若 v_j 为 $\mathscr{D}_M$ 内满足条件 (1), (2) 的任一组函数, 则 $\mathscr{D}_M$ 内由边界条件组

$$[y v_j](0) = 0 \quad (j = 1, 2, \cdots, r)$$

所界定的线性流形为 $l(y)$ 的自伴域.

应用命题 6.5.4, 依照定理 4.4.5 的证明方法, 即可得到关于极限点型微分算式自伴域的一个直接描述.

定理 6.5.1　设 $l(y)$ 是 $[0, \infty)$ 上 $n(=2r)$ 阶对称微分算式, 亏指数为 (r, r), 若 $\mathscr{D}$ 是 $l(y)$ 的任一自伴域, 则必存在一个秩为 r 的 $r \times n$ 常数矩阵

$$P = (\alpha_{jk}) \quad (1 \leqslant j \leqslant r,\ 1 \leqslant k \leqslant n)$$

满足条件

$$PQ^{-1}(0)P^* = 0,$$

使得

$$\mathscr{D}=\left\{y\in\mathscr{D}_M\;\middle|\;\sum_{k=1}^{n}\alpha_{jk}y^{(k-1)}(0)=0,\ 1\leqslant j\leqslant r\right\}.$$

反之, 对于任一满足条件 $PQ^{-1}(0)P^*=0$ 且秩为 r 的矩阵

$$P=(\alpha_{jk}),$$

$\mathscr{D}_M$ 内由边界条件组

$$\sum_{k=1}^{n}\alpha_{jk}y^{(k-1)}(0)=0\quad(1\leqslant j\leqslant r)$$

所界定的线性流形为 $l(y)$ 的自伴域.

定理中的 $Q(t)$ 为 $l(y)$ 的契合矩阵. 定理的证明留给读者作为练习.

由定理 6.5.1 的叙述, 可以看出它是极限点型微分算式自伴域的一种完全描述. 在 M. A. Наймарк 著作 [22] 的第 5 章中, 可以看到类似的描述. 此外, 在 W. N. Everitt 的若干工作 [22,24,25] 中, 则可以看到一种用微分方程的解去表现自伴域的边界条件的独特而简明的描述. 今将 Everitt 对于极限点型自伴域的一种描述列举如下.

定理 6.5.2 (W. N. Everitt)[24] 设 $l(y)$ 是 $[0,\infty)$ 上 $n(=2r)$ 阶对称微分算式, 亏指数为 (r,r). 若 $\varphi_j\ (j=1,2,\cdots,r)$ 是微分方程 $l(y)=\lambda y\ (\mathscr{I}\lambda\neq 0)$ 的一组线性独立解, 满足条件

$$[\varphi_j\varphi_k](0)=0\quad(1\leqslant j,\ k\leqslant r),$$

则在 $\mathscr{D}_M$ 内由边条件组

$$[y\varphi_j](0)=0\quad(j=1,2,\cdots,r)$$

所界定的线性流形为 $l(y)$ 的自伴域.

证明 沿用 2.3 节中的符号,

$$[y\varphi_j](0)=R(\bar{\varphi}_j)_0Q(0)C(y)_0,$$

于是若令

$$R(\bar{\varphi}_j)_0Q(0)=(\alpha_{j1},\alpha_{j2},\cdots,\alpha_{jn}),$$

则边界条件 $[y\varphi_j](0)=0$ 即转化成形式

$$\sum_{k=1}^{n}\alpha_{jk}y^{(k-1)}(0)=0\quad(1\leqslant j\leqslant r).$$

同样地,

$$[\varphi_k\varphi_j](0) = R(\bar{\varphi}_j)_0 Q(0) C(\varphi_k)_0,$$

注意到 $Q(0)^* = -Q(0)$, 因此上式等于

$$\begin{aligned} & -R(\bar{\varphi}_j)_0 Q(0) Q^{-1}(0) Q(0)^* C(\varphi_k)_0 \\ = & -(\alpha_{j1},\ \cdots,\ \alpha_{jn}) Q^{-1}(0)(\alpha_{k1},\ \cdots,\ \alpha_{kn})^*, \end{aligned}$$

于是条件 $[\varphi_k\varphi_j](0) = 0 (1 \leqslant k,\ j \leqslant r)$ 等价于条件

$$(\alpha_{jk}) Q^{-1}(0)(\alpha_{jk})^* = 0.$$

再由 $\{\varphi_j\}$ 的线性独立性可推知 $\mathrm{Rank}(\alpha_{jk}) = r$, 从而由定理 6.5.1 即得定理所求的结论. 证毕.

注意到等式 $R(\varphi_j)_0 Q(0) = (\alpha_{j1},\ \cdots,\ \alpha_{jn})$ 实际上是 φ_j 所满足的一组初值. 这说明了对应于定理 6.5.1 中的任一个矩阵 P, 必可对应有定理 6.5.2 中的一组函数 $\varphi_1,\ \cdots,\ \varphi_r$. 因此定理 6.5.2 亦是极限点型微分算式自伴域的一种完全描述.

下面转向于讨论 n 阶的对称微分算式 $l(y)$ 当亏指数为 $(n,\ n)$ 时它的自伴域的描述问题. 沿用在二阶情况下的名称, 把具有最大亏指数值的 $l(y)$ 称为极限圆型的. 为了探究高阶圆型算子的自伴域, 人们自然首先会想到二阶情况下的 Weyl-Titchmarsh 域能否推广到高阶的情形. 回忆一下 5.4 节的讨论, 可以看出 W-T 域的主要特点为: ① 正则点与奇异点的边界条件分离; ② 在 ∞ 端 (奇异端点) 的边界条件需通过满足 Titchmarsh 定理 (定理 5.3.3) 的 Weyl 解来表现; ③ 算子的自伴性需通过构造 Green 函数并求得预解算子后才能证明. 在上述诸项中, 最关键的是得到满足 Titchmarsh 定理的 Weyl 解, 而这也正是推广到高阶微分算子时的主要困难所在. 事实上, 因为在二阶的情形, 我们可以用 Weyl 的几何圆套方法求得 Weyl 解, 然而在阶数 $n > 2$ 的情况下, 这个方法就不再奏效, 因此就无从得到相当于 Weyl 解的 L^2 解, 从而也无从表现 ∞ 处的边界条件. 为了解决上述困难, W. H. Everitt 在从二十世纪六十年代以来的若干工作中, 应用了微分方程解的 Gram 矩阵性质这一独特方法, 克服了 L^2 解构造上的困难, 得到了极限点型与极限圆型的微分算子自伴域的一种描述.

对于 n 阶的复系数对称微分算式 $l(y)$, 在 $L^2[0,\ \infty)$ 内定义由如下条件所界定的线性流形 E:

(1) $n = 2k\ (k \geqslant 1)$.

① $y^{(n-1)}$ 在 $[0,\ \infty)$ 的任何紧子集上绝对连续;

② $l(y) \in L^2[0,\ \infty)$;

③ $[y\varphi_r(t,\lambda)](0) = 0\ (r = 1,\ 2,\ \cdots,\ k)$;

④ $[y\chi_r(t,\lambda)](\infty)=0\ (r=1,\ 2,\ \cdots,\ k)$.

(2) $n=2k-1\ \ (k\geqslant 1)$.

①, ②同 (1);

③ $[y\varphi_r(t,\lambda)](0)=0\ (r=1,\ 2,\ \cdots,\ k-1)$;

④ $[y\varphi_k(t,\lambda)](0)+[y\chi_k(t,\lambda)](\infty)=0$;

⑤ $[y\chi_r(t,\lambda)](\infty)=0(r=1,\ 2,\ \cdots,\ k-1)$,

其中 $\{\varphi_r(t,\lambda)\}$, $\{\chi_r(t,\lambda)\}$ 均为微分方程

$$l(y)=\lambda y\quad(\mathscr{I}\lambda\neq 0,\ \ \lambda\ \text{固定})$$

线性无关且满足一定条件的解组

$$\chi_r(t,\lambda)\in L^2[0,\ \infty).$$

称如上定义的线性流形为**Everitt 域**. 1974 年, W. H. Everitt 和 V. K. Kumar 证明了如下定理.

定理 6.5.3 (W. H. Everitt 和 V. K. Kumar)[25,26]

设 $l(y)$ 为 n 阶极限圆型的对称微分算式,

$$\varphi_r(t,\ \lambda),\quad \chi_r(t,\ \lambda)\quad\left(1\leqslant r\leqslant\left[\frac{n+1}{2}\right]\right)$$

为方程

$$l(y)=\lambda y\quad(\mathscr{I}\lambda\neq 0)$$

的两组线性独立解, 若它们满足条件:

(1) 当 $n=2k(k\geqslant 1)$ 时,

$$[\varphi_r\varphi_s](0)=0\quad(1\leqslant r,\ s\leqslant k),$$
$$[\chi_r\chi_s](\infty)=0\quad(1\leqslant r,\ s\leqslant k);$$

(2) 当 $n=2k-1(k\geqslant 1)$ 时,

$$[\varphi_r\varphi_s](0)=\mathrm{i}\delta_{rk}\delta_{sk},\quad(1\leqslant r,\ s\leqslant k),$$
$$[\chi_r\chi_s](\infty)=\mathrm{i}\delta_{rk}\delta_{sk}\quad(1\leqslant r,\ s\leqslant k),$$

则 Everitt 域为 $l(y)$ 的自伴域①.

本定理的原证明需要较长的篇幅, 因此不再在此列出. 在 6.6 节将它当作定理 6.6.1 的一种特例而给出证明.

① 本定理是作者对于 Everitt 与 Kumar 原作 [25,26] 的一种概括, 其叙述形式与原作不同.

从以上讨论可以看出, Everitt 域基本上保持了 Weyl-Titchmarsh 域的特征, 因而它是 W-T 域在高阶情形的推广. 在 5.4 节中, 我们已经指出, W-T 域不是二阶圆型微分算子自伴域的完全描述. 在高阶的情形也一样, Everitt 域也不是高阶圆型算子自伴域的完全描述. 事实上, 我们可以另辟蹊径, 绕过 Green 函数构造的困难, 从而摆脱自伴域边界条件必须分离的限制, 得到高阶圆型算子自伴域的一种完全而直接的描述, 在 6.6 节将解决这一个问题.

6.6　圆型微分算子自伴扩张的完全描述 [27]

设 $l(y)$ 是 $[0,\ \infty)$ 上 n 阶复系数对称微分算式, 亏指数为 $(n,\ n)$. 令 $\psi_1(t),\ \psi_2(t),\ \cdots,\ \psi_n(t)$ 为方程 $l(y)=0$ 的一组线性独立解, 满足条件

$$([\psi_r\psi_s](0))=J\quad(1\leqslant r,\ s\leqslant n),$$

其中 J 是如下的 Skew-Hermite 矩阵: 当 $n=2k\ \ (k\geqslant 1)$ 时,

$$J=\mathrm{i}\begin{pmatrix} I_k & 0\\ 0 & -I_k\end{pmatrix},$$

其中 I_k 为 k 阶单位矩阵; 当 $n=2k-1(k\geqslant 1)$ 且 Hermite 矩阵 $-\mathrm{i}Q(t)$ 的符号差为 1 时,

$$J=\mathrm{i}\begin{pmatrix} I_k & 0\\ 0 & -I_{k-1}\end{pmatrix}.$$

无碍一般, 下面恒设 $-\mathrm{i}Q(t)$ 的符号差为 1. 于是由引理 6.4.4 知, 如上的解组 $\psi_1,\ \psi_2,\cdots,\psi_n$ 是存在的. 令 $\varPsi(t)$ 表示 $\psi_1,\ \psi_2,\ \cdots,\ \psi_n$ 的 Wronski 矩阵, 即

$$\varPsi(t)=\begin{pmatrix} \psi_1 & \psi_2 & \cdots & \psi_n\\ \psi_1' & \psi_2' & \cdots & \psi_n'\\ \vdots & \vdots & & \vdots\\ \psi_1^{(n-1)} & \psi_2^{(n-1)} & \cdots & \psi_n^{(n-1)}\end{pmatrix}.$$

引理 6.6.1　$Q(t)=\varPsi^{*-1}(t)J\varPsi(t)^{-1}$.

证明　因为解的契合式恒为常数, 所以对任意 $t\geqslant 0$,

$$([\psi_r\psi_s](t))=J.$$

沿用 2.3 节的记号, 可得

$$[\psi_s\psi_r](t) = R(\bar{\psi}_r)Q(t)C(\psi_s),$$

从而得

$$J = J^{\mathrm{T}} = ([\psi_r\psi_s](t))^{\mathrm{T}} = \varPsi^*(t)Q(t)\varPsi(t),$$

由此立即推出

$$Q(t) = \varPsi^{*-1}(t)J\varPsi^{-1}(t).$$

证毕.

引理 6.6.2 对于任意 $y \in \mathscr{D}_M$,

$$\begin{pmatrix} [y\psi_1](t) \\ [y\psi_2](t) \\ \vdots \\ [y\psi_n](t) \end{pmatrix} = J\varPsi^{-1}(t)C(y).$$

证明 由$[y\psi_j](t) = R(\bar{\psi}_j)Q(t)C(y)(j = 1,\ 2,\ \cdots,\ n)$, 即得

$$\begin{pmatrix} [y\psi_1](t) \\ [y\psi_2](t) \\ \vdots \\ [y\psi_n](t) \end{pmatrix} = \varPsi^*(t)Q(t)C(y),$$

再由引理 6.6.1, 有

$$\varPsi^*(t)Q(t) = J\varPsi^{-1}(t),$$

代入上式即得所求结论. 证毕.

推论 6.6.1 若令

$$Y = (C(y_1),\ C(y_2),\ \cdots,\ C(y_n))$$

为 $y_1,\ y_2,\ \cdots,\ y_n$ 的 Wronski 矩阵, 则

$$J\varPsi^{-1}(t)Y(t) = \begin{pmatrix} [y_1\psi_1](t) & \cdots & [y_n\psi_1](t) \\ [y_1\psi_2](t) & \cdots & [y_n\psi_2](t) \\ \vdots & & \vdots \\ [y_1\psi_n](t) & \cdots & [y_n\psi_n](t) \end{pmatrix}.$$

引理 6.6.3 对于任意 $y,\ z \in \mathscr{D}_M$,

$$[yz](t) = \mathrm{i}\sum_{r=1}^{k}[y\psi_r](t)\overline{[z\psi_r]}(t) - \mathrm{i}\sum_{r=k+1}^{n}[y\psi_r](t)\overline{[z\psi_r]}(t).$$

证明　注意到 $J^{-1}=J^*=-J$, 并利用上述引理结论, 即可得

$$\begin{aligned}[yz](t)&=R(\bar{z})Q(t)C(y)=R(\bar{z})\Psi^{*-1}(t)J\Psi^{-1}(t)C(y)\\&=(\Psi^{-1}(t)C(z))^*J(\Psi^{-1}(t)C(y))\\&=\left(J^{-1}\begin{pmatrix}[z\psi_1](t)\\ [z\psi_2](t)\\ \vdots\\ [z\psi_n](t)\end{pmatrix}\right)^* J\left(J^{-1}\begin{pmatrix}[y\psi_1](t)\\ [y\psi_2](t)\\ \vdots\\ [y\psi_n](t)\end{pmatrix}\right)\\&=(\overline{[z\psi_1]}(t),\cdots,\overline{[z\psi_n]}(t))J\begin{pmatrix}[y\psi_1](t)\\ [y\psi_2](t)\\ \vdots\\ [y\psi_n](t)\end{pmatrix}\\&=\mathrm{i}\sum_{r=1}^{k}[y\psi_r](t)\overline{[z\psi_r]}(t)-\mathrm{i}\sum_{r=k+1}^{n}[y\psi_r](t)\overline{[z\psi_r]}(t).\end{aligned}$$

证毕.

引理 6.6.4　设 $l(y)=0$ 的任何解属于 $L^2[0,\ \infty)$, 则对于任何 $y,\ z\in\mathscr{D}_M$, 存在常数 $b_1,\ b_2,\ \cdots,\ b_n$, 使得

$$[yz](\infty)=\left[y\sum_{r=1}^{n}b_r\psi_r\right](\infty).$$

证明　根据引理 6.6.3,

$$[yz](t)=\mathrm{i}\sum_{r=1}^{k}[y\psi_r](t)\overline{[z\psi_r]}(t)-\mathrm{i}\sum_{r=k+1}^{n}[y\psi_r](t)\overline{[z\psi_r]}(t),$$

在等式两端令 $t\to\infty$, 并令

$$b_r=\begin{cases}-\mathrm{i}\overline{[z\psi_r]}(\infty), & 1\leqslant r\leqslant k,\\ \mathrm{i}\overline{[z\psi_r]}(\infty), & k+1\leqslant r\leqslant n,\end{cases}$$

即得所求结论. 证毕.

引理 6.6.5　若 $l(y)=0$ 的一切解均属于 $L^2[0,\ \infty)$, 则 $y\in\mathscr{D}_0$ 的充分必要条件为

$$y^{(j-1)}(0)=0,\quad [y\psi_j](\infty)=0\quad (j=1,\ 2,\ \cdots,\ n).$$

证明　必要性: 根据假设知 $\psi_j\in L^2[0,\ \infty)$, 于是由定理 5.1.2′ 知条件是必要的.

充分性: 设 z 为 $\mathscr{D}_M$ 内任一函数, 则根据引理 6.6.4, 存在常数 $b_1, b_2, \cdots, b_n$, 使得

$$[yz](\infty) = \left[y\sum_{j=1}^{n} b_j\psi_j\right](\infty) = \sum_{j=1}^{n} b_j[y\psi_j](\infty) = 0,$$

由定理 5.1.2′, 即知 $y \in \mathscr{D}_0$. 因此条件是充分的. 证毕.

下面两个定理给出由边界条件界定的线性流形, 为极限圆型微分算子自伴域的充分必要条件.

定理 6.6.1[27] 设 $l(y)$ 为 $[0,\infty)$ 上 n 阶复对称微分算式, 其亏指数为 (n, n). $\psi_1, \psi_2, \cdots, \psi_n$ 及 J, $Q(t)$ 的含义如上文所述. 若 M, N 为 $n\times n$ 常数矩阵, 满足条件:

(1) $\operatorname{Rank}(M\oplus N) = n$①;

(2) $NJN^* + MQ^{-1}(0)M^* = 0$,

则 $\mathscr{D}_M$ 内由边界条件

$$M\begin{pmatrix} y(0) \\ y'(0) \\ \vdots \\ y^{(n-1)}(0) \end{pmatrix} - N\begin{pmatrix} [y\psi_1](\infty) \\ [y\psi_2](\infty) \\ \vdots \\ [y\psi_n](\infty) \end{pmatrix} = 0 \tag{6.6.1}$$

所界定的线性流形为 $l(y)$ 的自伴域.

证明 令 $-Q^{-1}(0)M^* = (\rho_{ij})$, $N = (\tau_{ij})$ $(i, j = 1, 2, \cdots, n)$, 并令

$$w_j(t) = \sum_{r=1}^{n} \bar{\tau}_{jr}\psi_r(t) \quad (j = 1, 2, \cdots, n),$$

则根据引理 2.5.2, 可有函数 $u_i(t)$, 满足

$$u_i^{(j-1)}(0) = \rho_{ji}, \quad u_i^{(j-1)}(1) = w_i^{(j-1)}(1) \quad (j = 1, 2, \cdots, n).$$

命

$$v_j(t) = \begin{cases} u_j(t), & 0 \leqslant t \leqslant 1, \\ w_j(t), & 1 < t < \infty \end{cases} \quad (j = 1, 2, \cdots, n),$$

则显然 $v_j(t) \in \mathscr{D}_M$.

① 记号 $(M\oplus N)$ 表示由所有 M 和 N 的列并列而成的 $n\times 2n$ 矩阵.

于是可得 (注意 $Q(t)$ 的性质)

$$M\begin{pmatrix} y(0) \\ y'(0) \\ \vdots \\ y^{(n-1)}(0) \end{pmatrix} = (\rho_{ij})^* Q(0)C(y)_0 = (v_j^{(i-1)}(0))^* Q(0)C(y)_0$$

$$= \begin{pmatrix} R(\bar{v}_1) \\ R(\bar{v}_2) \\ \vdots \\ R(\bar{v}_n) \end{pmatrix} Q(0)C(y)_0 = \begin{pmatrix} [yv_1](0) \\ [yv_2](0) \\ \vdots \\ [yv_n](0) \end{pmatrix},$$

$$N\begin{pmatrix} [y\psi_1](\infty) \\ [y\psi_2](\infty) \\ \vdots \\ [y\psi_n](\infty) \end{pmatrix} = \begin{pmatrix} \left[y\sum_{r=1}^{n}\bar{\tau}_{1r}\psi_r\right](\infty) \\ \left[y\sum_{r=1}^{n}\bar{\tau}_{2r}\psi_r\right](\infty) \\ \vdots \\ \left[y\sum_{r=1}^{n}\bar{\tau}_{nr}\psi_r\right](\infty) \end{pmatrix} = \begin{pmatrix} [yw_1](\infty) \\ [yw_2](\infty) \\ \vdots \\ [yw_n](\infty) \end{pmatrix} = \begin{pmatrix} [yv_1](\infty) \\ [yv_2](\infty) \\ \vdots \\ [yv_n](\infty) \end{pmatrix}.$$

这样, 我们把边界条件 (6.6.1) 转化成了命题 6.5.2 中的边界条件

$$[yv_j]_0^\infty = 0$$

的形式. 下面只需证明, 函数组 $v_1, v_2, \cdots, v_n$ 满足命题 6.5.2 的条件 (1) 与 (2).

先证明条件 (1). 若不然, 则可有不全为 0 的常数组 $c_1, c_2, \cdots, c_n$, 使得

$$\sum_{j=1}^{n} c_j v_j \in \mathscr{D}_0.$$

于是根据引理 6.6.5, 可得

$$\sum_{j=1}^{n} c_j v_j^{(r-1)}(0) = \sum_{j=1}^{n} c_j [v_j\psi_r](\infty) \quad = 0 \quad (r = 1,\ 2,\ \cdots,\ n).$$

令

$$V(t) = \begin{pmatrix} v_1 & \cdots & v_n \\ v_1' & \cdots & v_n' \\ \vdots & & \vdots \\ v_1^{(n-1)} & \cdots & v_n^{(n-1)} \end{pmatrix},$$

则由上式可得

$$V(0)\begin{pmatrix} c_1 \\ c_2 \\ \vdots \\ c_n \end{pmatrix} = (\rho_{ij})\begin{pmatrix} c_1 \\ c_2 \\ \vdots \\ c_n \end{pmatrix} = -Q^{-1}(0)M^*\begin{pmatrix} c_1 \\ c_2 \\ \vdots \\ c_n \end{pmatrix} = 0\,,$$

从而推出

$$(\bar{c}_1,\ \cdots,\bar{c}_n)M = 0.$$

另一方面,

$$\begin{aligned} 0 &= \sum_{j=1}^{n} c_j[v_j\psi_r](\infty) = \sum_{j=1}^{n} c_j[w_j\psi_r](\infty) \\ &= \begin{cases} \mathrm{i}\sum\limits_{j=1}^{n} c_j\bar{\tau}_{jr}, & 1 \leqslant r \leqslant k, \\ -\mathrm{i}\sum\limits_{j=1}^{n} c_j\bar{\tau}_{jr}, & k+1 \leqslant r \leqslant n, \end{cases} \end{aligned}$$

这里 $k = \left[\dfrac{n+1}{2}\right]$. 上式说明了

$$JN^*\begin{pmatrix} c_1 \\ c_2 \\ \vdots \\ c_n \end{pmatrix} = 0,$$

由此推出

$$(\bar{c}_1,\ \cdots,\bar{c}_n)NJ = 0,$$

从而得

$$(\bar{c}_1,\ \cdots,\bar{c}_n)N = 0.$$

综合上面的结果, 即得

$$(\bar{c}_1,\ \cdots,\ \bar{c}_n)(M \oplus N) = 0.$$

这与假设 $\mathrm{Rank}(M \oplus N) = n$ 矛盾. 于是命题 6.5.2 的条件 (1) 成立.

下面证明条件 (2) 成立.

因为 $[v_iv_j](t) = R(\bar{v}_j)Q(t)C(v_i)$, 应用引理 6.6.1 得

$$([v_iv_j](t)) = V^*(t)Q(t)V(t) = V^*\Psi^{*-1}J\Psi^{-1}V = (J\Psi^{-1}V)^*J(J\Psi^{-1}V),$$

再应用推论 6.6.1, 并令 $t > 1$(即 $v_i = w_i$), 即得

$$J\Psi^{-1}V(t) = \begin{pmatrix} [v_1\psi_1](t) & \cdots & [v_n\psi_1](t) \\ [v_1\psi_2](t) & \cdots & [v_n\psi_2](t) \\ \vdots & & \vdots \\ [v_1\psi_n](t) & \cdots & [v_n\psi_n](t) \end{pmatrix}$$
$$= J\begin{pmatrix} \bar{\tau}_{11} & \cdots & \bar{\tau}_{n1} \\ \bar{\tau}_{12} & \cdots & \bar{\tau}_{n2} \\ \vdots & & \vdots \\ \bar{\tau}_{1n} & \cdots & \bar{\tau}_{nn} \end{pmatrix} = JN^*,$$

从而得

$$([v_iv_j](\infty)) = NJN^*.$$

此外, 因为

$$V(0) = \begin{pmatrix} \rho_{11} & \cdots & \rho_{1n} \\ \vdots & & \vdots \\ \rho_{n1} & \cdots & \rho_{nn} \end{pmatrix} = -Q^{-1}(0)M^*,$$

于是得

$$([v_iv_j](0)) = V^*(0)Q(0)V(0) = MQ^{-1}(0)Q(0)[-Q^{-1}(0)M^*] = -MQ^{-1}(0)M^*.$$

从而由条件

$$MQ^{-1}(0)M^* + NJN^* = 0$$

推出

$$[v_iv_j](\infty) - [v_iv_j](0) = 0 \quad (1 \leqslant i,\ j \leqslant n).$$

这就证明了命题 6.5.2 的条件 (2) 成立, 根据命题的结论, 即导致本定理的结论. 证毕.

定理 6.6.2 [27] $l(y)$ 同定理 6.6.1. 若 $\mathscr{D}$ 为 $l(y)$ 的任一自伴域, 则必存在 n 阶矩阵 M, N, 满足定理 6.6.1 中的条件 (1), (2), 使得对任何 $y\in\mathscr{D}$, 都满足边界条件 (6.6.1).

证明 根据命题 6.5.2 知, 存在函数组

$$v_j\in\mathscr{D}_M\quad (j=1,\ 2,\ \cdots,\ n),$$

满足命题的条件 (1), (2), 并使得

$$\mathscr{D}=\{y\in\mathscr{D}_M\mid [yv_j]_0^\infty=0,\ \ j=1,\ 2,\ \cdots,\ n\}.$$

令 $V(t)$, $\varPsi(t)$ 的定义同定理 6.6.1. 命

$$M=V^*(0)Q(0),\quad N=(\varPsi^{-1}V)^*(\infty),$$

根据引理 6.6.2 知, $J(\varPsi^{-1}V)(\infty)$ 的元素是 $[v_i\psi_j](\infty)$, 故知 N 是存在的.

于是可有

$$\begin{pmatrix}[yv_1](0)\\ [yv_2](0)\\ \vdots\\ [yv_n](0)\end{pmatrix}=V^*(0)Q(0)\begin{pmatrix}y(0)\\ y'(0)\\ \vdots\\ y^{(n-1)}(0)\end{pmatrix}=M\begin{pmatrix}y(0)\\ y'(0)\\ \vdots\\ y^{(n-1)}(0)\end{pmatrix}.$$

另一方面, 应用引理 6.6.1 和引理 6.6.2, 可有

$$\begin{aligned}\begin{pmatrix}[yv_1(t)]\\ [yv_2](t)\\ \vdots\\ [yv_n](t)\end{pmatrix}&=V^*(t)Q(t)C(y)=V^*\varPsi^{*-1}J\varPsi^{-1}C(y)=(\varPsi^{-1}V)^*(J\varPsi^{-1}C(y))\\ &=(\varPsi^{-1}V)^*(t)\begin{pmatrix}[y\psi_1](t)\\ \vdots\\ [y\psi_n](t)\end{pmatrix},\end{aligned}$$

令 $t\to\infty$, 即得

$$\begin{pmatrix}[yv_1](\infty)\\ [yv_2](\infty)\\ \vdots\\ [yv_n](\infty)\end{pmatrix}=(\varPsi^{-1}V)^*(\infty)\begin{pmatrix}[y\psi_1](\infty)\\ [y\psi_2](\infty)\\ \vdots\\ [y\psi_n](\infty)\end{pmatrix}=N\begin{pmatrix}[y\psi_1](\infty)\\ [y\psi_2](\infty)\\ \vdots\\ [y\psi_n](\infty)\end{pmatrix}.$$

这样边条件组 $[yv_j]_0^\infty = 0$ 转化成了式 (6.6.1) 的形式. 下面只需证明 M, N 满足定理 6.6.1 中的条件 (1), (2).

先证明 $\mathrm{Rank}(M \oplus N) = n$. 若不然, 则可找到

$$(\bar{c}_1,\ \bar{c}_2,\ \cdots,\ \bar{c}_n) \neq (0,\ 0,\ \cdots,\ 0),$$

使 $(\bar{c}_1,\ \cdots,\ \bar{c}_n)(M \oplus N) = 0$, 由此得

$$(\bar{c}_1,\ \cdots,\ \bar{c}_n)M = (\bar{c}_1,\ \cdots,\ \bar{c}_n)N = 0.$$

因为 $M = V^*(0)Q(0)$, 而 $Q(0)$ 非奇, 这就导出

$$(\bar{c}_1,\ \cdots,\ \bar{c}_n)V^*(0) = 0,$$

取共轭转置取得

$$V(0)\begin{pmatrix} c_1 \\ \vdots \\ c_n \end{pmatrix} = 0,$$

亦即

$$\sum_{j=1}^{n} c_j v_j^{(r-1)}(0) = 0 \quad (r = 1,\ 2,\ \cdots,\ n).$$

另一方面, 因为

$$-NJ = (J\Psi^{-1}V)^*(\infty) = \begin{pmatrix} [v_1\psi_1](\infty) & \cdots & [v_n\psi_1](\infty) \\ \vdots & & \vdots \\ [v_1\psi_n](\infty) & \cdots & [v_n\psi_n](\infty) \end{pmatrix}^*,$$

由 $(\bar{c}_1,\ \cdots,\ \bar{c}_n)N = 0$ 推出

$$(\bar{c}_1,\ \cdots,\ \bar{c}_n)NJ = 0,$$

取共轭转置即得

$$\sum_{j=1}^{n} c_j[v_j\psi_r](\infty) = \left[\sum_{j=1}^{\infty} c_j v_j\ \psi_r\right](\infty) \quad (r = 1,\ 2,\ \cdots,\ n).$$

综上分析, 再根据引理 6.6.5, 即可推知

$$\sum_{j=1}^{n} c_j v_j \in \mathscr{D}_0,$$

这与假设矛盾. 故知必须

$$\mathrm{Rank}(M \oplus N) = n.$$

下面再证 $NJN^* + MQ^{-1}(0)M^* = 0$. 与定理 6.6.1 的推导相同, 由于

$$([v_i v_j](t)) = V^*(t)Q(t)V(t) = (J\Psi^{-1}V)^*(t)J(J\Psi^{-1}V)(t),$$

即可推出

$$\begin{aligned}([v_i v_j](0)) &= -MQ^{-1}(0)M^*,\\ ([v_i v_j](\infty)) &= NJN^*.\end{aligned}$$

于是即得

$$NJN^* + MQ^{-1}(0)M^* = [v_i v_j]_0^\infty = 0.$$ 证毕.

现在应用定理 6.6.1 来检验 Everitt 域为自伴域的条件, 从而给出定理 6.5.3 的一个证明. 现在区分 n 为奇、偶两种情况来考虑.

(1) $n = 2k(k \geqslant 1)$. 此时 Everitt 域由边界条件

$$[y\varphi_r(t, \lambda)](0) = 0$$

与

$$[y\chi_r(t,\ \lambda)](\infty) = 0 \quad (r = 1,\ 2,\ \cdots,\ k)$$

来界定. 为了研究它们的自伴性, 需将它们转化成式 (6.6.1) 的形式. 因

$$\begin{pmatrix} [y\varphi_1](0) \\ \vdots \\ [y\varphi_k](0) \\ 0 \\ \vdots \\ 0 \end{pmatrix} = \begin{pmatrix} R(\bar{\varphi}_1) \\ \vdots \\ R(\bar{\varphi}_k) \\ 0 \\ \vdots \\ 0 \end{pmatrix} Q(0) \begin{pmatrix} y(0) \\ y'(0) \\ \vdots \\ y^{(n-1)}(0) \end{pmatrix},$$

由此即得

$$M = \begin{pmatrix} R(\bar{\varphi}_1) \\ \vdots \\ R(\bar{\varphi}_k) \\ 0 \\ \vdots \\ 0 \end{pmatrix} Q(0).$$

此外, 根据引理 6.6.3, 可得

$$[y\chi_r](\infty)=([\overline{\chi_r\psi_1}](\infty),\ \cdots,\ [\overline{\chi_r\psi_n}](\infty))\times J\begin{pmatrix}[y\psi_1](\infty)\\ \vdots\\ [y\psi_n](\infty)\end{pmatrix}\quad(1\leqslant r\leqslant k),$$

由于

$$\begin{pmatrix}0\\ \vdots\\ 0\\ [y\chi_1](\infty)\\ \vdots\\ [y\chi_k](\infty)\end{pmatrix}=N\begin{pmatrix}[y\psi_1](\infty)\\ \vdots\\ [y\psi_n](\infty)\end{pmatrix},$$

从而推知

$$N=\begin{pmatrix} & 0_{k\times n} & \\ [\overline{\chi_1\psi_1}](\infty) & \cdots & [\overline{\chi_1\psi_n}](\infty)\\ \vdots & & \vdots\\ [\overline{\chi_k\psi_1}](\infty) & \cdots & [\overline{\chi_k\psi_n}](\infty)\end{pmatrix}J,$$

于是可有

$$\begin{aligned}MQ^{-1}(0)M^*&=-\begin{pmatrix}R(\bar\varphi_1)\\ \vdots\\ R(\bar\varphi_k)\\ 0\\ \vdots\\ 0\end{pmatrix}Q(0)\times(C(\varphi_1),\ \cdots,\ C(\varphi_k),\ 0,\cdots,0)\\ &=-\left(\begin{array}{c|c}(d_{rs}) & 0\\ \hline 0 & 0\end{array}\right),\end{aligned}$$

其中

$$d_{rs}=R(\bar\varphi_s)_0Q(0)C(\varphi_0)_0=[\varphi_r\varphi_s](0)\quad(1\leqslant r,\ s\leqslant k).$$

同时可有

$$NJN^* = \begin{pmatrix} & 0_{k\times n} & \\ \overline{[\chi_1\psi_1]}(\infty) & \cdots & \overline{[\chi_1\psi_n]}(\infty) \\ \vdots & & \vdots \\ \overline{[\chi_k\psi_1]}(\infty) & \cdots & \overline{[\chi_k\psi_n]}(\infty) \end{pmatrix} J$$

$$\times \begin{pmatrix} & [\chi_1\psi_1](\infty) & \cdots & [\chi_k\psi_1](\infty) \\ 0_{n\times k} & \vdots & & \vdots \\ & [\chi_1\psi_n](\infty) & \cdots & [\chi_k\psi_n](\infty) \end{pmatrix}$$

$$= \left(\begin{array}{c:c} 0 & 0 \\ \hdashline 0 & (c_{sr}) \end{array}\right) \quad (1 \leqslant s, r \leqslant k),$$

其中

$$c_{sr} = (\overline{[\chi_s\psi_1]}(\infty),\ \cdots,\ \overline{[\chi_s\psi_n]}(\infty)) \times J \begin{pmatrix} [\chi_r\psi_1](\infty) \\ \vdots \\ [\chi_r\psi_n](\infty) \end{pmatrix} = [\chi_r\chi_s](\infty).$$

由上分析, 即知

$$MQ^{-1}(0)M^* + NJN^* = 0$$

的充要条件为

$$[\varphi_r\varphi_s](0) = 0, \quad [\chi_r\chi_s](\infty) = 0 \quad (1 \leqslant r,\ s \leqslant k).$$

(2) $n = 2k-1$ $(k \geqslant 1)$. 此时 Everitt 域的边界条件为

$$[y\varphi_r(t,\lambda)](0) = 0 \quad (r = 1,\ 2,\ \cdots,\ k-1);$$

$$[y\varphi_k(t,\ \lambda)](0) + [y\chi_k(t,\ \lambda)](\infty) = 0;$$

$$[y\chi_r(t,\ \lambda)](\infty) = 0 \quad (r = 1,\ 2,\ \cdots,\ k-1).$$

与上面的推证类同, 此时可得

$$M = \begin{pmatrix} R(\bar\varphi_1) \\ \vdots \\ R(\bar\varphi_k) \\ 0 \\ \vdots \\ 0 \end{pmatrix} Q(0),$$

从而有

$$MQ^{-1}(0)M^* = -\left(\begin{array}{c:c} (d_{rs}) & 0_{k\times(k-1)} \\ \hdashline 0_{(k-1)\times k} & 0_{(k-1)\times(k-1)} \end{array}\right),$$

其中

$$d_{rs} = R(\bar{\varphi}_r)_0 Q(0) C(\varphi_s)_0 = [\varphi_s\varphi_r](0) \quad (1 \leqslant r,\ s \leqslant k).$$

同样地, 据引理 6.6.3, 可得

$$N = \begin{pmatrix} & 0_{(k-1)\times n} & \\ \overline{[\chi_k\psi_1]}(\infty) & \cdots & \overline{[\chi_k\psi_n]}(\infty) \\ \overline{[\chi_1\psi_1]}(\infty) & \cdots & \overline{[\chi_1\psi_n]}(\infty) \\ \vdots & & \vdots \\ \overline{[\chi_{k-1}\psi_1]}(\infty) & \cdots & \overline{[\chi_{k-1}\psi_n]}(\infty) \end{pmatrix} J,$$

由此求得

$$NJN^* = \left(\begin{array}{c:cccc} 0_{(k-1)\times(k-1)} & & 0_{(k-1)\times k} & & \\ \hdashline & [\chi_k\chi_k](\infty) & [\chi_k\chi_1](\infty) & \cdots & [\chi_k\chi_{k-1}](\infty) \\ 0_{k\times(k-1)} & [\chi_1\chi_k](\infty) & [\chi_1\chi_1](\infty) & \cdots & [\chi_1\chi_{k-1}](\infty) \\ & \vdots & \vdots & & \vdots \\ & [\chi_{k-1}\chi_k](\infty) & [\chi_{k-1}\chi_1](\infty) & \cdots & [\chi_{k-1}\chi_{k-1}](\infty) \end{array}\right).$$

综合以上分析即知条件

$$MQ^{-1}(0)M^* + NJN^* - 0$$

等价于

$$[\varphi_r\varphi_s](0) = [\chi_r\chi_s](\infty) = 0 \quad (2 \leqslant r+s \leqslant 2k-1),$$

$$[\varphi_k\varphi_k](0) - [\chi_k\chi_k](\infty) = 0.$$

下面需要说明

$$[\varphi_k\varphi_k](0) \neq 0.$$

因若不然, 可在线性无关的解组 $\varphi_1, \cdots, \varphi_k$ 上添加 $k-1$ 个线性无关解 $\varphi_{k+1}, \cdots,$

φ_n, 于是得

$$\det\begin{pmatrix} [\varphi_1\varphi_1](0) & \cdots & [\varphi_1\varphi_n](0) \\ \vdots & & \vdots \\ [\varphi_n\varphi_1](0) & \cdots & [\varphi_n\varphi_n](0) \end{pmatrix} = \left|\begin{array}{ccc|ccc} & & & \times & \cdots & \times \\ & 0_{k\times k} & & \vdots & & \vdots \\ & & & \times & \cdots & \times \\ \hline \times & \cdots & \times & \times & \cdots & \times \\ \vdots & & \vdots & \vdots & & \vdots \\ \times & \cdots & \times & \times & \cdots & \times \end{array}\right| = 0.$$

而根据引理 6.4.1, 这是不可能的. 因此必须

$$[\varphi_k\varphi_k](0) = [\chi_k\chi_k](\infty) \neq 0,$$

再根据契合式的性质

$$[yz](t) = -\overline{[yz]}(t),$$

以及边界条件的齐次性, 故可令

$$[\varphi_k\varphi_k](0) = [\chi_k\chi_k](\infty) = \mathrm{i}.$$

综合以上分析, 得知 (当 $n = 2k-1$ 时) 条件

$$MQ^{-1}(0)M^* + NJN^* = 0,$$

的等价条件为

$$[\varphi_r\varphi_s](0) = [\chi_r\chi_s](\infty) = \mathrm{i}\delta_{rk}\delta_{sk} \quad (1 \leqslant r,\ s \leqslant k).$$

至于条件 $\mathrm{Rank}(M \oplus N) = n$, 无论是在情况 (1) 或 (2), 由于所给的函数组 $\{\varphi_r(t,\lambda)\}$, $\{\chi_r(t,\ \lambda)\}$ 都是线性无关的, 所以是明显的. 这样, 我们就从定理 6.6.1 出发, 得到了 Everitt 域为 $l(y)$ 的自伴域的充要条件.

定理 6.6.1 和定理 6.6.2 给出了极限圆型的微分算式自伴域的一种完全描述. 至于 $l(y)$ 的亏指数为 $(m,\ m)$ 的值取在 $\left[\dfrac{n+1}{2}\right]$ 和 n 之间的情况, 其自伴域的描述, 也许由于技术上的困难, 是长期无人问津的问题. 但值得欣喜的是, 当作者执笔编写本章时, 它已由孙炯给出了相当完满的解决 [28]. 关于这方面问题的近期发展, 有兴趣的读者可参阅文献 [29]~[31].

参考文献

[1] Riesz F, Sz.-Nagy B. 泛函分析讲义. 北京：科学出版社, 1981.

[2] Courant R, Hilbert D. Methods of Mathematical Physics, vol. 1. New York: Interscience Publishers, Inc., 1953. (有中译本)

[3] Натансон И П. 实变函数论. 北京: 高等教育出版社, 1955.

[4] Titchmarsh E C. Eigenfunction Expansions Associated with Second-Order Differential Equations, Part I. 2nd ed. Oxford: Oxford Press, 1962.

[5] Coddington E A, Levinson N. Theory of Ordinary Differential Equations. New York: McGraw-Hill, 1955.

[6] Cao Z J. On self-adjoint domains of 2nd order differential expressions in limit-circle case. Acta Math. Sinica, 1985, 1(3): 225–230.

[7] Dunford N, Schwarz J T. Linear Operators, Part II: Spectral Theory. New York: Interscience Publishers, 1963.

[8] Weidmann J. Linear Operators in Hilbert Spaces. New York: Springer-Verlag, 1980.

[9] Kauffman R M, Read T T, Zettl A. The Deficiency Index Problem for Powers of Ordinary Differential Expressions, Lecture Notes in Math. Berlin: Springer-Verlag, 1977.

[10] Everitt W N. On the deficiency index problem for ordinary differential operators 1910–1976. Differential Equations: Proceedings from the Uppsala 1977 International Conference on Differential Equations, Uppsala 1977: 62–81.

[11] 曹之江, 刘景麟. 奇异对称微分算子的亏指数理论. 数学进展, 1983, 12(3): 161–178.

[12] Исмагилов Р С. О Самосопряженности Оператора Штурма-Лиувилля, УМН 18, 1963, 5: 161–166.

[13] Knowles I. Note on a limit-point criterion. Proc. Amer. Math. Soc, 1973, 41: 117–119.

[14] Brinck I. Self-adjointness and spectra of Sturm-Liouville operaters. Math. Scand, 1959, 7: 219–239.

[15] Eastham M S P, Thompson M L. On the limit-point limit-circle classifications of second-order ordinary differential equations. Quart. J. Math., 1973, 24: 531–535.

[16] Глазман И М. К теории сингулярных дифференциальных операторов. Успехи Мат, Наук 5, 1950, 6(40): 102–135.

[17] Everitt W N. Integrable-square solutions of ordinary differential equations. Quart. J. Math., 1959, 10(2): 145–155.

[18] Mcleod J B. The number of integrable-square solutions of ordinary differential equations. Quart. J. Math., 1965, 17(1): 285–290.

[19] Walker P W. A vector-matrix formulation for formally symmetric ordinary differential equations with applications to solutions of integrable square. J. London Math. Soc. 1976, s2–13(2): 151–159.

[20] Kogan V I, Rofe-Beketov F S. On the question of the deficiency indicies of differential operators with complex coefficients. Proc. Royal Soc. Edinburgh (A), 1975, 72(4): 281–298.

[21] Gilbert R C. The deficiency index of a symmetric ordinary differential operator with complex coefficients. J. Diff. Equations, 1977, 25(3): 425–459.

[22] Наймарк M A. 线性微分算子. 王志成等译. 北京：科学出版社, 1964.

[23] Everitt W N. Self-adjoint boundary value problems on finite intervals. J. London Math. Soc., 1962, 37：372–384.

[24] Everitt W N. Integrable-square solutions of ordinary differential equations (III). Quart. J. Math., 1963, 14(1): 170–180.

[25] Everitt W N, Krishna Kumar V. On the Titchmarsh-Weyl theory of ordinary symmetric differential expressions I: The general theory. Nieuw Archief voor Wiskunde, 1976, 24(1): 1-48.

[26] Everitt W N, Krishna Kumar V. On the Titchmarsh-Weyl theory of ordinary symmetric differential expressions II: the odd-order case. Nieuw Archief voor Wiskunde, 1976, 34(3): 109–145.

[27] 曹之江. 高阶极限圆型微分算子的自伴扩张. 数学学报, 1985, 28(2): 205–217.

[28] Sun J. On the self-adjoint extensions of symmetric ordinary differential operators with middle deficiency indices. Acta Math. Sinica, New Series, 1986, 2(2): 152–167.

[29] 曹之江, 孙炯. 拟导数所定义的自伴算子. 内蒙古大学学报, 1986, 17(1): 7–15.

[30] 尚在久, 朱瑞英. $(-\infty, \infty)$ 上对称微分算子的自伴域. 内蒙古大学学报, 1986, 17(1): 17–28.

[31] 曹之江. 自伴常微分算子的解析描述. 内蒙古大学学报, 1987, 18(3): 393–402.

[32] Everitt W N. On the limit-circle classification of second order differential expressions. Quart. J. Math., 1972, 23(2): 193–196.

[33] Wong J S W. Remarks on the limit-circle classification of second order differential operators. Quart. J. Math., 1973, 24(1): 423–425.